Arne W. Lehmann, J. Hendrik Nüß

Libellen

Bestimmungsschlüssel für Nord- und Mitteleuropa

Illustrationen von Ruth Ilka Nüß

W0201305

Deutscher Jugendbund für Naturbeobachtung

6. Auflage 2015

LEHMANN, ARNE W.
Libellen – Bestimmungsschlüssel für Nord- und Mitteleuropa;
ARNE W. LEHMANN und JOHANN HENDRIK NÜSS; 6. Auflage; Göttingen;
Herausgeber: Deutscher Jugendbund für Naturbeobachtung
ISBN - 3 - 923376 - 15 - 4

1. französische Auflage 1994
2. französische Auflage 1998

1. niederländische Auflage 2002
2. niederländische Auflage 2006

9.–12. Tausend, 2015
Copyright © 1991, 1992, 1998, 2015 by ARNE W. LEHMANN und JOHANN HENDRIK NÜSS, Stahnsdorf und Bremen.

Alle Rechte der Veröffentlichung, Vervielfältigung, Speicherung, Verbreitung sowie der Übersetzung vorbehalten. Kein Teil der Veröffentlichung darf in irgendeiner Form (durch Photokopie, Mikrofilm oder ein anderes Verfahren) ohne schriftliche Genehmigung der Autoren reproduziert oder unter Verwendung elektronischer Systeme verarbeitet, vervielfältigt oder verbreitet werden.
Herausgeber: Deutscher Jugendbund für Naturbeobachtung, Geiststraße 2,
37073 Göttingen.

Der Einband wurde aus der ITC Korinna, der Text aus der Adobe Garamond™ Pro Regular gesetzt.
Der Druck erfolgte klimaneutral auf Papier aus kontrolliertem forstwirtschaftlichen Anbau und unter Verwendung mineralölfreier Biofarben auf Grundlage nachwachsender Rohstoffe.
Printed in Germany.
Satz: JOHANN HENDRIK NÜSS, Bremen, Herstellung: SENSER-DRUCK, Augsburg.

Titelbild: *Anax imperator* ♂. Zeichnung von RUTH ILKA NÜSS.

Pterostigma kaum länger als breit, steht über einer bis eineinhalb Flügelzellen.

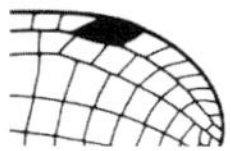

Pterostigma viel länger als breit, steht über zwei bis vier Flügelzellen.

Lestidae s. S. 37

Kopf breiter, mit Fleckenzeichnung oder nur mit einer hellen Linie.

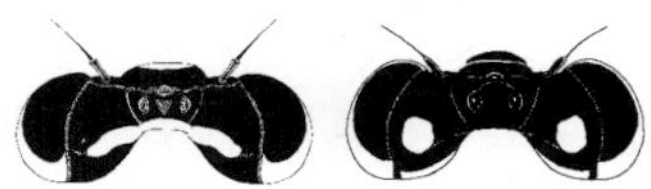

Kopf schmal, von oben mit zwei hellen Linien.

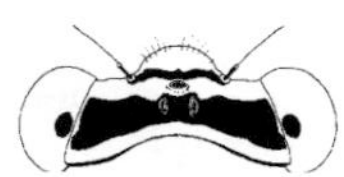

Quadrilateral trapezförmig.

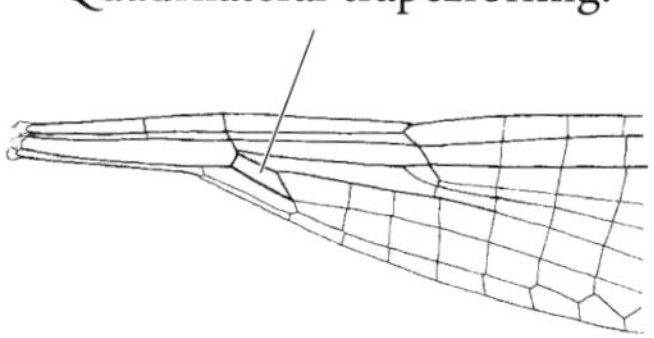

Coenagrionidae s. S. 53

Quadrilateral rechteckig.

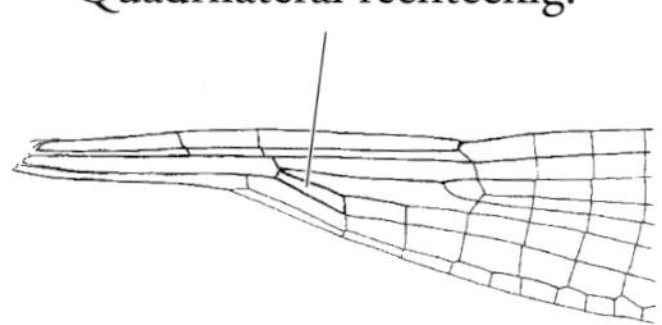

Platycnemididae s. S. 47

Triangula im Vorder- und Hinterflügel stehen senkrecht.

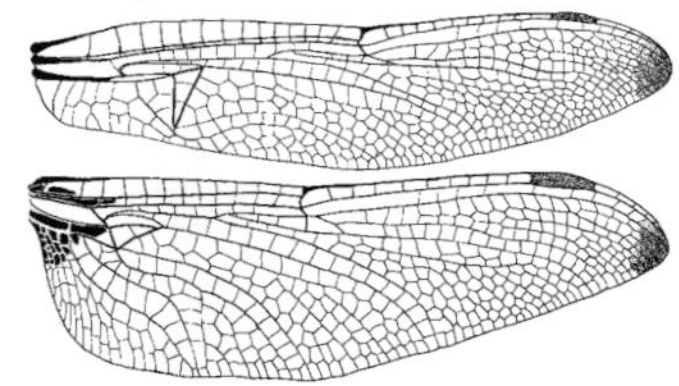

Triangula im Vorder- und Hinterflügel parallel.

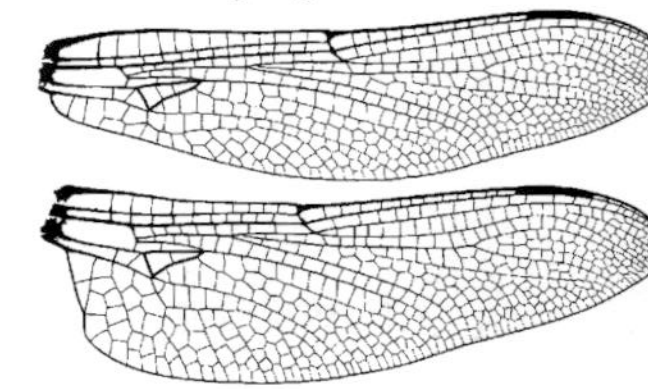

Aeshnidae s. S. 81

Hinterrand der Augen mit deutlicher Ausbuchtung.

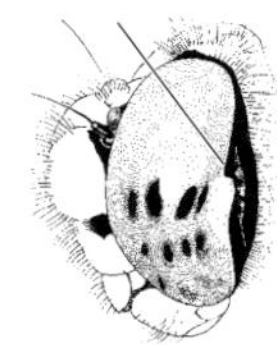

Hinterrand der Augen ohne Ausbuchtung.

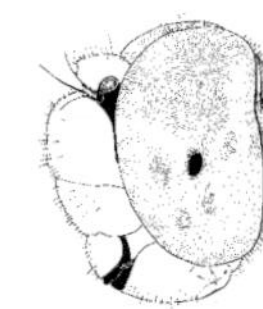

Libellulidae s. S.133

Vorderfügel mit 7-10 Antenodal-Queradern (Ant). Ein oder zwei Cubitoanalqueradern (Cut).

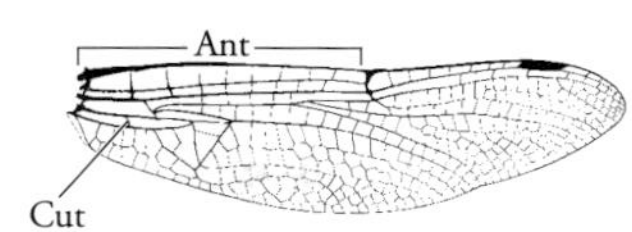

Corduliidae s. S. 121

Vorderflügel mit 13-15 Antenodal-Queradern (Ant). Drei oder mehr Cubitoanalqueradern.

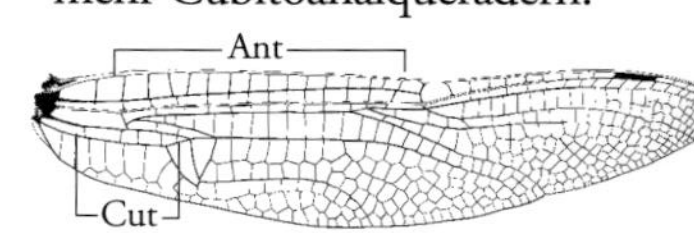

Macromiidae s. S. 117

23 *Platycnemis acutipennis* Metamorphose

Inhalt

Vorwort

In dieser sechsten Auflage haben wir das Grundkonzept auch nach 25 Jahren nicht verändert. Gleichwohl haben wir für diese Silberjubiläumsausgabe das gesamte Werk überarbeitet und an neue Ergebnisse angepasst. Was ist neu? Die Artenzahl wurde deutlich erhöht, um die Ausbreitung von Libellenarten durch die Klimaerwärmung abzubilden. Zusätzlich haben wir einen Puffer nach Süden eingezogen und die Arten Nordspaniens, Norditaliens und der Istrischen Halbinsel einbezogen. Neu sind auch zwei nordamerikanische Irrgäste. Bei der Gattung *Somatochlora* haben wir alle europäischen Arten aufgenommen.

Die hier verwendeten Bestimmungswege leiten sich aus einer etwa 150 Jahre alten Tradition in Europa ab, wir stehen mit diesem Werk sozusagen „auf den Schultern von Giganten", vor denen wir uns verneigen. Konsequentes Literaturstudium hat neben dem intensiven Austausch mit Kollegen europaweit, in Internetforen und der Sichtung von Sammlungsbeständen immer wieder neue Hinweise ergeben. Die verwendeten Merkmale haben wir alle selbst geprüft, wenn möglich im Feld an Serienfängen und geographisch an repräsentativen Orten inner- und außerhalb Europas. Grundsätzlich bieten die verwendeten Bestimmungsmerkmale eine hohe Sicherheit der richtigen Bestimmung. Dabei haben wir Merkmale bevorzugt, die über die gesamte Altersspanne konstant sind: morphologische Merkmale inklusive der Genitalien. Entsprechend nachrangig sind dagegen Färbungsmerkmale, die bei einigen Arten große Variationsbreiten haben und zudem vom Lebensalter sowie vom Habitat beeinflusst werden. Nach Möglichkeit nennen wir mindestens zwei unabhängige Merkmale. Je schwieriger die morphologische Abgrenzung, umso mehr Merkmale haben wir aufgeführt, neue oder in früheren Auflagen nicht validierte Merkmale haben wir ergänzt. Der Anwender findet mit diesem Buch eine sehr verlässliche Grundlage für die Bestimmung von Libellen, die wir jahrelang in Seminaren und Bestimmungskursen mit Jugendgruppen, an Naturschutzakademien und Universitäten selbst geprüft haben. Für den Profi dürfte interessant sein, dass wir Farbformen und Hybride konsequent abbilden und benennen. An einigen Stellen konnten wir knappe evolutionsbiologische und verhaltensökologische Hinweise einfließen lassen.

Die ganze Arbeit wäre nur halb so wertvoll ohne die Leistung unserer Zeichnerin Ruth Ilka Nüss. Sie ist nicht nur wie wir im DJN groß geworden und war unsere Mentorin in Jugendjahren, sondern hat mehrfach Bücher illustriert und ist zoologische Präparatorin am Überseemuseum in Bremen. Dieses Werk profitiert von ihrem professionelles Können gepaart mit ihrer Begeisterung für Libellen. Sie hat über 500 Abbildungen neu gezeichnet, die meisten nach Lebendaufnahmen, die uns z. T. durch Fons Peels von dragonflypix.com hochauflösend zur Verfügung gestellt wurden.

So ein Werk lebt von den Hilfestellungen von vielen Menschen, die uns immer intensiv unterstützt haben. Ihnen allen sagen wir hier vielfältigen Dank (in alphabetische Ordnung): Peter-René Becker, Ulf Beichle, Christina Burmeister und Kai Fuhrmann (Landesmuseum Natur und Mensch, Oldenburg), Jean-Pierre Boudot, Stephen Butler, Bernd Cegielka, Dietmar Glitz, Manfred Haacks, Jonas Hagge und Jenny Herbert (DJN), Matthias Hartung, Harald Heidemann, Andreas Hein, Gert Ihssen, Peter Jahn, Reinhard Jödicke, Klaus-Dieter Klass (Senckenberg Naturhistorische Sammlung Dresden), die KNNV, Gerhard Lehmann, Gerlind

LEHMANN, VOLKER LOHRMANN und HELMUT RIEMANN (Überseemuseum Bremen), ALAIN MAIBACH, ANDREAS MARTENS, RÜDIGER MAUERSBERGER, CLAUDIA MOHRA, RUTH ILKA NÜSS, MICHAEL OHL, FONS PEELS (dragonflypix.com), WERNER PIPER, RÜDIGER PRASSE, JAAKKO PURO (Universität Turku), ANNA RIBERA (www.biodiversidadvirtual.com), KURT SOEFFING, GÖRAN SAHLÉN, MARTIN SCHORR, UTE SIMON, THOMAS SPITZER, HARTWIG STOBBE, GRAHAM VICK, FLORIAN WEIHRAUCH und HANSRUEDI WILDERMUTH.

Für französische Bearbeitung danken wir HARALD HEIDEMANN und JEAN-LOUIS DOMMANGET, für die niederländische Ausgabe MARCEL WASSCHER.

Dieses Werk erfüllt wesentliche Forderungen, wie sie von der biologischen Forschung für Bestimmungsschlüssel formuliert werden (z. B. GOTELLI 2004). Deshalb empfiehlt die Gesellschaft für Biologische Systematik diesen Schlüssel, wofür wir dem Vorstand und namentlich MICHAEL OHL dankbar sind. Wir hoffen, dass dieser Schlüssel hilft unser Wissen über Libellen zu verbreitern und die Biodiversitätskrise, in der auch Libellen stecken (CLAUSNITZER et al. 2009), abzumildern.

Weiterhin bitten wir um kritische Rückmeldungen bei Fehlern, Unklarheiten oder Schwierigkeiten bei der Verwendung, da sie uns helfen den Schlüssel in kommenden Auflagen zu verbessern. Als Belohnung für konstruktive Kritik, die zu einer Änderung des Schlüssels führt, bieten wir, wie bisher, eine Erwähnung im Vorwort sowie ein von den Autoren handsigniertes Freiexemplar nach Wahl von dieser oder der nächsten Auflage an.

Stahnsdorf und Bremen im Herbst 2015

ARNE W. LEHMANN
Friedensallee 37, 14532 Stahnsdorf
Heuschrecken-Brandenburg@web.de

JOHANN HENDRIK NÜSS
Freiberger Straße 15, 28215 Bremen
hendrik.nuess@nord-com.net

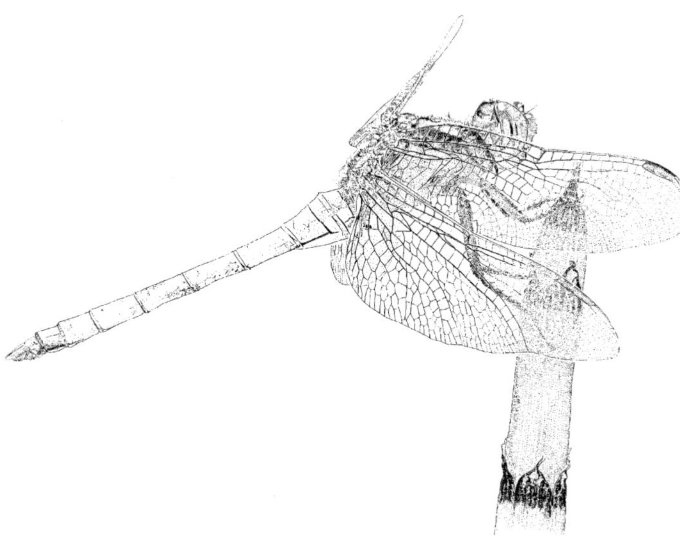

24 *Orthetrum coerulescens* ♂

Geltungsbereich

Die Länder werden durchgängig nach ISO3166-Alpha-2 codiert. Alle in der markierten Fläche vorkommenden Arten werden im Schlüssel beschrieben.

AT	Österreich	IT	Italien
BA	Bosnien und Herzegowina	LT	Litauen
BE	Belgien	LV	Lettland
BG	Bulgarien	MA	Marokko
BZ	Weißrussland	MD	Moldawien
CH	Schweiz	MK	Mazedonien
CZ	Tschechien	NL	Niederlande
DE	Deutschland	NO	Norwegen
DK	Dänemark	PL	Polen
DZ	Algerien	PT	Portugal
EE	Estland	RS	Serbien
ES	Spanien	RO	Rumänien
FI	Finnland	RU	Russland
FR	Frankreich	SE	Schweden
GB	Großbritannien	SI	Slowenien
GR	Griechenland	SK	Slowakei
HR	Kroatien	TN	Tunesien
HU	Ungarn	TR	Türkei
IE	Irland	UA	Ukraine
IS	Island	(EUR	Europa)

Einleitung

Libellen sind große und farbige Insekten, die auch durch ihr Flugvermögen besondere Aufmerksamkeit erregen. Die Libellen sind die am schnellsten fliegenden Insekten. Ihr Flug ist lautlos und äußerst präzise und ist technisch, auch vom Menschen, unerreicht. Der schnelle und genaue Flug ist den Libellen möglich durch einen hervorragenden Gesichtssinn, eine stark ausgebildete Flugmuskulatur und vier Flügel, die unabhängig voneinander beweglich sind. Diese Flügelsteuerung ermöglicht Flugbewegungen in *alle* Richtungen. Besonders die Großlibellen sind in der Lage, in der Luft stehenzubleiben (Rüttelflug). Die Familie, der eine Libelle angehört, ist für Libellenkundige am Flugverhalten oftmals schon auf große Entfernung erkennbar.

Gerade auf naturkundliche Laien üben Libellen wegen ihrer Größe, prächtigen Färbungen und ihres gut beobachtbaren Flug- und Paarungsverhaltens eine starke Faszination aus. Die Beobachtung der Libellen ist nicht selten der Anfang einer tiefergehenden Beschäftigung mit Insekten.

Der Wunsch, Gesehenes beschreiben zu können, zieht Namensgebung und Bestimmung der beobachteten Tiere fast zwangsläufig nach sich. Die Benennbarkeit einer Art wiederum ist die Voraussetzung für das Verstehen einer Art und die Erkenntnis, welchen Platz sie in der Artengemeinschaft einnimmt.

Das Wissen, das so über eine Art gesammelt werden kann, ermöglicht Aussagen über die Umgebung, d. h. die biotischen und abiotischen Faktoren, die das Leben der Art bestimmen oder aber ein Überleben dieser Art unmöglich machen. Eine Veränderung dieser Faktoren hat ganz bestimmte Auswirkungen auf die Lebensbedingungen dieser (und auch anderer) Art(en). Deshalb ist es möglich, aufgrund der Artenzusammensetzung und der Individuendichte (Anzahl der Tiere einer Art) Aussagen über die Art des Lebensraumes und seines Zustandes zu treffen. Weil es ein sehr großer Aufwand ist, alle Arten eines Gebietes zu erfassen, beschränkt man sich meist auf leicht überschaubare Gruppen als Indikatoren für den Gesamtzustand. Libellen sind für diesen Zweck sehr gut geeignet, da sie leicht bestimmbar sind und der Wissensstand über ihr Verhalten und ihre Biotopansprüche sehr hoch ist. Besonders für Neulinge sind diese Zusammenhänge am Beispiel der Libellen leicht verständlich.

Viele Libellenarten sind hoch spezialisiert und reagieren empfindlich auf Lebensraumveränderungen. Besonders im industrialisierten Mitteleuropa ist deshalb der Artenrückgang bzw. die Gefährdung der Arten sehr hoch.

Der Geltungsbereich des Schlüssels wurde aus zwei Gründen stark erweitert. Zum einen hat die Reisefreudigkeit auch von Jugendlichen stark zugenommen, denen wir mit diesem Schlüssel eine Bestimmungshilfe an die Hand geben wollen, die über die Grenzen Deutschlands hinaus Gültigkeit hat. Hierzu war es nötig, auch Arten in den Bestimmungsgang aufzunehmen, die in Deutschland nicht vorkommen.

Zum anderen soll der Schlüssel die Verbreitung der in Deutschland vorkommenden Arten über die Grenzen hinaus in Nord- und Mitteleuropa darstellen. Diese Übersicht ermöglicht eine genauere Einschätzung der Gefährdung einzelner Arten, zumal Arten an den Grenzen ihrer Verbreitung besonders anfällig gegen Veränderungen der Lebensbedingungen sind.

Verbreitungskarten wurden in den Schlüssel aufgenommen, da sie wesentlich anschaulicher und schneller zu erfassen sind als ein gebietsbeschreibender Text. Darüber hinaus beanspruchen sie auch nicht mehr Platz als die textliche Darstellung. Da das Wissen über die Verbreitung nicht immer genau ist und Libellen sich als flugfähige Insekten nicht an feste Grenzen halten, können die Karten nur eine grobe Übersicht sein. So sind Vorkommen auch außerhalb der angegebenen Bereiche durchaus möglich.

Die angegebenen Flugzeiten können bei der Größe des behandelten Gebietes, wie auch die Verbreitungskarten, nur einen groben Überblick geben. Für Arten, die in Mitteleuropa vorkommen, gibt der Schlüssel die Flugzeiten in Mitteleuropa an. In Abhängigkeit von der Temperatur liegen die Flugzeiten in Südeuropa früher und sind meist auch länger aktiv, in Nordeuropa fliegen die Arten entsprechend meistens später und kürzer. Auch in Deutschland variieren deshalb die Flugzeiten der Arten in Abhängigkeit vom Klima, beispielsweise führt ein sehr warmes Frühjahr zu deutlich früheren Schlupfterminen.

Da Abbildungen mehr Informationen enthalten und einfacher verständlich sind als lange Texte, wurden alle Bestimmungsmerkmale mit einer Abbildung versehen. Gewöhnlich befindet sich die Abbildung auf der gegenüber liegenden Seite und kann leicht anhand der Abbildungsnummer zugeordnet werden. Ist dies nicht der Fall, wird die Seitenzahl hinter einem Schrägstrich angegeben. So bezieht sich z. B. die Angabe (26) auf die Abbildung 26 auf der nächsten (oder gleichen) Seite, während die Angabe (242–252/72) auf die Abbildungen 242 bis 252 auf Seite 72 verweisen.

Für Mitteleuropa wurden die Verbreitung und Gefährdung gesondert in die Bestimmungstexte aufgenommen und Gefährdungsgrade für Europa und Deutschland angeben.

Auf einen Larven- oder Exuvien-Schlüssel haben wir verzichtet. Die Aufsammlung von Exuvien stellt aber eine sehr interessante Art dar, die Bodenständigkeit einer Libellenart nachzuweisen. Die Larvenhäute lassen sich oft mit den im Literaturverzeichnis angegebenen Werken bestimmen.

Lebensräume

Libellen besiedeln als Larven verschiedene Gewässertypen. Arten, die einen speziellen Gewässertyp besiedeln, werden als *stenotop*, Arten, die unterschiedliche Gewässertypen besiedeln, als *eurytop* bezeichnet.

Die ausschlaggebenden Faktoren sind unterschiedlich. Sind zwei Arten an einem Gewässer bodenständig, kann für den Beobachter der Eindruck entstehen, dass bestimmte Arten immer zusammen vorkommen. Das bedeutet aber nicht, dass sie gleiche Ansprüche haben, sondern nur, dass an diesem Gewässer die Ansprüche beider Arten erfüllt sind.

Ein durchschnittliches Gewässer wird im Gebiet von zehn bis 20 Libellenarten bewohnt. Nur bei großem Strukturreichtum liegen die Werte höher und erreichen bis zu 40 Arten. Sauberes Wasser und eine natürliche Ufervegetation sind dabei für viele Libellenarten wichtig.

An stehenden Gewässern verbreitet sind:

Lestes sponsa, Platycnemis pennipes, Pyrrhosoma nymphula, Ischnura elegans, Enallagma cyathigerum, Coenagrion puella, Coenagrion pulchellum, Aeshna cyanea, Aeshna mixta, Anax imperator, Libellula quadrimaculata, Orthetrum cancellatum, Sympetrum sanguineum, Sympetrum striolatum und *Sympetrum vulgatum.*

Besondere Artenkombinationen finden sich in folgenden Gewässertypen:

Fließgewässer, besonders mit klarem Wasser: *Calopteryx*-Arten und Gomphidae

Quellsümpfe, Waldrinnsale: *Cordulegaster*-Arten.

Moore: *Coenagrion hastulatum, Aeshna juncea, Aeshna subarctica, Somatochlora arctica, Leucorrhinia dubia, Leucorrhinia rubicunda, Sympetrum danae.*

Alpine Moore: *Coenagrion hastulatum, Aeshna caerulea, Aeshna juncea, Aeshna subarctica, Somatochlora alpestris, Somatochlora arctica* und *Leucorrhinia dubia.*

Vegetationsarme Kiesgruben (Pionierbesiedler): *Ischnura pumilio, Libellula depressa* und *Orthetrum*-Arten.

Wiesengräben: *Coenagrion mercuriale* und *C. ornatum.*

Gefährdung

Aus der Übersicht der Lebensräume der Libellen ergibt sich auch schon ihre Gefährdung. Besonders betroffen sind die spezialisierten Arten. So stehen viele Fließgewässer- und Moorarten auf der Roten Liste der gefährdeten Tier- und Pflanzenarten. Die Bestände der Moorarten haben im Zeitalter der Trockenlegungen und des Gartentorfs stark abgenommen. Auch die Bestände der Fließgewässerarten gingen seit der Industrialisierung Mitteleuropas drastisch zurück. Durch den technischen Umweltschutz haben viele Fließgewässer aktuell wieder eine bessere Wasserqualität. Dadurch ist die Situation für viele Fließgewässerarten nicht mehr so dramatisch wie noch vor 20 Jahren.

Aus Sicht des Naturschutzes sind folgende Ursachen für die Gefährdung der Libellen verantwortlich:

- Zerstörung, Trockenlegung und Abtorfung der Moore.
- Begradigung, Kanalisierung, Verrohrung und Uferverbau an Flüssen und Bächen.
- Einleitung von Schadstoffen.
- Einschwemmung von Düngemitteln und Pestiziden aus landwirtschaftlich genutzten Flächen. Ökolandbau, verringerter Pestizideinsatz und vom Naturschutz verordnete Uferrandstreifenprogramme sind wichtige Gegenmaßnahmen.
- Zerstörung durch Verfüllung von Kleingewässern bei Flurbereinigung und Straßenbau.
- Zerstörung alpiner Kleingewässer durch Skitourismus und Straßenbau.
- Anlage von Fischteichen und das Ablassen dieser Fischteiche im Winter.
- Zerstörung der Ufer- und Schwimmblattvegetation durch Angel-, Bade- und anderen Freizeitbetrieb.
- Versauerung der Gewässer durch Sauren Regen.
- Senkung des Grundwasserspiegels durch Grundwasserentnahme und Drainage. Dieses schwerwiegende Problem wird durch sinkende Niederschlagsmengen im Sommer aufgrund des Klimawandels eklatant verstärkt, wodurch besonders Kleingewässer vom Austrocknen bedroht sind.
- Im Mittelmeerraum sind alle Gewässertypen massiv durch den Wasserbedarf für Bewässerung und die menschliche Nutzung gefährdet: Staudammprojekte vernichten natürliche Flusssysteme, Wasserförderung senkt den Grundwasserspiegel und Bäche werden bereits an der Quelle abgeleitet.
- Beseitigung von Quellsümpfen und Waldrinnsalen in der modernen Forstwirtschaft.
- Räumung und Ausbaggerung von Wiesengräben.
- Vernichtung von Wasserpflanzenbeständen durch Entkrautung.

Schutz

Wie bei fast allen Tierarten ist auch für Libellen der Fortbestand nur über den Biotopschutz zu erreichen.

Zwar bieten neu geschaffene Gewässer wie Naturschutztümpel und Gartenteiche einigen Libellenarten einen Lebensraum, jedoch sind die Spezialisten mit solchen Maßnahmen nicht zu retten. Es kommt deshalb darauf an, die noch bestehenden natürlichen und naturnahen Lebensräume zu erhalten. Gegebenenfalls können durch Schutzkonzepte, z. B. Wiedervernässung von Mooren, wertvolle Gebiete wieder geschaffen werden.

In einigen Bundesländern sind umfangreiche Biotopschutzkonzepte in Arbeit. Viele Libellenarten profitieren generell von Naturschutzmaßnahmen. Dazu gehören die Rücknahme von Uferverbau an Flüssen und die Neuschaffung von Kleingewässern. Bei Habitatspezialisten wie z. B. *Aeshna viridis* oder *Leucorrhinia pectoralis* sind spezielle Artenhilfsprogramme sehr wichtig.

Gesetzlicher Schutz

Alle Libellenarten sind europaweit geschützt. In Deutschland gilt die *Verordnung zum Schutz wild lebender Tier- und Pflanzenarten* (Bundesartenschutzverordnung) (Bundesministerium für Justiz 2005).

Danach zählen alle Libellen zu den besonders geschützten Arten. Zehn Arten sind sogar eine Stufe höher als *streng geschützt* eingestuft *(Aeshna caerulea, Aeshna subarctica, Ceriagrion tenellum, Coenagrion armatum, Coenagrion hylas, Coenagrion mercuriale, Coenagrion ornatum, Nehalennia speciosa, Orthetrum albistylum* und *Somatochlora alpestris).*

Ähnliche gesetzliche Regelungen sind in den meisten europäischen Ländern in Kraft. Bedeutsam für den Libellenschutz ist auch die FFH-Richtlinie als eine Naturschutz-Bestimmung der Europäischen Union (Richtlinie 92/43/EWG des Rates vom 21. Mai 1992 zur Erhaltung der natürlichen Lebensräume sowie der wildlebenden Tiere und Pflanzen). Sie soll auf europäischer Ebene den Schutz der biologischen Vielfalt regeln. Libellen finden sich in den Anhängen II (für diese Arten müssen Schutzgebiete im NATURA 2000-Netz eingerichtet werden) und Anhang IV (Arten stehen unter besonderem Rechtsschutz der EU, weil sie selten und schützenswert sind. Ihre *Lebensstätten* dürfen nicht beschädigt oder zerstört werden).

Fang und Beobachtung

Um eine Libelle zu bestimmen, ist es günstig sie zu fangen. Dazu wird ein Fangnetz aus Gardinenstoff, einem Rahmen aus dickem Draht und einem Stiel (1–2 m lang) gebaut oder gekauft. Längenverstellbare Stiele findet man im Angelgeschäft oder als Wischstäbe. Sie eignen sich besonders für (Rucksack-)Reisen oder zum Transport am Fahrrad. Im Fachhandel sind zusammenklappbare Netze und verlängerbare Stiele erhältlich. Eine gute Größe der Netzöffnung beträgt 50 cm. Je dünner der Netzstoff, umso schneller kann das Netz in der Luft bewegt werden.

Kleinlibellen und Heidelibellen sind vergleichweise einfach zu fangen. Bei den Luftraumjägern (besonders Aeshnidae, Corduliidae) kann der Fang zeitraubend und anstrengend sein. Unsere erste Königslibelle *(Anax imperator)* haben wir zu dritt eine Stunde lang gejagt. Am erfolgreichsten ist es sich die Flugbahnen der Tiere einzuprägen, und still am Ufer zu verharren. Eine vorbeifliegende Großlibelle wird entgegen ihrer Flugbahn sehr schnell gekeschert, mit einem Stoppschwung wird das Netz dann umgeschlagen. Raschelt es laut im Netz, war der Fang erfolgreich.

Über Sumpfgebieten bietet sich auch der Fang von unten an: in die Vegetation ducken, Großlibelle überfliegen lassen und dann mit einem schnellem Schwung das Netz schräg nach oben schleudern, dann sofort mit der Öffnung auf den Boden schlagen. Am Boden sitzende Tiere lassen sich auch deckeln, Kescher von oben drüber schlagen. Übung macht den Meister, abkucken ist auch erlaubt. Netz zu Hause gelassen? Libellen reagieren auf Bewegung, wer sich sehr langsam nähert, kommt an sitzende Tiere ganz nah heran. Bei der Fingermethode werden die seitlich ausgestreckten Flügel (Großlibellen, Lestidae) zwischen Zeige- und Mittelfinger geschnappt, über dem Rücken gefaltete Flügel der meisten Kleinlibellen mit dem Pinzettengriff (Daumen gegen Mittelfinger) gefasst.

Spannend ist das Beobachten und Bestimmen mit einem Fernglas. Für die Bestimmung sollte das Glas im Nahbereich fokussieren. Für das Beobachten und Auszählen von Populationsgrößen leistet jedes Glas gute Dienste, selbst Spektive sind bei großer Entfernung von Nutzen.

Flusslibellen (Gomphidae und *Calopteryx*-Arten) lassen sich hervorragend vom Boot aus erfassen. Bei Seen bietet sich das Schwimmen nicht nur zur Abkühlung an, sondern es lassen sich viele Arten sehr dicht beobachten, selbst solche, die vom Ufer nur schwer beobachtbar sind. Dazu zählen z.B. die Arten der wasserseitigen Schilfzone *(Anax parthenope)*, des offenen Wassers *(Cordulia aenea)*, der Schwimmblattzone *(Erythromma najas, Leucorrhinia caudalis)* und der Tauchblattzone *(Erythromma viridulum)*.

Beobachtungsdaten

Wichtig ist, dass Beobachtungen *aufgeschrieben* werden.

Zu einem Beobachtungsprotokoll oder Exkursionsbericht gehören das Gebiet, Koordinaten, Datum, Beobachter. Zusätzliche Wetterdaten können hilfreich sein.

Dazu sind folgende Angaben wertvoll:

- alle beobachteten Arten, nicht nur die seltenen.
- die Anzahl pro Art, eventuell getrennt nach Geschlechtern.
- Hinweise zur Bodenständigkeit: frisch geschlüpfte Tiere, Exuvienfunde, Eiablage, Paarungen. Exuvien sollten für die spätere Bestimmung eingesammelt werden.

Fotografien der Arten und der Gebiete sind eine schöne Ergänzung. Viele Internetforen bieten die Möglichkeit der Fotobestimmung (www.libellenfunde.de; www.entomologie.de; www.makroforum.de; www.insektenfotos.de). Bei www.libellenfunde.de, www.naturgucker.de und www.observado.org können auch bequem Funddaten gemeldet und eingesehen werden.

Verhaltensweisen lassen sich bei vielen Arten gut beobachten, da erwachsene Tiere ihr Leben am Gewässer verbringen:

- besetzen die Männchen Reviere ? Zeigen sie Balzverhalten wie z. B. *Calopteryx-Arten?*
- wie lange dauert die Paarung, findet sie sitzend oder im Flug statt?
- wie verläuft die Eiablage? Bleiben Männchen und Weibchen zusammen im Tandem, bewacht das Männchen das Weibchen oder ist das Weibchen alleine? Werden die Eier frei auf das Wasser gelegt oder in Pflanzen eingestochen, über- oder unter Wasser?

Zur Erfassung von Libellenbeständen und Vergesellschaftungen gibt es verschiedene Möglichkeiten, die von der Sichtbeobachtung bis zum Markieren von möglichst vielen

Individuen mit anschließendem Wiederfang reichen. Auch das Auszählen von Exuvien kann zur Ermittlung von Bestandsgrößen oder Geschlechtsverhältnissen dienen.

Ausführliche Angaben finden sich in (CORBET 1999) und in (STERNBERG und BUCHWALD 1999, 2000).

Lebenszyklus der Libellen

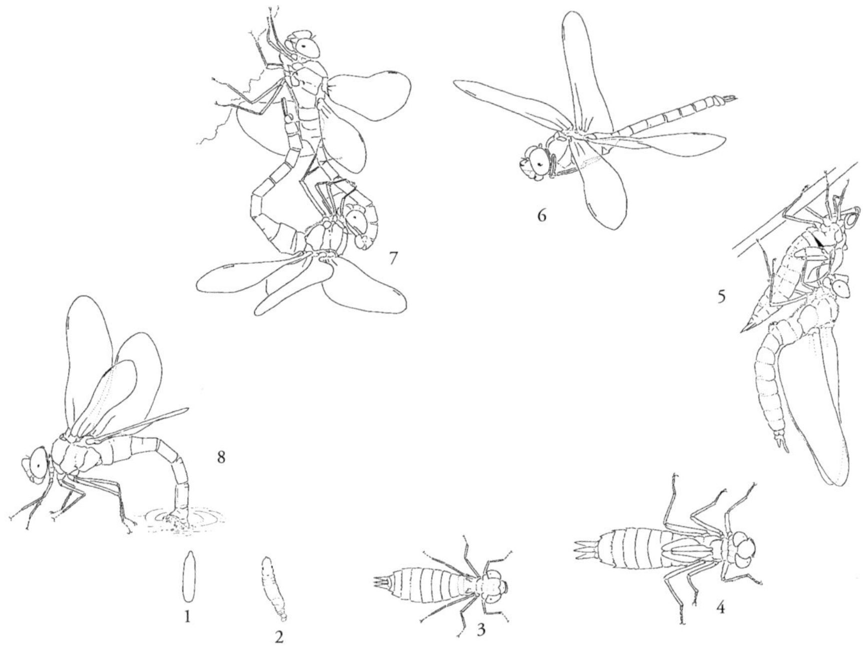

26 Lebenszyklus der Libellen

(1) Die Eier sind je nach ihrem Ablageort unterschiedlich gestaltet, so haben in Pflanzen eingestochene Eier eine längliche, frei ins Wasser abgelegte Eier eine runde Form. Normalerweise werden die Eier einzeln abgelegt, bei *Epitheca bimaculata* hingegen bilden sie einen Klumpen, der sich zu einer Laichschnur ausrollt.

(2) Aus den Eiern schlüpfen die Prolarven.

Aus der Prolarve häutet sich die Larve (3, 4), die sich von Wassertieren ernährt. Bei hoher Zahl von Libellenlarven kommt es dabei auch zu Kannibalismus.

Um zu wachsen, muss sich die Larve von Zeit zu Zeit häuten, wobei die Flügelanlagen auf ihrem Rücken bei jeder Häutung größer werden. Wenn die Larve einen bestimmten Reifezustand erreicht hat, wandelt sie im Inneren alle Gliedmaßen und Organe um.

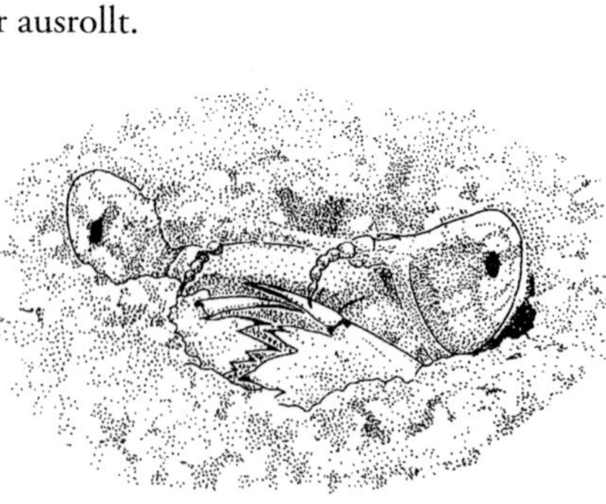

27 *Cordulegaster spec.* Larva

Nach dieser Umwandlung wartet die Larve auf gutes Wetter, um, zumeist in den frühen Morgenstunden, (5) aus dem Wasser zu steigen und als Imago zu schlüpfen (Metamorphose). Dazu verankert sich die Larve außerhalb des Wassers mit ihren Beinen fest an Pflanzen oder Steinen, sprengt die Rückennaht der Exuvie (Larvenhaut) und zwängt ihren Kopf und Thorax (Brustkorb) heraus. Sodann folgen die Beine und Abdomen (Hinterleib).

Ist die Libelle aus der Exuvie geschlüpft, folgt das Ausbreiten der Flügel. Bei diesem Vorgang, der oft mehrere Stunden dauert, ist der Chitinpanzer der Libelle anfangs noch sehr weich.

Deshalb kommt es durch mechanische Einwirkungen oft zu Verkrüppelungen, so genannten Schlupffehlern. Durch Regenfälle oder Hagelschauer erleiden die Bestände zu Schlupfzeiten erhebliche Einbußen, oft findet man dann verletzte oder tote Tiere im Wasser oder in den Uferpflanzen. Die Tiere sind bis zum Aushärten der Flügel flugunfähig und leichte Beute für Vögel, Spinnen und räuberische Insekten. Auch sollte man die Tiere in dieser Phasen nicht berühren oder zum Bestimmen gar in die Hand nehmen.

Die Körperfarben sind anfangs noch blass und werden erst im Laufe von Tagen intensiver.

(6) Nach einiger Zeit startet die frischgeschlüpfte Libelle zum Jungfernflug. Die Libellen jagen oft weit vom Wasser entfernt auf Waldlichtungen, Wiesen etc. Bei Erreichen der Geschlechtsreife kehren die Männchen an ihre Heimatgewässer zurück und warten, z. T. patrouillierend, auf die Weibchen.

28 *Libellula quadrimaculata* Metamorphose

Da das Heranreifen der Eier im Hinterleib der Weibchen länger dauert als das Heranreifen der männlichen Spermien, kehren die Weibchen erst nach den Männchen an die Gewässer zurück und werden dort ergriffen.

(7) Danach kommt es zur Paarung und Begattung.

(8) Bald darauf beginnen die Weibchen mit der Eiablage.

Körperbau – Anatomie

Die im Abschnitt Körperbau – *Anatomie* kursiv gesetzten Begriffe werden im Glossar (S. 187) ausführlicher erklärt.
Weiterführende Literatur: Snodgrass (1935), Weidner (1974), Beutel et al. (2013).

Übersicht

Der Körper von Libellen ist, wie für Insekten charakteristisch, klar abgegrenzt dreigeteilt (29). Vorn befindet sich der Kopf *(Caput)*, in der Mitte die massige Brust *(Thorax)* mit Beinen und Flügeln, hinten der langgestreckte Hinterleib *(Abdomen)*.

Hinterleib – Abdomen

Das *Abdomen* ist auffällig gegliedert (29); es besteht bei Larven und erwachsenen Libellen aus elf Abdominalsegmenten, wobei das elfte Segment stark reduziert ist. Im gesamten Schlüssel werden sie kurz als *Segmente* bezeichnet und durch ein *S* mit der nachgestellten Segmentnummer symbolisiert (29). Die Segmente tragen oberseits die großen Rückenplatten (Tergite) unterseits die kleineren Bauchplatten (Sternite). Die Segmente sind untereinander wenig spezialisiert; äußerlich sichtbare Spezialisierungen sind die unscheinbare Geschlechtsöffnung an S9, der sekundäre Geschlechtsapparat und die Greifzangen der Männchen sowie der Eiablageapparat der Weibchen (vgl. S. 20).

Die lange Form des Abdomens stabilisiert die Fluglage. Die Größe des Abdomens macht es zur wichtigen Schaufläche, viele Arten unterscheiden sich deutlich in der Färbung, Anordnung oder Größe der Abdominalzeichnung.

Kopf – Caput

Der Libellenkopf wird dominiert durch riesige *Komplexaugen*. Diese umschließen den Kopf seitlich (30–32). Sie bestehen aus tausenden von Einzelaugen *(Ommatiden)*. Die Augen sind besonders angepasst an schnelles Sehen; etwa die Hälfte der Gehirnmasse dient der Verarbeitung optischer Reize. In der Stirnmitte sitzen drei kleine Punktaugen *(Ocelli)*.

Die Antennen sind kurz und tragen wenige Sensillen. Kräftig ausgeprägt sind die unpaarigen Kopfplatten (Blanke et al. 2012), von oben nach unten sind das Scheitel *(Vertex)*, Stirn *(Frons)*, Kopfschild (*Clypeus*, untergliedert in den oberen *Postclypeus* und den unteren *Anteclypeus*) und die Oberlippe *(Labrum)*.

Darunter sitzen die paarigen Kiefer *(Mandibeln)* zum Einfangen und Zerkleinern der Nahrung, die Maxillen und die Unterlippe *(Labium)* mit ansitzenden Lippentastern (Palpus labialis).

Die Form der Augen, z. B. ob sie sich in der Mitte berühren oder getrennt sind, kann, wie auch die Färbung des Kopfes, als Merkmal zur Bestimmung genutzt werden. Auffällige Unterschiede bestehen bei den Flecken auf dem Hinterkopf bei den Coenagrionidae *(Postokularflecken)* (30). Die Form der Naht zwischen Stirn und Kopfschild (Frontoclypeal-Naht) dient als Unterscheidungsmerkmal bei *Aeshna juncea* und *A. subarctica*.

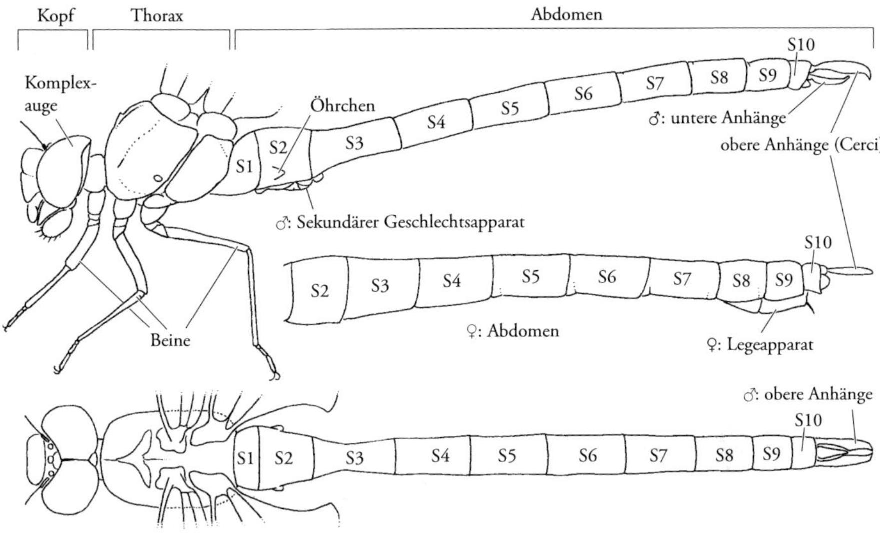

29 Körperbau (Übersicht) oben und Mitte: ♂ und ♀ lateral, unten ♂ dorsal

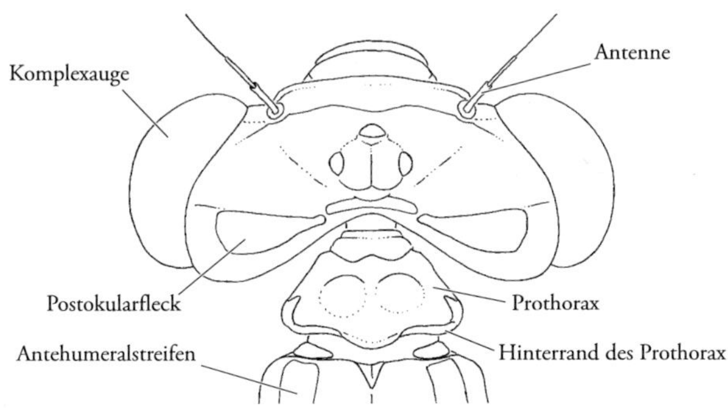

30 Kopf (Zygoptera) dorsal

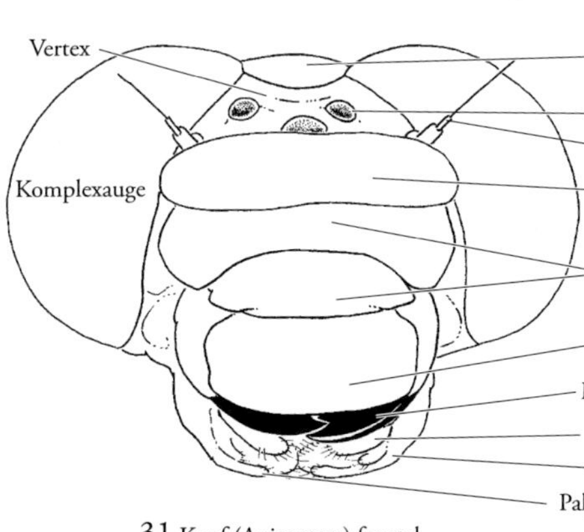

31 Kopf (Anisoptera) frontal

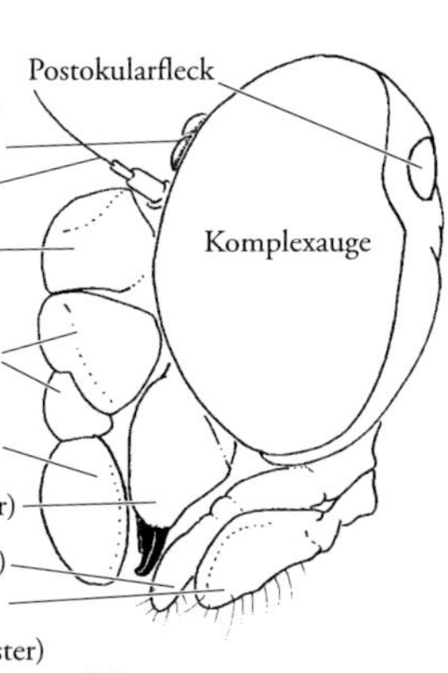

32 Kopf (Anisoptera) lateral

Brust – Thorax

Der *Thorax* besteht aus den drei Segmenten *Pro-*, *Meso-* und *Metathorax* (Vorder-, Mittel- und Hinterbrust). Alle drei Segmente tragen ein Beinpaar (33, 34). Libellen besitzen große Flügel, die an Meso- und Metathorax ansitzen. Sie bestehen aus zwei eng aneinander liegenden Lagen Kutikula. Diese bilden mit sklerotisierten Halbröhren die Flügeladern. Im Inneren der Längsadern befinden sich die Tracheen. Als spezielle Anpassung der Libellen stehen die Thoraxsegmente schräg nach oben hinten. Der Prothorax ist das kleinste Thoraxsegment. Meso- und Metathorax sind sehr groß und verwachsen; sie bilden als Anpassung an das Fliegen eine funktionelle Einheit, die als Pterothorax oder Synthorax bezeichnet wird. Innen ist der Pterothorax ausgefüllt von den mächtigen Flugmuskeln (Hörnschemeyer et al. 2013).

Gute Bestimmungsmerkmale bietet der Thorax besonders durch Färbungen und Muster.

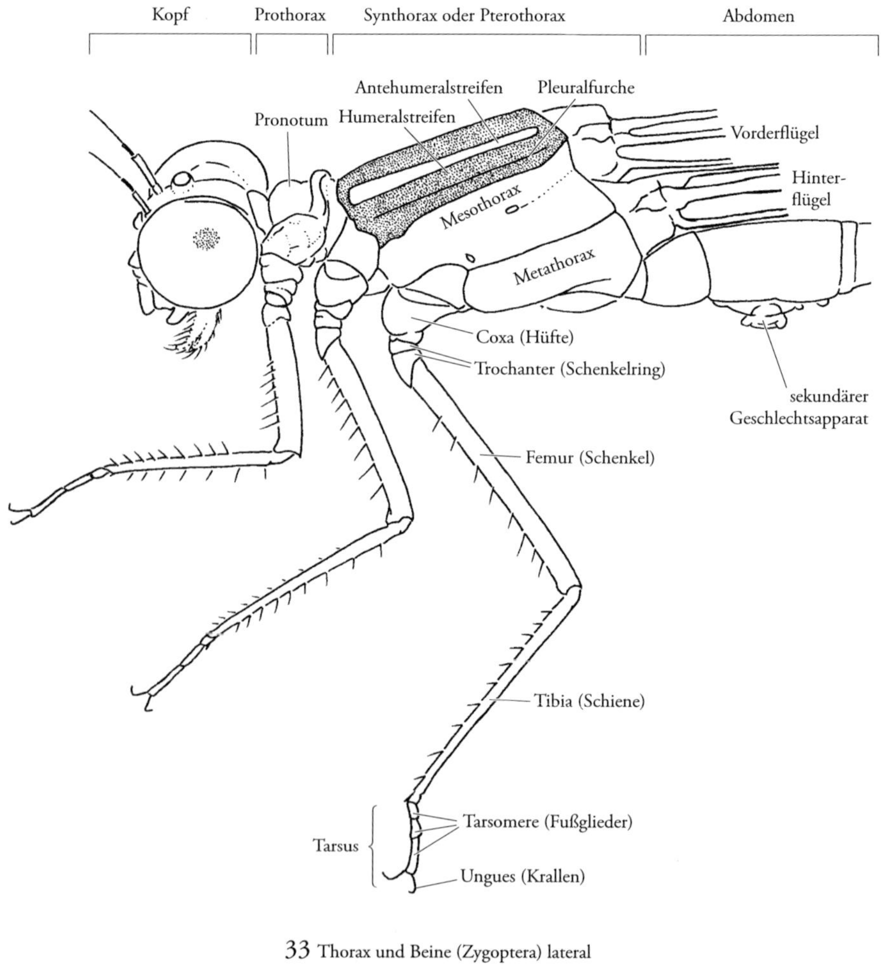

33 Thorax und Beine (Zygoptera) lateral

Beine

Der Aufbau ist typisch für Insekten: Am Körper sitzt die bewegliche Hüfte *(Coxa)*, dann folgt der Schenkelring *(Trochanter)*, langgestreckt der Schenkel *(Femur)* und die Schiene *(Tibia)*. An den drei Fußgliedern *(Tarsi)* sitzen paarige Krallen *(Ungues)* zur Verankerung. Durch die Schrägstellung der Brust sind die Beine nach vorne gerichtet. Sie dienen als Fangkorb zum Ergreifen der Beute, Fortbewegung ist mit ihnen kaum möglich.

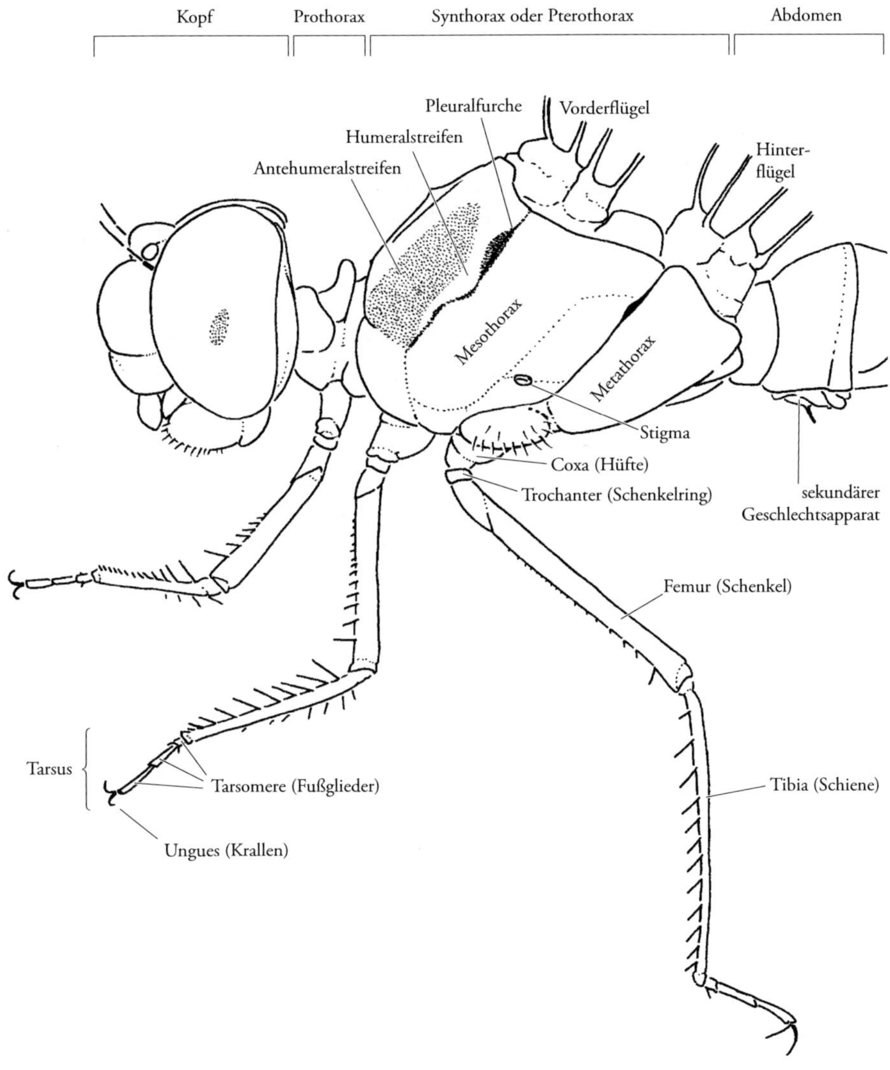

34 Thorax und Beine (Anisoptera) lateral

Abdominalanhänge

Kleinlibellen – Zygoptera

Die männlichen Abdominalanhänge bestehen aus den Cerci (obere Anhänge) und den Paraprokten (untere Anhänge) (Pfau 2002). Sie sind zu Greifzangen umgewandelt (35, 37), mit denen die Männchen während der Paarung – und teilweise auch bei der Eiablage – die Weibchen am Pronotum festhalten. Die Form der Greifzangen und des Hinterrandes des weiblichen Pronotums sind wichtige Bestimmungsmerkmale. In einigen Fällen kommt es durch die artspezifische Form zu einer mechanischen Isolation zwischen Arten (McPeek et al. 2008, 2009), ihre Evolution scheint wesentlich der sexuellen Selektion zu unterliegen (Eberhard 1985, 2010, Simmons 2014). Für die Paarung werden die Spermien von der primären Geschlechtsöffnung nahe dem Hinterleibsende (S9) in eine Tasche an der Unterseite von S2 übertragen. Dort befindet sich das sekundäre Begattungsorgan[1] mit dem Hamulus (36).

Der weibliche Legeapparat (Ovipositor) befindet sich am Hinterleibsende (38). Er besteht aus drei Paar Anhängen, den Valven. Die Valven (Gonapophysen) an S8 sind als Basalteil sichtbar, die Gonapophysen von S9 sind hingegen verdeckt. Die Legeklappen (Gonoplaks) am S9 sind seitlich von unten sichtbar. Sie sind miteinander verfalzt und bilden eine Hohlröhre (Klass 2008, Klass und Matushkina 2012, Emeljanov 2014). Die Styli am Ende des Legebohrers (38) sind beweglich und dienen der Beprobung des Substrates (Matushkina und Gorb 2002). Weitere Sensoren am Ovipositor melden die Beschaffenheit des Materials (Rebora et al. 2013a). Am erweiterten Sternum von S8 dient manchmal ein Dorn als Stütze bei der Eiablage, z. B. bei *Enallagma* (182/59).

Großlibellen – Anisoptera

Die Abdominalanhänge der männlichen Großlibellen bilden auch eine Greifzange zum Festhalten der Weibchen. Sie besteht aus den oberen Greifzangen (Cerci) und dem unpaarigen Epiprokt (39, 42) und greift die Weibchen hauptsächlich am Kopf (Pfau 2002). Der sekundäre Geschlechtsapparat mit dem *Hamulus* ist bei den Anisoptera recht groß und äußerlich gut erkennbar (43). Er wird eingerahmt von dem für die Bestimmung von Libellulidae wichtigen vorderen und hinteren Lappen (43).

Der weibliche Legeapparat ist abhängig von dem Substrat der Eiablage. Bei Ablage in Pflanzenmaterial ähnelt der Ovipositor dem der Zygoptera und ist mit Mechano- und Geschmackssensoren (Rebora et al. 2013a,b) ausgestattet. Im Gebiet des Schlüssels trifft das nur auf Aeshnidae (41) zu (Klass 2008). Bei Cordulegaster ist der Legeapparat in ein Stilett zum Einstechen in den Bachsand umgewandelt (480/113). Bei anderen Familien ist der Legeapparat stark reduziert, die Eier werden meist frei ins Wasser gelegt oder ausnahmsweise mit einer modifizierten Rinne in den Uferschlamm gedrückt (*Somatochlora metallica,* 40).

1 Die primäre Geschlechtsöffnung der Männchen findet sich an S9. Für die Paarung und damit die Übertragung der Spermien haben die Libellen eine bemerkenswerte Struktur an der Unterseite von S2 ausgebildet (36, 43). Hier befindet sich der komplex aufgebaute sekundäre Geschlechtsapparat (Pfau 1991, 2011). Vor der Paarung füllt das Männchen seine Spermien in diese Tasche. Viele Libellenmännchen bewegen in der Anfangszeit der Paarung rhythmisch ihren Hinterleib. Dabei wird mit Hilfe des Genitalhakens oder Hamulus und mit weiteren Anhängen (Bürsten und Pinseln) das Sperma von Vorgängern ausgekratzt oder zur Seite gedrückt (Waage 1984, Siva-Jothy 1997). Zusätzlich fungieren Drüsen (Glans) im Männchen entweder als Saug- oder als Druckpumpen (Pfau 2005). Alles dient dazu, die eigenen Spermien in eine gute Position zu bringen und die Konkurrenz mit Spermien anderer Männchen zu verringern (vgl. Simmons 2001). Die Eier werden erst beim Durchtritt durch den Eileiter kurz vor der Ablage befruchtet. Als Resultat ist das Männchen, welches sich zuletzt paart, meist der Vater der Nachkommen.

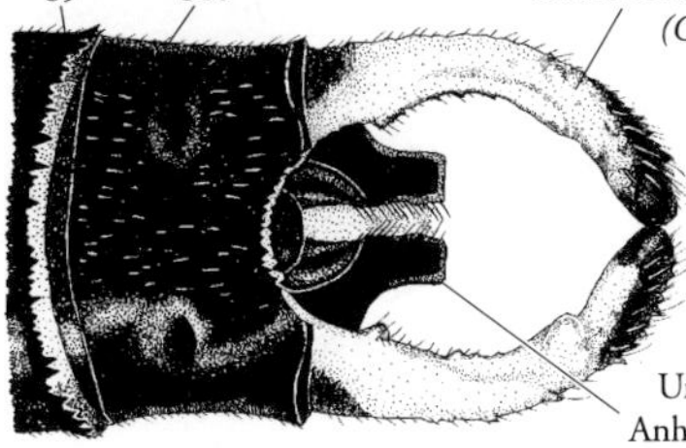

35 Abdominalanhänge ♂ von oben *(dorsal)*

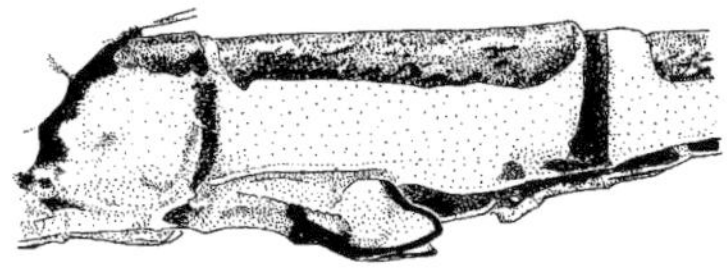

36 Sekundärer Geschlechtsapparat ♂ von der Seite *(lateral)*

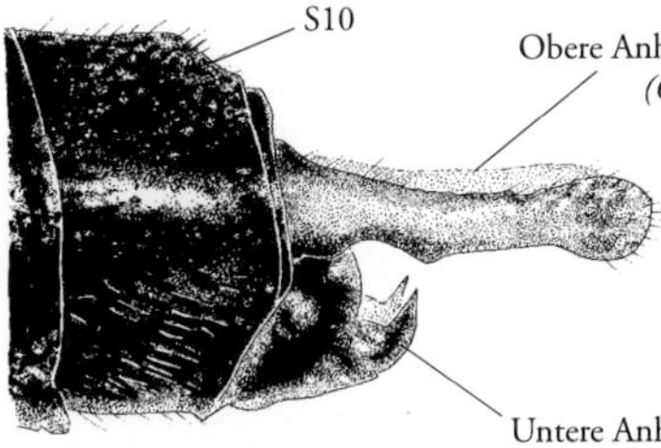

37 Abdominalanhänge ♂ von der Seite *(lateral)*

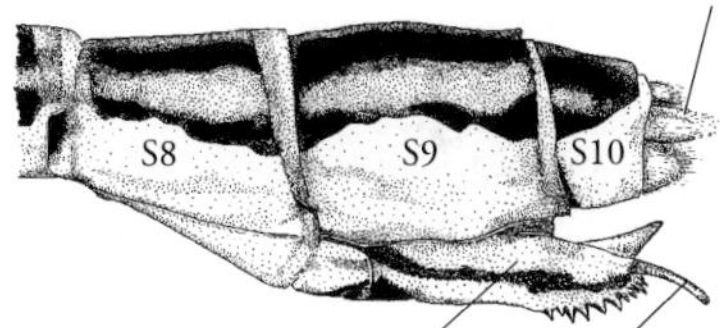

38 Legeapparat ♀ von der Seite *(lateral)*

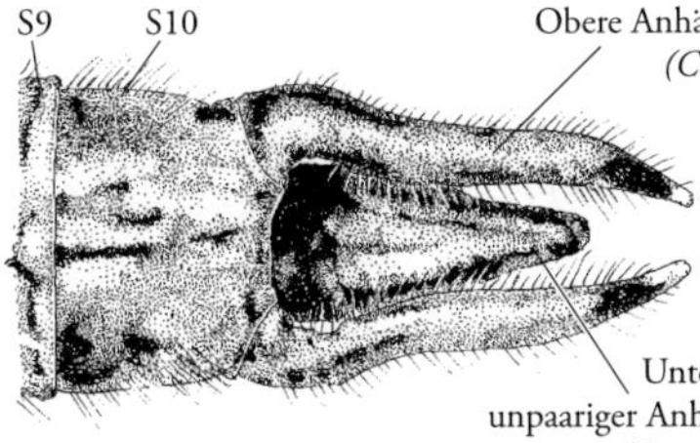

39 Abdominalanhänge ♂ von oben *(dorsal)*

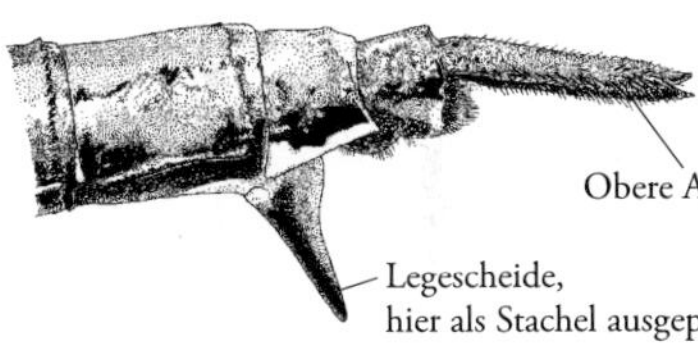

40 Abdominalanhänge ♀ von der Seite *(lateral)*

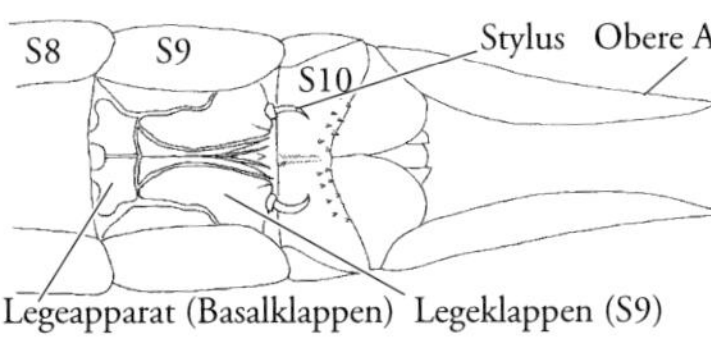

41 Abdominalanhänge ♀ von unten *(ventral)*

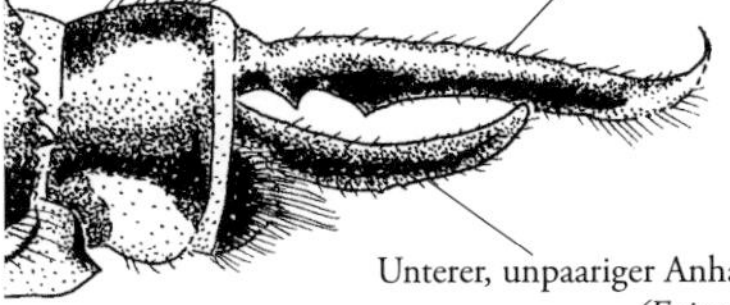

42 Abdominalanhänge ♂ von der Seite *(lateral)*

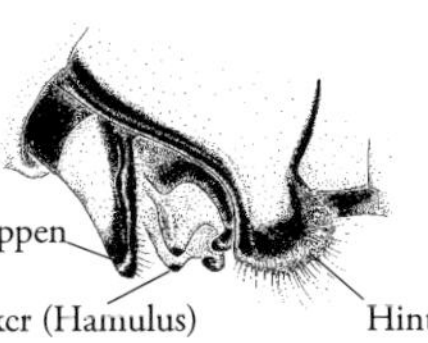

43 Sekundärer Geschlechtsapparat ♂ von der Seite *(lateral)*

Flügeladern und Felder nach Comstock und Needham (1898–1899)[2]

Tabelle 1 – Flügeladern nach Comstock und Needham 1898–99

A	Analader	M	Medianader
$A_1 - A_3$	Analseitenader	M_1–M_4	Medianäste
Aa	Analwinkel (Angulum analis)	M_{1a}	Seitenader des ersten Medianastes
An	Antenodalqueradern	Nod	Nodus
Arc	Arculus	Pn	Postnodaladern
C	Costa	R, R_1	Radius
Cu	Cubitus	Rs	Radiusseitenader
Cu_{1-2}	Cubitusseitenäste	Rspl	Radiusschaltader
Cut	Cubitoanalqueradern	Sc	Subcosta

Tabelle 2 – Flügelfelder nach Comstock und Needham 1898–99

alp	Analschleife	Pt	Pterostigma (Flügelrandmal)
d	Discoidalfeld	q	Quadrilateral (Flügelviereck)
m	Medianraum	t	Triangulum (Flügeldreieck)
me	Membranula	ta	Triangulum analis (Analdreieck)

Tabelle 3 – Benennungssyteme von Flügeladern

Comstock und Needham	Tillyard und Fraser	Fraser	Longfield	Carle	Riek und Kukalová-Peck
1899	1940	1957	1957	1982	1984
Cc	C	Ca	C	CA	C* (PC + CA + CP + ScA)
Sc	Sc	CP	Sc	CP	ScP
R_1	R_1	Ri	R1	RA	RA
M_1	R_2	Rii	R2	RP_1	RP1
M_{1a}	I_{R2}	Irii			IR_1
M_2	R_3	Riii	R2	RP_2	RP2
Rs	IR_3	Iirii	IR3	MA	IR_2
M_3	R_4	Riv+v	R4	MP	RP_{3+4}
M_4	MA	MA	MA	CuA	MA
Cu_1	CuP	CuP	Cu2	CuP	MP
Cu_2	1A	A_1	IA	A_1	CuA
A_1	A_1	–	–	A_2	AA/AP
A_2	–	–	–	A_3	–
A_3	–	–	–	–	–

2 Das hier verwendete Benennungssystem ist sehr traditionell und entspricht nicht unserem heutigem Wissensstand (Übersicht in Bechly (1996), vgl. auch Béthoux (2008, 2009)). Alternative Benennungen wurden durch Vergleiche mit Fossilien und mit anderen Insektengruppen vorgeschlagen (Tabelle 3). So ist die dicke Ader am Vorderrand der Flügel (traditionell als Costa bezeichnet) entwicklungsgeschichtlich aus mindestens vier Flügeladern oder -ästen zusammengesetzt. Besonders deutlich wird dieses auch in der unterschiedlichen Zusammensetzung der Vorderkante zwischen basalem und apikalem Abschnitt. Der Aderfächer an der Flügelbasis (Cubitus und Analis) ist schlecht verstanden und die Zuordnung unsicher. Es wäre wünschenswert Erkenntnisse zur genetischen Steuerung (Shimmi et al. 2014) und zur Musterbildung der Äderung bei Insekten (Yoshimoto und Kondo 2012) auch auf Libellen zu übertragen.

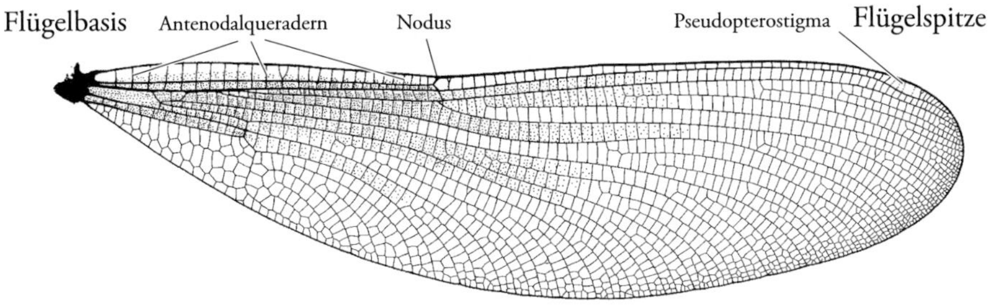

44 Calopterygidae (Prachtlibellen) – als Beispiel Hinterer Flügel *Calopteryx xanthostoma* ♀

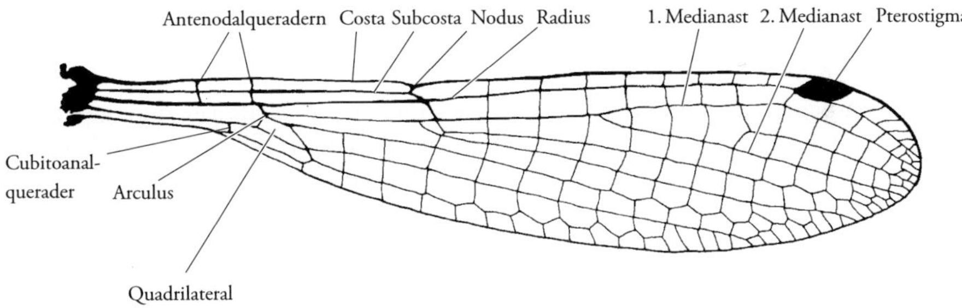

45 Zygoptera (Kleinlibellen) – als Beispiel *Ischnura elegans* ♂

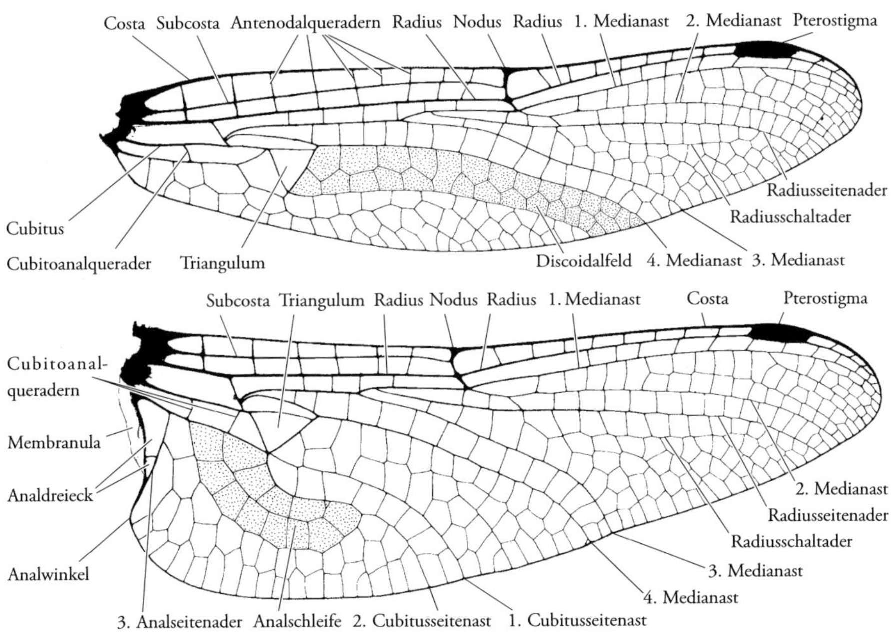

46 Anisoptera (Großlibellen) – als Beispiel *Brachytron pratense* ♂

Aufbau des Bestimmungsschlüssels *(wichtig, bitte lesen)*

Dichotomes Verfahren

Der Bestimmungsschlüssel ist nach dem üblichen *dichotomen* Verfahren aufgebaut: Man muss sich immer, beginnend bei 1 und 1', zwischen zwei Möglichkeiten entscheiden. Trifft eine zu, wird man zu einer weiteren Ziffer geführt, bei der es wieder zwei Möglichkeiten gibt usw. So arbeitet man sich zur Art vor, wo sich weitere Angaben finden.

Um mögliche Fehler zu vermeiden, sollte man *unbedingt* den Abschnitt über den Körperbau (S. 16ff) und die Flügeladerung (S. 22f) durchlesen.

Darüber empfiehlt es sich

- eine Lupe mit mindestens **zehn**facher Vergrößerung zu benutzen,
- den *gesamten* Text *sorgfältig* zu lesen,
- immer beide Möglichkeiten zu lesen, da stets direkte Gegensatzpaare aufgeführt sind,
- bei Unklarheiten Abbildungen *genau* anzusehen und weitere Merkmale zu vergleichen,
- keine frisch geschlüpften oder noch weichen Tiere zu fangen (Flügel glänzend), da sie leicht verletzbar sind und die Farbmerkmale noch nicht entwickelt sind,
- Libellen an den *zusammengeklappten* Flügeln oder an *mindestens drei* Beinen gleichzeitig festzuhalten, da sonst der Libelle Beinverlust und, als Folge, Libellenverlust droht.

Hauptschlüssel

Der Hauptschlüssel 1 dient der Zuordnung der Libelle zu den Unterordnung *Zygoptera* (Kleinlibellen) oder *Anisoptera* (Großlibellen).

Die Hauptschlüssel 2 und 3 ermöglichen es die Libelle einer Familie zuzuordnen.

Familienschlüssel

Die Familienschlüssel sind alle nach dem gleichen Schema aufgebaut:

Zunächst werden Verhaltensweisen, Lebensraumansprüche, allgemeine Erscheinungsform beschrieben und spezielle Hinweise zur Bestimmung gegeben. Danach erfolgt die Aufschlüsselung nach dem gewohnten dichotomen Verfahren.

Dabei sind die jeweiligen verweisenden und beschreibendenden Absätze auch nach einem festen Schema aufgebaut: Den Bestimmungsmerkmalen folgt ein Verweis an die Stelle im Schlüssel, an der die Bestimmung fortgesetzt werden kann.

Artbeschreibung

Im beschreibenden Absatz stehen am Anfang ebenfalls die Bestimmungsmerkmale. Auf der linken Seite gibt eine Karte Aufschluss über die Verbreitung der Art. Dunkle Flächen zeigen Bodenständigkeit einer Art an. Mittelgrauen Flächen haben drei Bedeutungen:

1. Sie weisen die Art als regional ausgestorben aus (z. B. bei *Epitheca bimaculata*).
2. Es handelt sich um Irr- oder Vermehrungsgäste, die sich nur ausnahmsweise in diesem Gebiet entwickeln *(Anax ephippiger).*
3. In diesem Gebiet existiert eine Hybridzone zwischen Unterarten (z. B. *Calopteryx splendens* und *Orthetrum coerulescens*).
   Auch sind Flächen hellgrau gekennzeichnet, wenn die Zuordnung zu einer Unterart unsicher ist (z. B. *Calopteryx splendens* in Osteuropa oder *Lestes virens* in Portugal)

oder wenn über das Vorkommen in diesem Gebiet große Unsicherheit herrscht (*Cordulegaster boltonii* in Russland).

Das Balkendiagramm mit den Abkürzungen der Monatsnamen gibt die mittlere Flugzeit der Art in Mitteleuropa an. (Für Arten, die nicht in Mitteleuropa vorkommen, gilt entsprechend das Flugzeitendiagramm für deren Verbreitungsgebiet.)

Die schraffierte Fläche gibt die Flugzeit an. Bei der Gattung *Sympecma* werden die Zeiten der Kältestarre durch leichte, rechtsgekippte Schraffur dargestellt.

Unter dem Flugzeitendiagramm werden nacheinander die Hinterleibslänge, Biotopansprüche, Verbreitung und Gefährdungsstatus in Europa und Deutschland, der systematische Artname sowie ein deutsches Synonym angegeben.

Beispiel für den Bestimmungsgang

30 Hier steht ein Text, der die Merkmale beschreibt, die eine Bestimmung möglich machen. Im nächsten Absatz stehen die genau entgegengesetzten Merkmale. Wenn sich Merkmale nur auf männliche oder weibliche Tiere beziehen, so ist dem Merkmal entweder ein „♂:“ oder ein „♀:“ vorangestellt.

Verweis … 31

30’ An dieser Stelle würde nun das gegenteilige Merkmal zu dem oberen stehen. Noch eine Anmerkung zur Nummerierung der Abbildungen: Die Nummer einer Abbildung wird stets als Zahl in einer Klammer dargestellt. Ist die Abbildung nicht auf der aktuellen Doppelseite, so gibt die Zahl hinter einem Schrägstrich die entsprechende Seitenzahl an, auf der sich die Abbildung befindet.

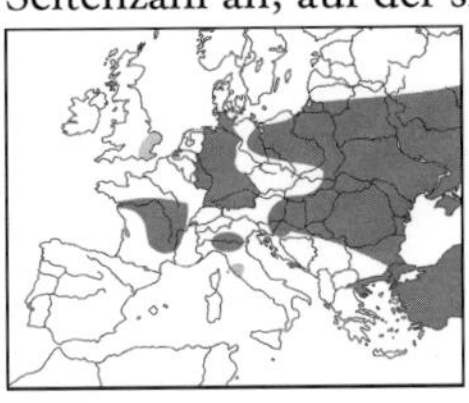

Jan	Feb	Mär	Apr	Mai	Jun	Jul	Aug	Sep	Okt	Nov	Dez

Länge des Hinterleibs in Millimetern
Beschreibung des bevorzugten Lebensraums der Libellenart
Vorkommen. Gefährdung in EUR und DE, Status nach FFH.
Gefährdungsgrade werden in *Kursivschrift* gesetzt.
Systematischer Artname Deutsches Synonym

Auf den Seiten 16–23 findet sich eine Übersicht der für die Bestimmung wichtigen Körper- und Flügelmerkmale sowie deren Bezeichnungen.

Eine Übersicht der verwendeten Abkürzungen für Gebietsbezeichnungen wird auf S. 8. gegeben.

Ein Flussdiagramm zur Bestimmung der Familien befindet sich auf der vorderen Umschlaginnenseite.

Die hinteren Umschlagseiten bieten eine Übersicht der typischen Arten und ihrer wichtigsten Merkmale in Originalgröße.

Weitere Bestimmungshilfen

Für den Anfänger sind Farbbilder sehr hilfreich, die sich in großer Zahl im Netz der Netze finden. Besonders empfohlen seien hierbei die hervorragenden Abbildungen von *dragonflypix.com,* die für viele Zeichnungen im Schlüssel als Vorlage gedient haben. Daneben enthalten die meisten Libellenbücher auch farbige Abbildungen *(Bilderbücher).*

Hauptschlüssel 1

Odonata Libellen

1 Vorderflügel und Hinterflügel gleich geformt, Hinterflügel an der Basis schmal (47, 52, 53). Augen weit voneinander entfernt, Augenabstand größer als Fühlerabstand (48). Körper schlank, Flügel in Ruhestellung oft über dem Rücken zusammengeklappt.

Zygoptera Kleinlibellen ... Seite 26

1' Hinterflügelbasis breiter als Vorderflügelbasis (50). Augen stoßen entweder aneinander (49), oder Augenabstand geringer als Fühlerabstand (51). Körper robust, Flügel in Ruhehaltung ausgebreitet.

Anisoptera Großlibellen ... Seite 78

Hauptschlüssel 2

Zygoptera Kleinlibellen

1 Vorderrand der Flügelbasis bis zum Nodus mit vielen Antenodalqueradern (47). Flügel blau, grünlich oder braun gefärbt.

Calopterygidae Prachtlibellen ... Seite 29

1' Vorderrand der Flügelbasis bis zum Nodus nur mit zwei Antenodalqueradern (52, 53). Flügel stets glashell.

... 2

2 Pterostigma viel länger als breit, steht über zwei bis vier Flügelzellen (52). Flügelzellen meist fünfeckig.

Lestidae Teichjungfern ... Seite 37

2' Pterostigma kaum länger als breit, steht über einer bis eineinhalb Flügelzellen (53). Flügelzellen viereckig.

... 3

3 Kopf schmal, von oben mit zwei hellen Linien (54). Quadrilateral rechteckig (55). Charakteristische seitliche Zeichnung des Thorax (59).

Platycnemididae Federlibellen ... Seite 47

3' Kopf breiter, von oben mit Fleckenzeichnung (57) oder nur mit einer hellen Linie (58). Quadrilateral trapezförmig (56). Seitliche Zeichnung des Thorax immer mit breiterem Humeralstreifen (z. B. (60)).

Coenagrionidae Schlanklibellen ... Seite 53

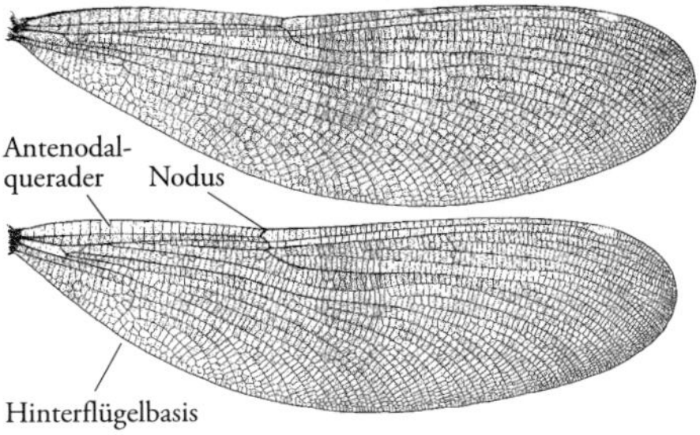

47 Calopterygidae

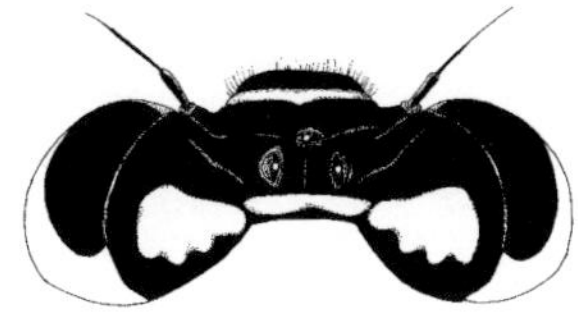

48 Zygoptera

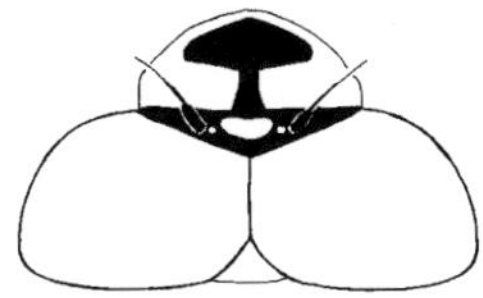

49 Aeshnidae

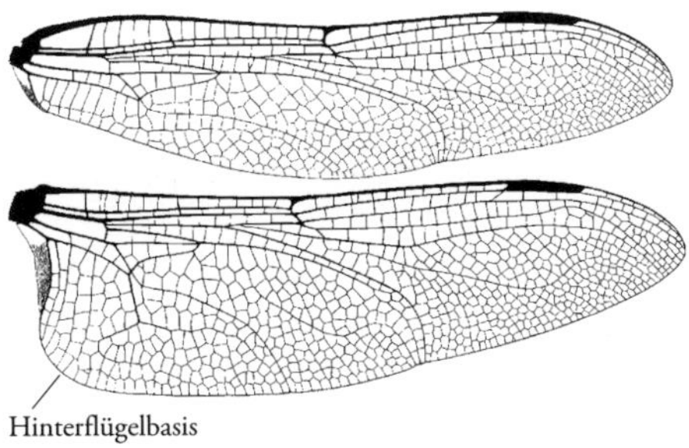

50 Aeshnidae

51 Gomphidae

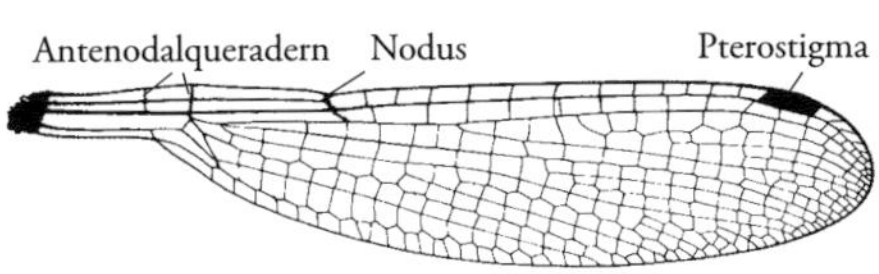

52 Lestidae

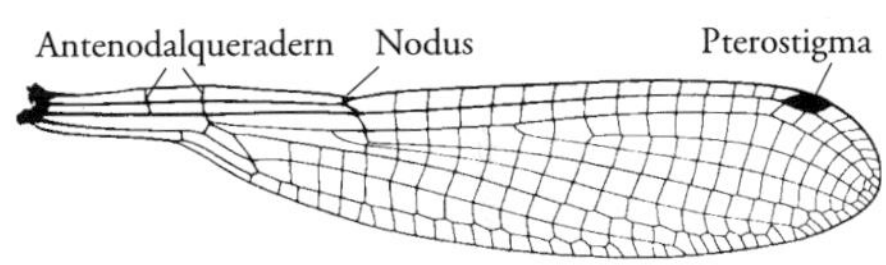

53 Coenagrionidae

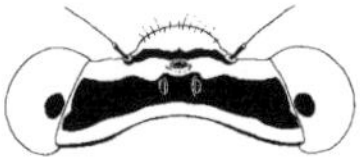

54 Platycnemididae

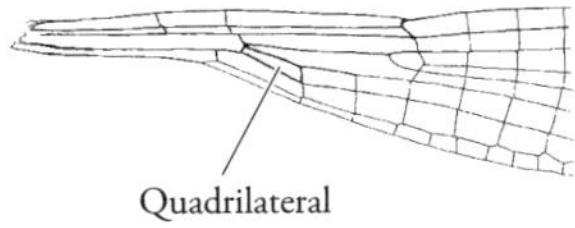

55 Platycnemididae

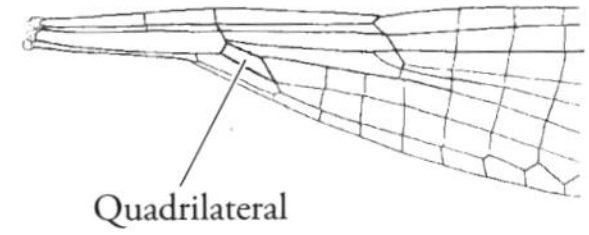

56 Coenagrionidae

57 Coenagrionidae

58 Coenagrionidae

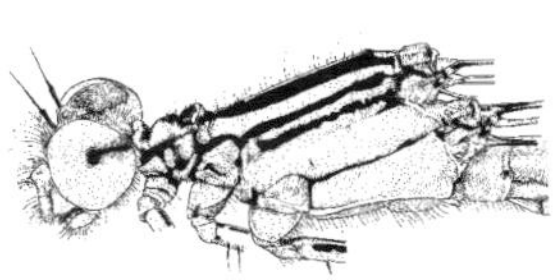

59 Platycnemididae

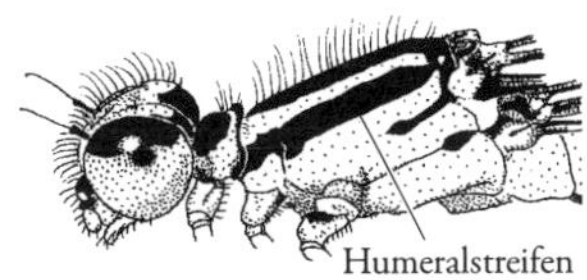

60 Coenagrionidae

Calopterygidae Prachtlibellen

61 *Calopteryx splendens splendens* ♂

Körper und Flügel sind metallisch glänzend gefärbt. Die Larven aller Arten sind an sauberes und sauerstoffreiches Wasser gebunden (Zahner 1959). Imagines besiedeln fast nur saubere Fließgewässer, Einzeltiere (besonders Männchen) wandern auch weit umher. Am Fließgewässer besetzen und verteidigen die Männchen Reviere über schwimmenden Wasserpflanzen. Dazu nutzen sie Sitzwarten über dem Gewässer oder im umliegenden Revier. Eindringende Männchen werden durch auffälliges Flügelschlagen angegriffen und in Luftkämpfe verwickelt. Ankommende Weibchen werden durch Balzflüge umworben. Dabei zeigen die Männchen auch mögliche Eiablageplätze im Revier.

Bei der Paarbildung spielt vor allem das farbige Schlusslicht der Männchen (S8–S10 von unten) eine Rolle, welches dem Weibchen durch Emporbiegen des Endes des Abdomens gezeigt wird (61/29) und das bei jeder Art unterschiedlich gefärbt ist. Auch die Ausdehnung der Flügelfärbung der Männchen ist von Bedeutung. Weibchen besitzen anstelle des Pterostigma einen weißen Flügelfleck, das Pseudopterostigma. Es hat für die Männchen Signalwirkung und löst Balzverhalten aus (Heymer 1973, Cordoba-Aguilar und Cordero Rievra 2005, Rüppell et al. 2005).

Bei hoher Männchendichte werden Weibchen auch ohne vorherige Balz gegriffen. Die Weibchen legen die befruchteten Eier sitzend in Wasserpflanzen über Wasser ab. Bei Störung erfolgt die Eiablage unter Wasser.

Die Genitalien sind zwischen den Arten sehr ähnlich und stellen keine Paarungsschranke dar. Selten kommt es zu zwischenartlichen Fehlpaarungen und Hybriden (Lindeboom 1996, Svensson et al. 2007, Tynkynnen et al. 2008, Keränen et al. 2013, Lehmann 2014).

Die Ausdehnung der männlichen Flügelfärbung ist geographisch variabel (Sadeghi et al. 2009). Anhand der Flügelfärbung wurden etliche Unterarten beschrieben, die sich aber nicht vollständig mit den genetischen Daten decken (Sadeghi et al. 2010). Sexuelle Selektion und zwischenartliche Konkurrenz scheinen die Ausdehnung der Flügelfärbung mit zu beeinflussen (Outomuro et al. 2010, 2013, Svensson und Waller 2013).

Hybridzonen existieren im Kontaktbereich nah verwandter Taxa, z. B. zwischen *C. splendens* und *C. xanthostoma*, sowie den Unterarten von *C. virgo*: *C. v. virgo* mit *C. v. meridionalis* sowie *C. v. virgo* mit *C. v. festiva*. Detaillierte Messwerte zur Abgrenzung der Taxa für West- und Mitteleuropa finden sich in (Maibach 1986, 1987).

1 ♂: Tiere mit zwei Paar Anhängen. Flügel mit dunkler Zeichnung (62–69/33), bei jungen Tieren blass oder fehlend.

… 2

1’ ♀: Abdomen mit Legeapparat. Flügel ohne dunkle Zeichnung (70–73/33). Immer mit weißem Pseudopterostigma. Selten kommen Weibchen mit dunklen Flügelflecken ähnlich denen der Männchen vor (Homöochromie), dann aber mit besonders auffälligem weißen Pseudopterostigma. Bestimmung nach Thoraxzeichnung (74-85/35).

… 7

Schlüssel für die Männchen

2 Körper metallisch braun bis kupfern. Flügel dunkelbraun, nie blau; an der Basis aufgehellt (62/33), manchmal auch an der Spitze des vorderen Flügels (63/33). Schlusslicht, S8–S10 von unten, leuchtend rosa. Achtung: bei jungen ♂ noch weißlich!

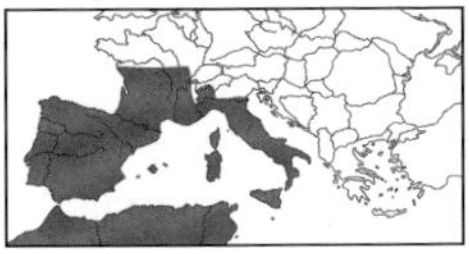

Jan	Feb	Mär	Apr	Mai	Jun	Jul	Aug	Sep	Okt	Nov	Dez

Abdomen 31–43 mm.
An kleinen, klaren und sauerstoffreichen Bächen.
Calopteryx haemorrhoidalis Bronzene Prachtlibelle

2' Körper metallisch blau, blaugrün oder grün. Flügel blau oder braun (64–69/33). Schlusslicht, S8–S10 von unten, weißlich, gelblich oder rötlich.
... 3

3 Antenodalbereiche der Flügel mit dunkler Verfärbung (64–66/33), Weniger als 18 ungefärbte Antenodalqueradern. Schlusslicht teilweise oder ganz rot oder rötlich. Flügel breiter, mehr als 11 mm breit, Verhältnis Länge zu Breite bis 3:1. Hohe Zahl kleiner, dicht gedrängter Flügelzellen im Basalbereich. Meist beschattete Gewässer.
Calopteryx virgo-Gruppe ... 4

3' Antenodalbereiche der Flügel ohne dunkle Verfärbung (67–69/33), mehr als 20 ungefärbten Antenodalqueradern, Basis der Flügel immer ausgedehnt hell. Schlusslicht grau-weiß bis gelblich. Flügel schlanker, weniger als 11 mm breit, Verhältnis Länge zu Breite größer 3:1. Weniger Flügelzellen im Basalbereich (Details s. Maibach 1987). Selten Hybride zwischen *splendens* und *virgo* (Lindeboom 1996, Tynkkynnen et al. 2008, Svensson et al. 2007, Keränen et al. 2013). Meist besonnte Gewässer.
Calopteryx splendens-Gruppe ... 5

4 Flügelbasis dunkel oder weniger als 5 mm hell. Flügelspitze aufgehellt, falls Flügelspitze dunkel, dann auch Basis dunkel (64,65/33). Schlusslicht rötlich.

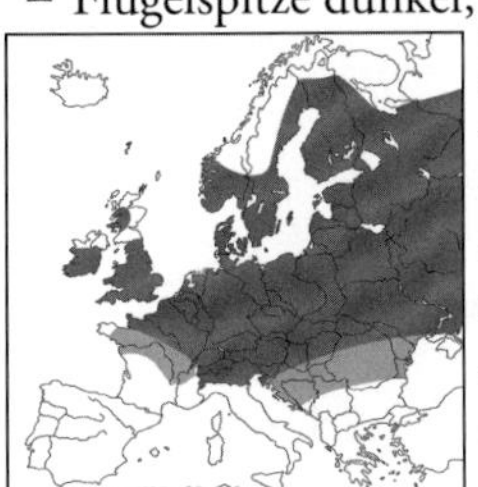

Jan	Feb	Mär	Apr	Mai	Jun	Jul	Aug	Sep	Okt	Nov	Dez

Abdomen 33–41 mm. Sommerkühle, beschattete Bäche und Oberläufe kleiner Flüsse, Larven mit sehr hohem Sauerstoffbedarf. Gefährdet durch Zerstörung der Fließgewässer. DE: *Ungefährdet.*

Im Südosten bis in die Karpaten und Slowenien. Hybridzone mit der südöstlichen *C. v. festiva* im nördlichen Balkan. In Nord-It *C. v. padana*, die vermutlich ein stabiler Hybrid *C. v. meridionalis* x *C. v. festiva* ist.

Calopteryx virgo virgo Blauflügel-Prachtlibelle

4' Flügelbasis mehr als 5 mm hell. Flügelspitze dunkel (66/33). Schlusslicht zweigeteilt rot-weiß.

Jan	Feb	Mär	Apr	Mai	Jun	Jul	Aug	Sep	Okt	Nov	Dez

Abdomen 33–41 mm. Lebensweise wie *C. v. virgo.*
Hybridzone in Mittel-FR mit *C. v. virgo.* CH: *Vulnerabel.*
Calopteryx virgo meridionalis

5 Flügelspitze dunkel (67) (Ausfärbung bei frisch geschlüpften Imagines erst nach einer Woche). *C. xanthostoma* steht *C. splendens* genetisch nahe, an der Arealgrenze eine Hybridzone in SW-Fr. Teilweise als Unterart *C. splendens xanthostoma* geführt.

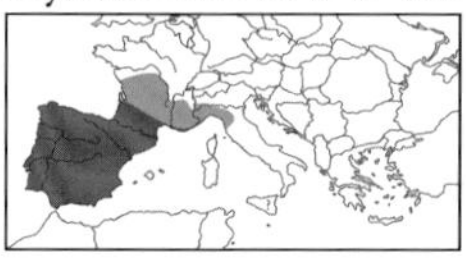

Jan	Feb	Mär	Apr	Mai	Jun	Jul	Aug	Sep	Okt	Nov	Dez

Abdomen 33–39 mm.
An klaren und sauerstoffreichen Bächen und Flüssen.
Calopteryx xanthostoma Südwestliche Prachtlibelle

5' Flügelspitze mehr oder weniger weit hell (0,5–5 mm) (68, 69) (Ausfärbung der Flügelbinde beginnt sofort nach dem Schlupf). Breite der Flügelflecken geographisch variabel.

Traditionell folgende Unterteilung: UK, Nord- und Mitteleuropa: *C. s. splendens,*

Osteuropa (PL, eventuell auch Süd-FI und Ost-DE): *C. s. ancilla* – hier häufig auch ♀ mit gefärbten Flügeln,

Süd-FR und Nord-IT: *C. s. caprai,* Balkan: *C. s. balcanica,* Krim: *C. s. taurica.*

Außerhalb des Gebietes des Schlüssels weitere Unterarten.

... 6

6 Flügelspitze 2–5 mm hell. In der Mitte des Flügels reicht Innenrand der Binde maximal 3 mm über den Nodus hinaus (68).

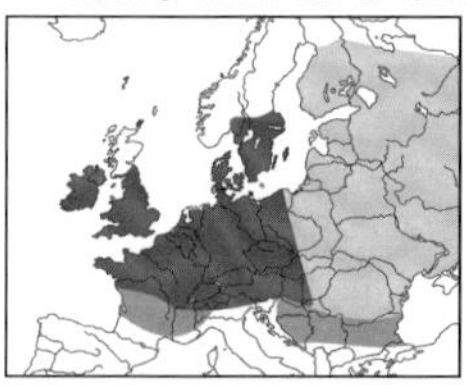

Jan	Feb	Mär	Apr	Mai	Jun	Jul	Aug	Sep	Okt	Nov	Dez

Abdomen 34–38 mm. An sauerstoffreichen und sonnigen Bächen und Flüssen. Weniger anspruchsvoll als andere *Calopteryx*-Arten. Verbreitet. DE: *Ungefährdet.* Hybridzonen: In SW-FR mit *C. xanthostoma,* in LT, PL, SW-UA mit *C. s. ancilla,* im N-Balkan mit *C. s. balcania.*
Calopteryx splendens splendens Gebänderte Prachtlibelle

6' Flügelspitze 0,5–2 mm hell. In der Mitte des Flügels reicht Innenrand der Binde 3–6 mm über den Nodus hinaus (69).

Jan	Feb	Mär	Apr	Mai	Jun	Jul	Aug	Sep	Okt	Nov	Dez

Abdomen 34–38 mm.
CH: nur südlich der Alpen im Tessin, *Near threatened.*
Calopteryx splendens caprai

Schlüssel für die Weibchen

Angaben über Länge des Abdomen, Verbreitung, Flugzeit und Vorkommen siehe ♂

7 Spitze des Hinterflügels dunkel (70), bei Jungtieren z. T. undeutlich oder fehlend. Flügeladern bräunlich. Pleuralfurche hell gesäumt (74/35). Metathorax von unten hell, mit dunklen Flecken (75/35). Tibien oft mit bräunlichen Aufhellungen.
Calopteryx haemorrhoidalis ... 2

7' Spitze des Hinterflügels nicht verdunkelt (71–73), Flügeladern grünlich oder bräunlich. Pleuralfurche dunkel (76, 78, 80, 82, 84/35). Tibien stets dunkel.

... 8

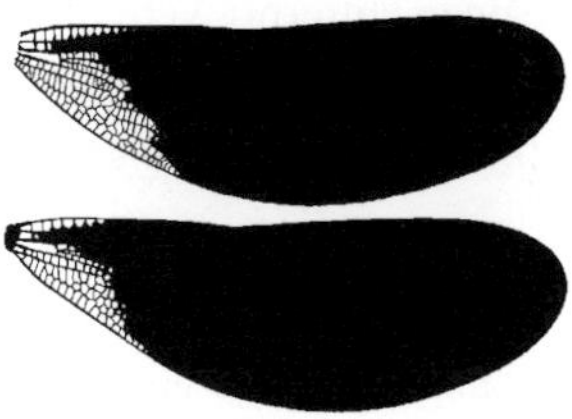

62 *Calopteryx haemorrhoidalis* ♂

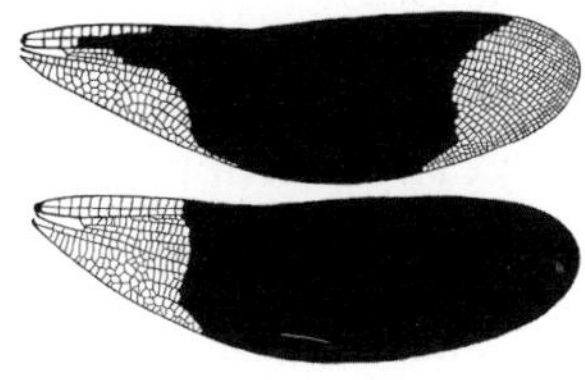

63 *Calopteryx haemorrhoidalis* ♂

64 *Calopteryx virgo virgo* ♂

65 *Calopteryx virgo virgo* ♂

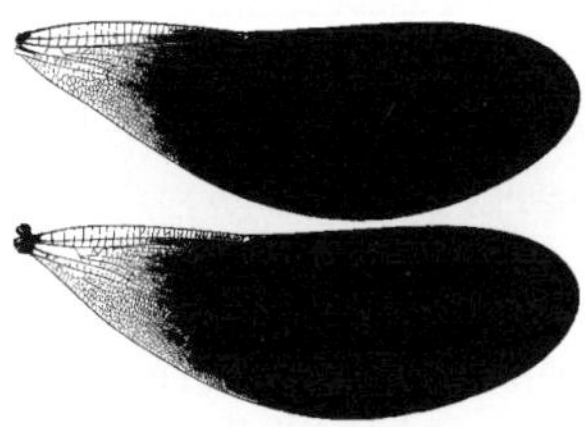

66 *C. virgo meridionalis* ♂

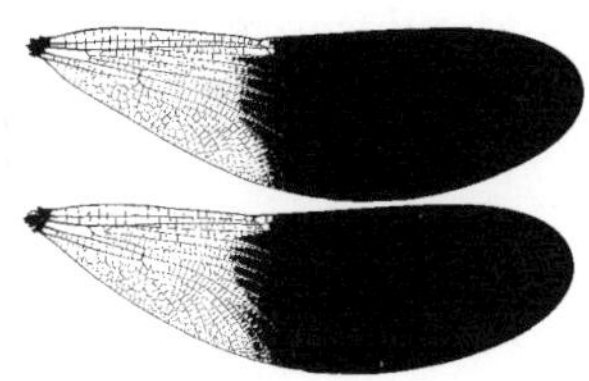

67 *Calopteryx xanthostoma* ♂

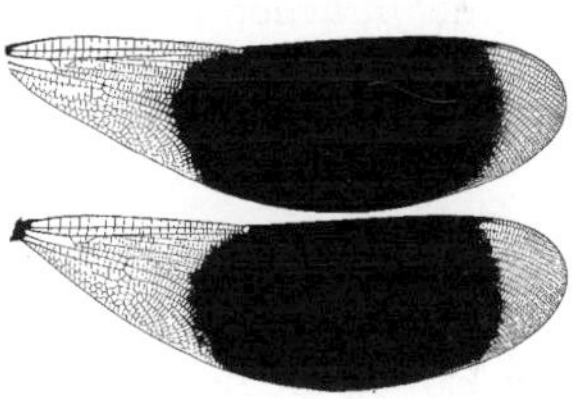

68 *C. splendens splendens* ♂

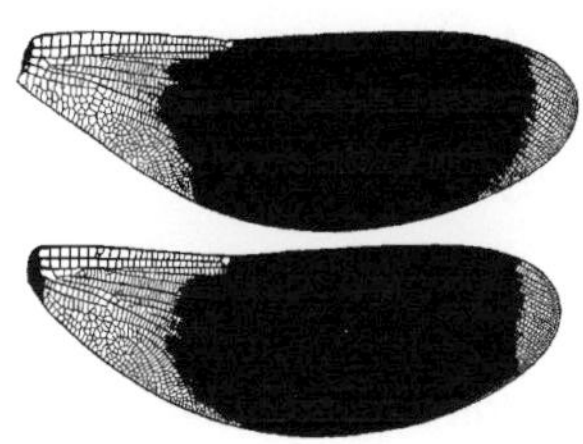

69 *C. splendens caprai* ♂

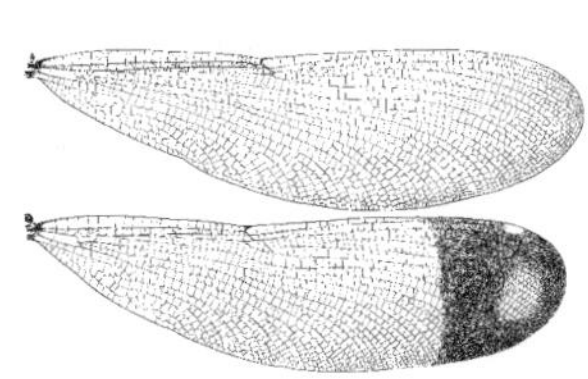

70 *Calopteryx haemorrhoidalis* ♀

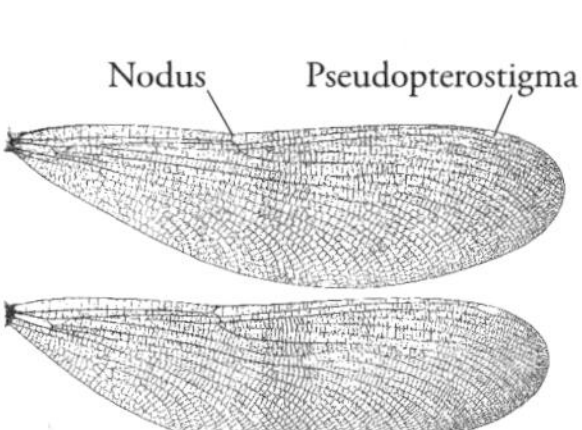

71 *Calopteryx virgo virgo* ♀

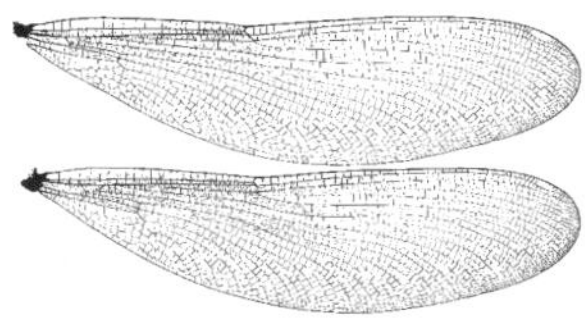

72 *Calopteryx xanthostoma* ♀

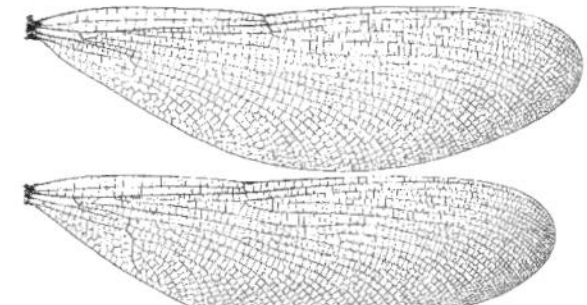

73 *Calopteryx splendens* ♀

8 Flügel bräunlich, länger als 10,5 mm, breiter: Verhältnis Länge zu Breite kleiner als 3,3 :1 (71/33). Pseudopterostigma weiter von der Flügelspitze entfernt: Verhältnis Nodus–Pterostigma zu Pterostigma–Spitze kleiner als 4:1. Viele kleine Flügelzellen (71/33).

Calopteryx virgo-Gruppe ... 9

8' Flügel grünlich, kürzer als 10,5 mm, schlanker: Verhältnis Länge zu Breite größer als 3,3:1 (72, 73/33). Pseudopterostigma näher an der Flügelspitze, schon im abgerundeten Endbereich: Verhältnis Nodus–Pterostigma zu Pterostigma–Spitze größer als 4:1 (72, 73/33).

Calopteryx splendens- Gruppe ... 10

9 Metathorax von der Seite mit geringer gelber Zeichnung, überwiegend dunkel (76). Metathorax von unten dunkel oder mit kleinen gelben Flecken (77).

Calopteryx virgo virgo ... 4

9' Metathorax von der Seite mit ausgedehnter gelber Zeichnung (78). Metathorax von unten im vorderen Bereich ausgedehnt gelblich (79).

Calopteryx virgo meridionalis ... 4'

10 Flügel sehr schmal. Verhältnis Nodus–Pterostigma zu Pterostigma–Flügelspitze größer als 6,5:1 (72/33). Metathorax von unten mit ausgedehnt heller, verbundener Zeichnung (81).

Calopteryx xanthostoma ... 5

10' Flügel breiter. Verhältnis Nodus–Pterostigma zu Pterostigma–Flügelspitze 4,5:1–6:1 (73/33). Metathorax von unten dunkler gezeichnet, die helle Zeichnung in Fleckenpaare getrennt (83, 85).

... 11

11 Helle Seitenzeichnung des Metathorax nimmt maximal ¾ der Breite des Metathorax ein (82). Metathorax von unten dunkler, das hintere helle Fleckenpaar klein (83).

Calopteryx splendens splendens ... 6

11' Helle Seitenzeichnung des Metathorax nimmt ¾ – 9/10 der Breite des Metathorax ein (84). Metathorax von unten mit mehr heller Zeichnung und einem größerem hellen hinteren Fleckenpaar (85).

Calopteryx splendens caprai ... 6'

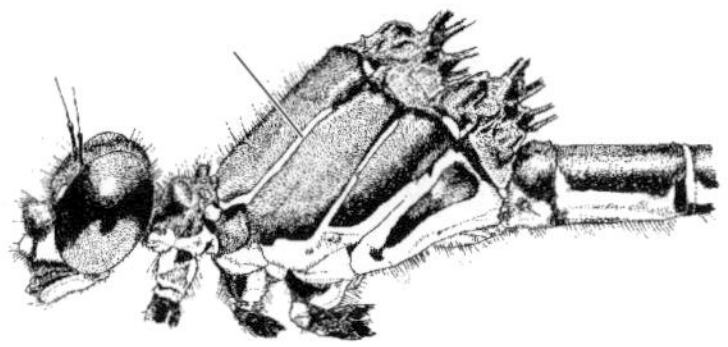
74 *Calopteryx haemorrhoidalis* ♀

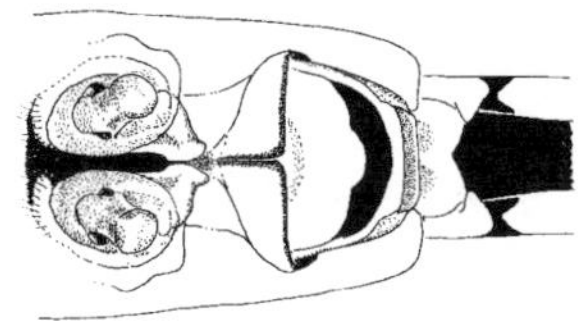
75 *Calopteryx haemorrhoidalis* ♀

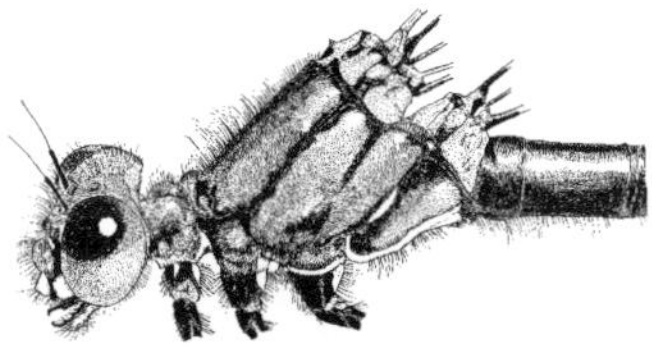
76 *Calopteryx virgo virgo* ♀

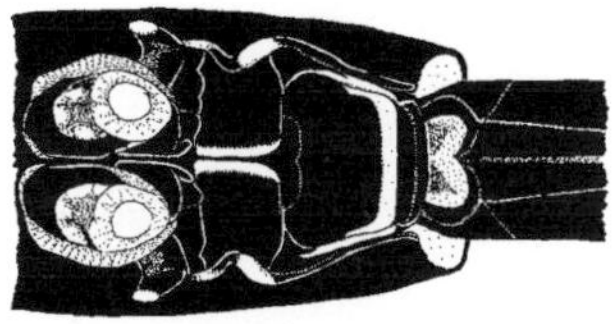
77 *Calopteryx virgo virgo* ♀

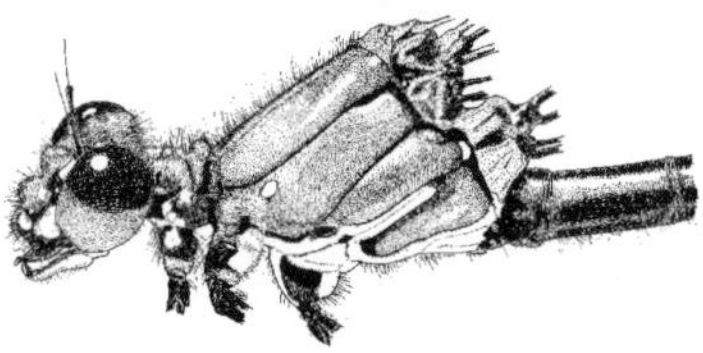
78 *Calopteryx virgo meridionalis* ♀

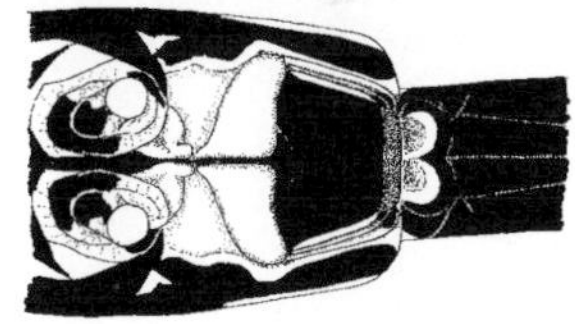
79 *Calopteryx virgo meridionalis* ♀

80 *Calopteryx xanthostoma* ♀

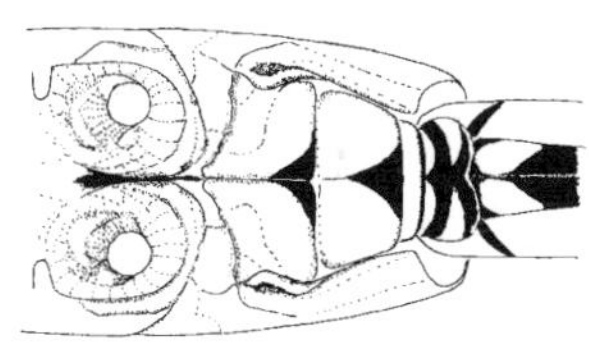
81 *Calopteryx xanthostoma* ♀

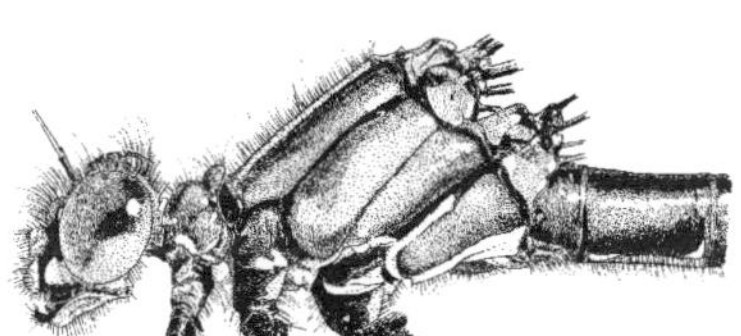
82 *Calopteryx splendens splendens* ♀

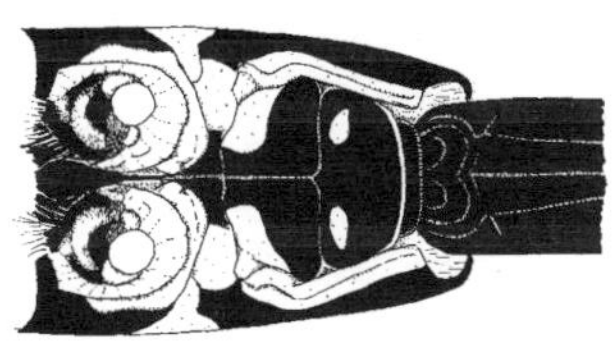
83 *Calopteryx splendens splendens* ♀

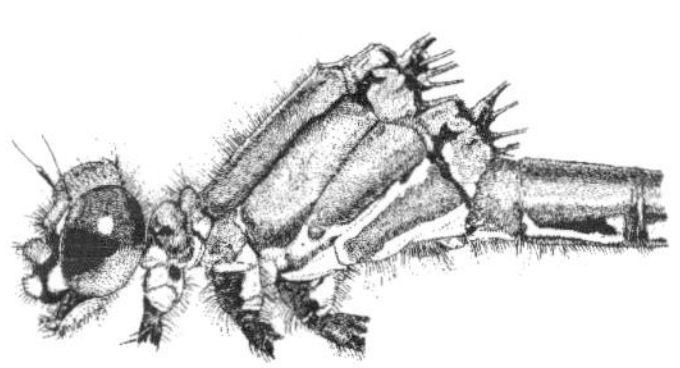
84 *Calopteryx splendens caprai* ♀

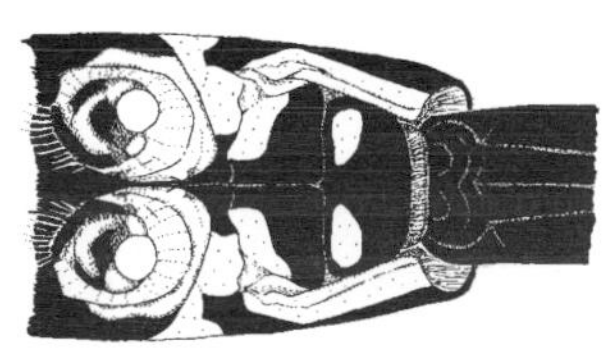
85 *Calopteryx splendens caprai* ♀

86 *Sympecma fusca* ♀

Im Gebiet drei Gattungen mit unterschiedlichem Aussehen und Biologie (Jödicke 1997):

Gattung *Sympecma:* Die Winterlibellen sind unter den europäischen Libellen eine Ausnahme, da die Imagines im Herbst schlüpfen und überwintern (!) und sich dann im Frühjahr fortpflanzen. Dabei überstehen sie in der Ruhephase auch Frost und Einschneien. Die Tiere sind braun gefärbt. Sie legen ihre Eier im Tandem in schwimmende, abgestorbene Pflanzenteile ab. Kurze Larvengeneration im Sommer.

Gattungen *Lestes* und *Chalcolestes:* Körper metallisch grün, kupfern oder bronzefarben, geschlechtsreife Männchen oft blau bereift. Typische Hochsommerarten an Teichen, Mooren und Tümpeln. Eiablage meist mit dem Männchen zusammen im Tandem, ausnahmsweise legt das Weibchen die Eier allein ab. Weidenjungfern stechen ihre Eier in Ufergehölze (Weiden und andere Weichgehölze) (692/168) ein. Die Binsenjungfern legen ihre Eier in die Halme von Sauergräsern, bevorzugt in Binsen (Name!) ab.

1 Pterostigma im Vorderflügel der Flügelspitze viel näher als im Hinterflügel (87). Körper oben erzbraun, Abdomen mit dunkler torpedoartiger Zeichnung (89). Abdomen nie blau bereift. Alte, überwinterte Tiere dunkler, Augen oft bläulich. Flügel in Ruhe über dem Rücken zusammengelegt.

Gattung *Sympecma* Winterlibellen ... 2

1' Pterostigma im Vorder- und Hinterflügel etwa gleich weit von der Flügelspitze entfernt (88). Körper glänzend grün oder kupferfarben, manchmal blau bereift. Flügel in Ruhe ausgebreitet.

... 3

2 Obere dunkle Thoraxseitenlinie ohne Ausbuchtung (90). ♂: Untere Anhänge reichen über den ersten Seitenzahn der oberen Anhänge hinaus (92). ♀: Obere Anhänge deutlich länger als S10 (93).

Überwintert als erwachsenes Tier.

Jan	Feb	Mär	Apr	Mai	Jun	Jul	Aug	Sep	Okt	Nov	Dez

Abdomen 27–29 mm.

Teiche und Weiher mit dichter Röhrichtvegetation, gern in Waldnähe. Gelegentlich an Kiesgruben, Fischteichen und anderen stehenden Gewässern. DE: *Ungefährdet.*

Sympecma fusca Gemeine Winterlibelle

2' Obere dunkle Thoraxseitenlinie mit Ausbuchtung (91). ♂: Untere Anhänge erreichen nicht den ersten Seitenzahn der oberen Anhänge (95). ♀: Obere Anhänge so lang wie S10 (94).

Überwintert als erwachsenes Tier.

Jan	Feb	Mär	Apr	Mai	Jun	Jul	Aug	Sep	Okt	Nov	Dez

Abdomen 27–29 mm. Selten in Seggenzonen von Niedermooren und Rietzonen von Seen. Im Alpenvorland lokal häufig. DE: *Vom Aussterben bedroht,* FFH: *IV.*

Sympecma paedisca Sibirische Winterlibelle

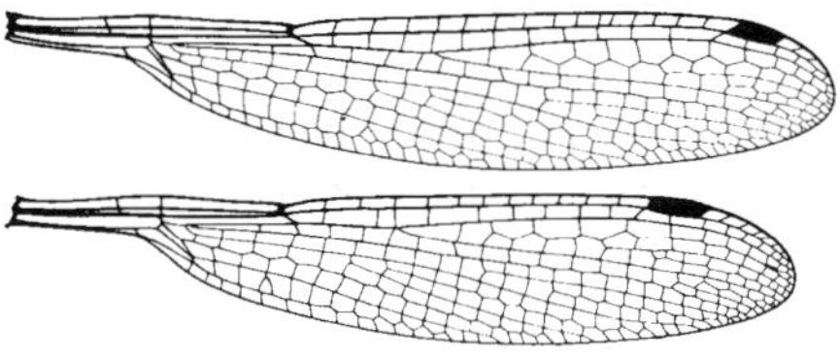

87 *Sympecma*

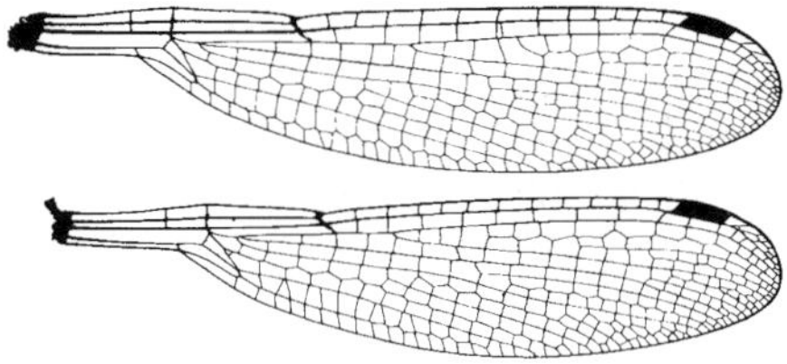

88 *Lestes sponsa*

89 *Sympecma fusca* ♂

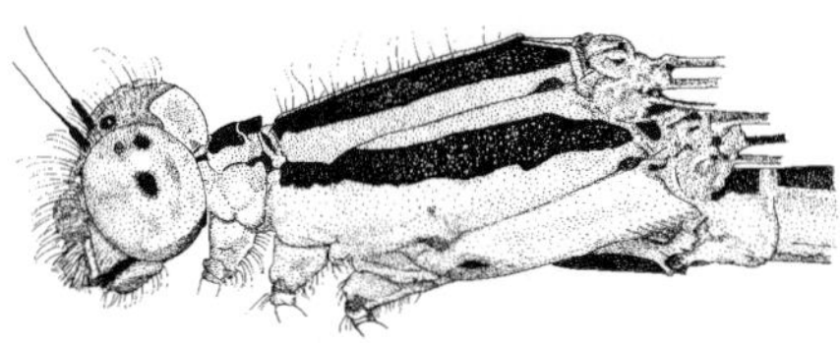

90 *Sympecma fusca*

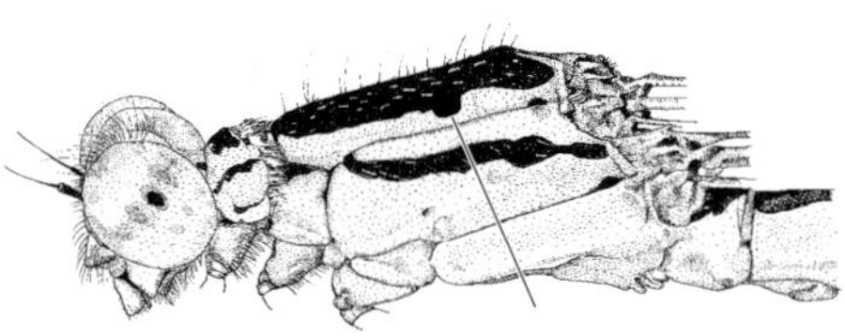

91 *Sympecma paedisca*

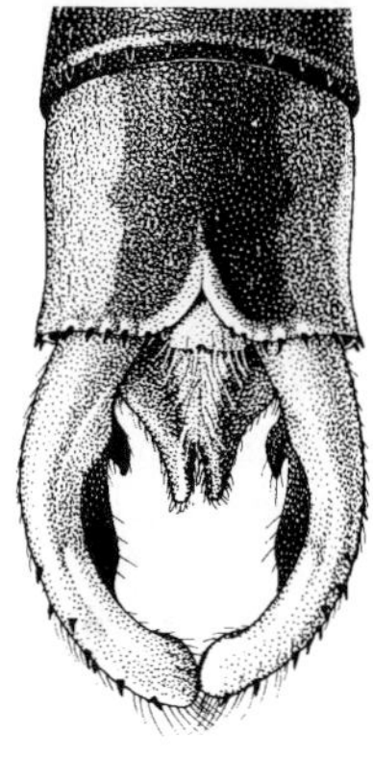

92 *Sympecma fusca* ♂

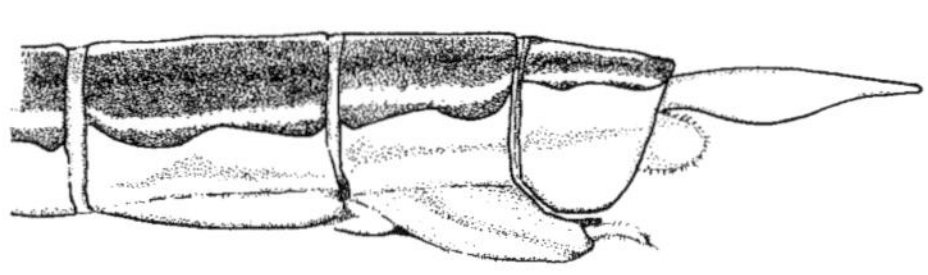

93 *Sympecma fusca* ♀

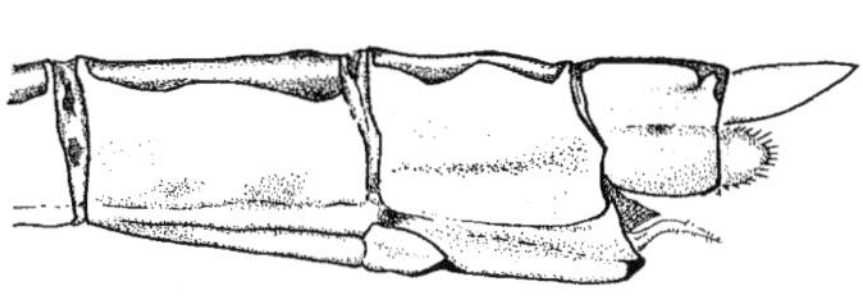

94 *Sympecma paedisca* ♀

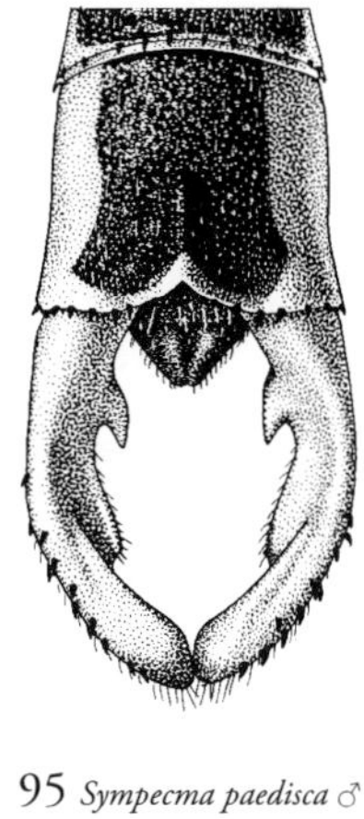

95 *Sympecma paedisca* ♂

3 Kopf von unten scharf abgesetzt gelb (96). Untere Anhänge der ♂ kurz (101, 103). ... 4

3' Kopf von hinten dunkel, manchmal blau bereift; bei Jungtieren hell, aber nicht scharf abgesetzt. Untere Anhänge der ♂ kurz (113, 117/43) oder lang (120, 121/43). ... 5

4 Pterostigma zweifarbig, innen braun, zur Flügelspitze hin weißgelb (97). Beine überwiegend hellocker. Mittlere Abdominalsegmente am vorderen Rand mit deutlichem gelben Ring (99), nie blau bereift, S9 gelblich, nur von oben mit dunkler Mittelzeichnung (99).
♂: Untere Anhänge nach außen gebogen (101).
♀: Legebohrer mit leichter Zähnung (102).

Jan	Feb	Mär	Apr	Mai	Jun	Jul	Aug	Sep	Okt	Nov	Dez

Abdomen 26–34 mm.
Verbreitet in Gebieten unterhalb 250 m Höhe, als Wanderer bis 4000 m. Kleingewässer, Kiesgruben und sumpfige Tümpel, sehr unstetig. Vielfach Wanderer und Pionierbesiedler.
DE: *Ungefährdet.*

Lestes barbarus Südliche Binsenjungfer

4' Pterostigma braun, von gelben Adern eingefasst (98), nur in Südeuropa auch zweifarbig (ähnlich (97)). Beine schwarz, hell längs gestreift. Mittlere Abdominalsegmente am vorderen Rand nur mit schwachem gelben Ring (100), S9 und S10 von oben ganz dunkel und seitlich zur Hälfte dunkel (104), bei ♂ im Alter blau bereift (100).
♂: Untere Anhänge gerade (103).
♀: Legebohrer ohne Zähnung (104). Im Gebiet drei Formen mit ungeklärtem Status:
I. Mitteleuropa (obere Karte), *L. v. vestalis:* dunkel grünlich. Thorax von der Seite: gelbe Antehumeralnaht unterbrochen, dunkler Streifen auf dem Mesothorax geht vor den Flügel über die ganze Breite; Mesothorax oft auch mit Verdunklung im Übergang zum Metathorax (106). Pterostigma braun, von hellen Linien eingefasst (98).
II. Mittelmeerraum (untere Karte – dunkelgrau), *L. v. virens:* etwas heller, grünlich. Thorax von der Seite: gelbe Antehumeralnaht durchgehend, dunkler Mesothoraxstreifen vor den Flügel weniger breit (105). Pterostigma braun, von hellen Linien eingefasst (98).
III. Portugal, SW-Spanien (untere Karte – hellgrau), unbenannte Form aeneus: deutlich heller, eher bronzefarben. Thorax von der Seite: gelbe Antehumeralnaht durchgehend, dunkler Streifen auf dem Mesothorax vor den Flügel weniger breit (105). Pterostigma zweifarbig, ähnlich (97).

Jan	Feb	Mär	Apr	Mai	Jun	Jul	Aug	Sep	Okt	Nov	Dez

Abdomen 24–31 mm.
Im Süden an seichten schilfigen Gewässern, im Norden in Marschen, Heiden und Moorteichen. Bevorzugt in lockeren Binsenbeständen *(Juncus).*
DE: *Ungefährdet.*

Lestes virens Kleine Binsenjungfer

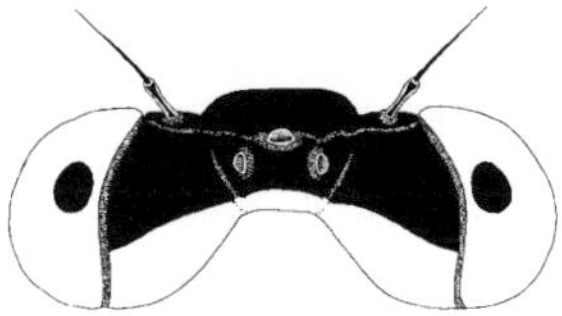

96 *Lestes barbarus*

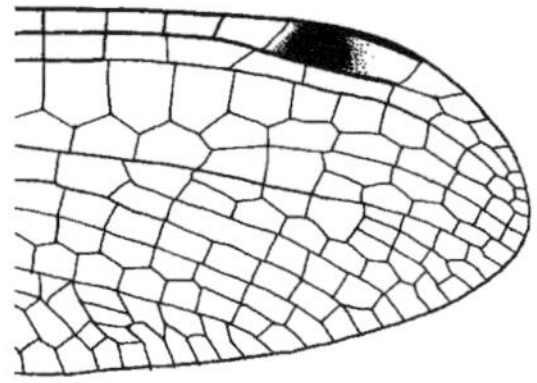

97 *Lestes barbarus*

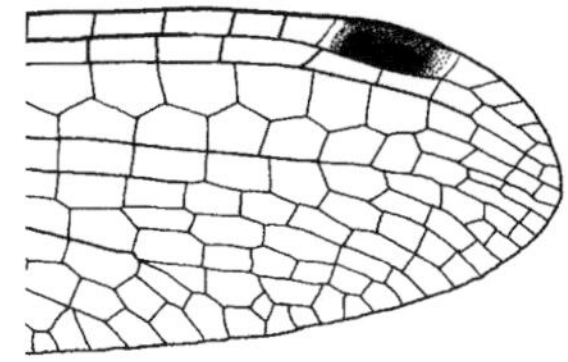

98 *Lestes virens*

99 *Lestes barbarus* ♂

100 *Lestes virens* ♂

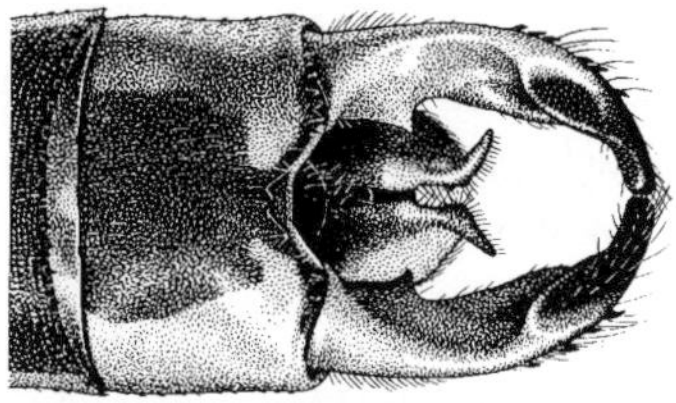

101 *Lestes barbarus* ♂

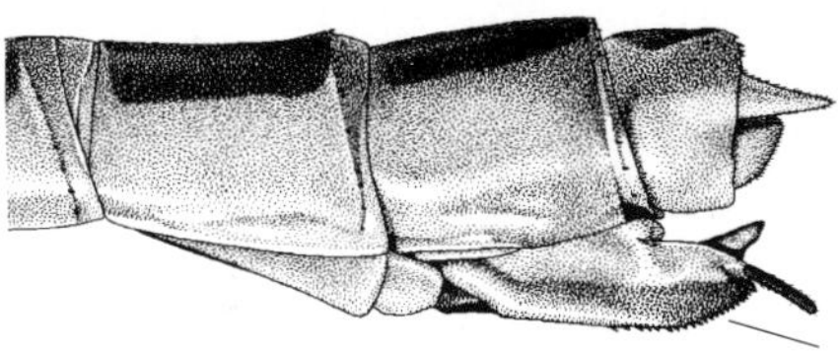

102 *Lestes barbarus* ♀

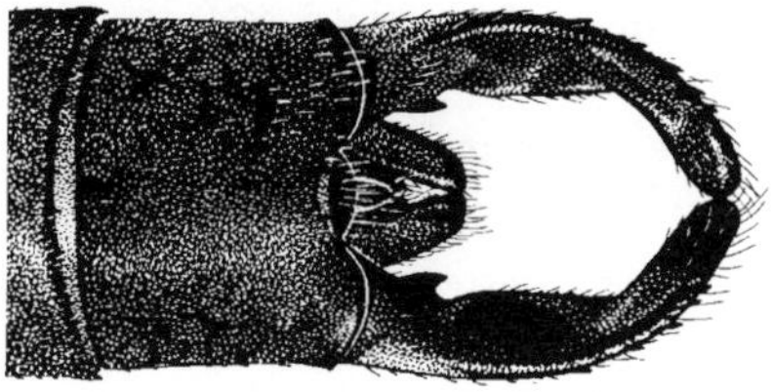

103 *Lestes virens* ♂

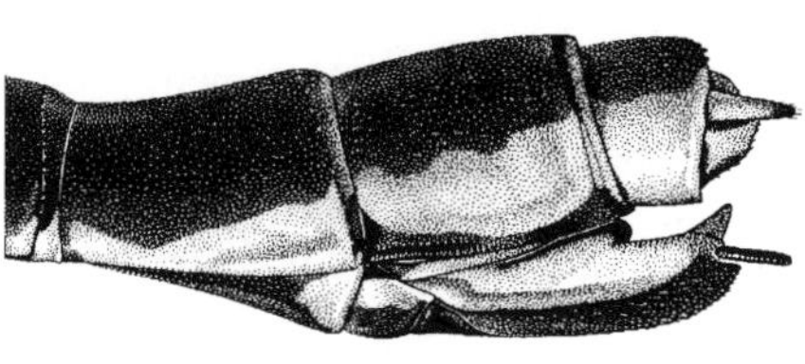

104 *Lestes virens* ♀

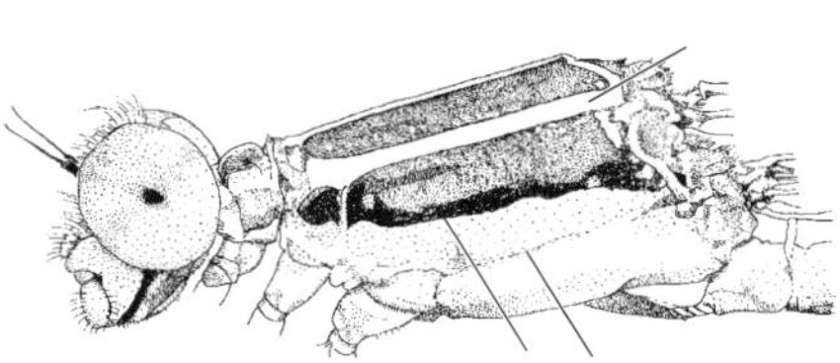

105 *Lestes virens virens*

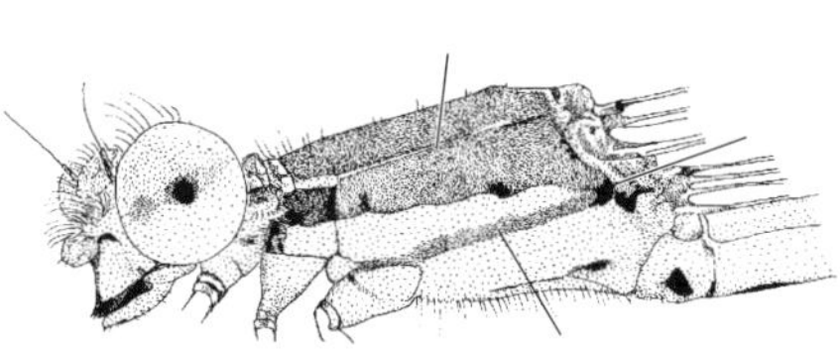

106 *Lestes virens vestalis*

5 Pterostigma hell, weißlich bis rotbraun. Untere Anhänge der ♂ kurz (113, 116). Legebohrer der ♀ kräftig gezähnt (112, 115). Tiere nie blau bereift. Thorax von der Seite: deutliche dornartige Zeichnung, die Richtung Prothorax weist (107).

Gattung *Chalcolestes* Weidenjungfern ... 6

5' Pterostigma schwarzbraun bis schwarz, bei Jungtieren ebenfalls hell, dann Bestimmung nach den Anhängen (117, 120, 121) oder Legebohrer (118, 119, 122). Alte ♂, selten auch ♀, blau bereift. Thorax von der Seite bei unbereiften Tieren: dornartige Zeichnung in Richtung Prothorax nur angedeutet (108).

Gattung *Lestes* Binsenjungfern ... 7

6 ♂: Obere Anhänge auf der Innenseite weiß mit hervorstehenden Zahn; an der Außenkante mit deutlicher Zähnelung sowie einer Schwarzfärbung, die oft bis zur Basis reicht (113). Untere Anhänge von der Seite am Ende stumpf, schräg nach oben zeigend (109)[1].

♀: Legebohrer mit 10–14 Zähnen (112).

Jan	Feb	Mär	Apr	Mai	Jun	Jul	Aug	Sep	Okt	Nov	Dez

Abdomen 31–36 mm.

Überall an stehenden und langsam fließenden Gewässern. Eiablage im Tandem in die Zweige von am Ufer stehenden Weichhölzern, besonders Weiden. DE: *Ungefährdet.*

Chalcolestes viridis Westliche Weidenjungfer

6' ♂: Obere Anhänge weiß, nur an der Spitze schwarz. Innenseite ohne oder nur mit schwachem Zahn, Zähnelung der Außenkante nur spärlich (116). Untere Anhänge von der Seite am Ende spitz nach oben zeigend (111)[1].

♀: Legebohrer mit sechs bis acht *großen* Zähnen (115).

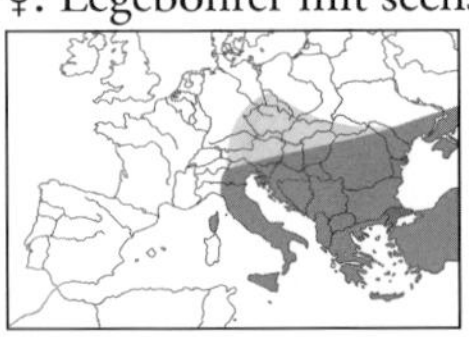

Jan	Feb	Mär	Apr	Mai	Jun	Jul	Aug	Sep	Okt	Nov	Dez

Abdomen 31–36 mm.

Biologie: siehe *C. viridis.* Nahe verwandt mit *C. viridis.* Bei gemeinsamen Vorkommen sind Hybride nachgewiesen.

Chalcolestes parvidens Östliche Weidenjungfer

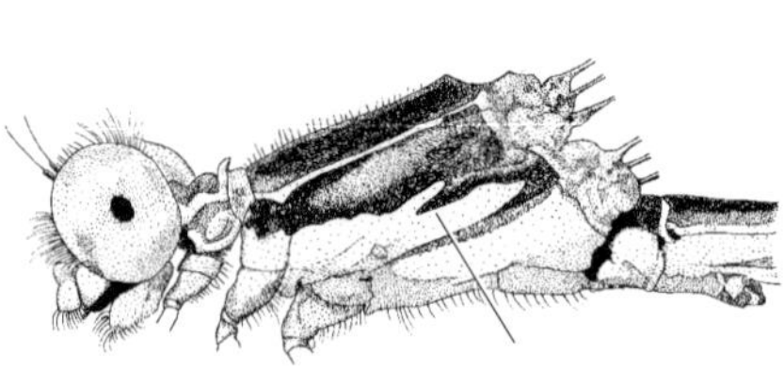

107 *Chalcolestes viridis*

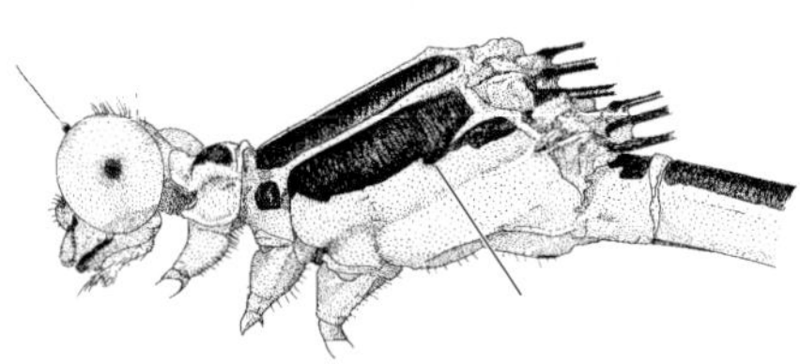

108 *Lestes sponsa*

1 Bei gemeinsamen Vorkommen sind Hybride nachgewiesen, die gut an der Morphologie der Anhänge der ♂ erkennbar sind (110, 114). (Olias 2005, Olias et al. 2007, Gyulavari et al. 2011).

109 *C. viridis* ♂

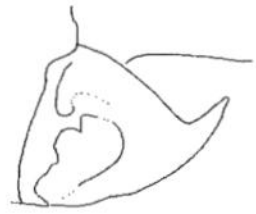

110 *C. vir.* x *C. par.* ♂

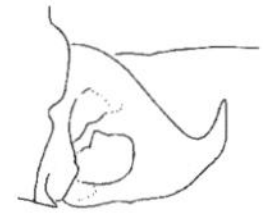

111 *C. parvidens* ♂

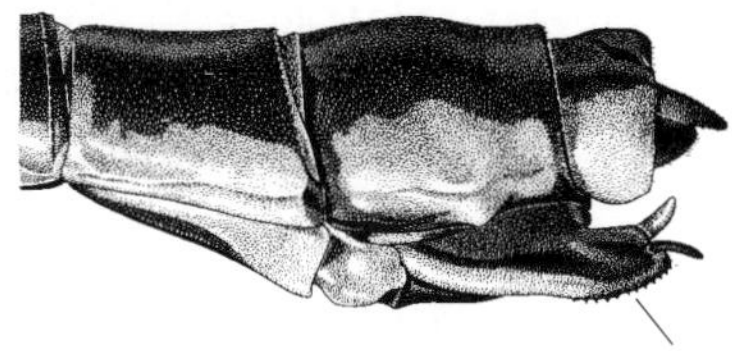

112 *Chalcolestes viridis* ♀

113 *Chalcolestes viridis* ♂

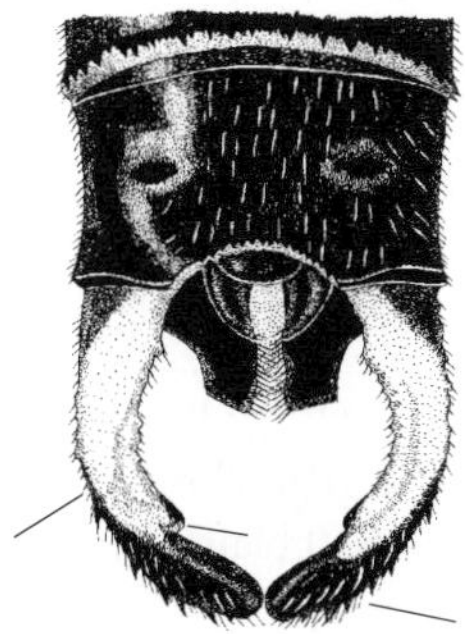

114 *C. viridis* x *C. parvidens* ♂

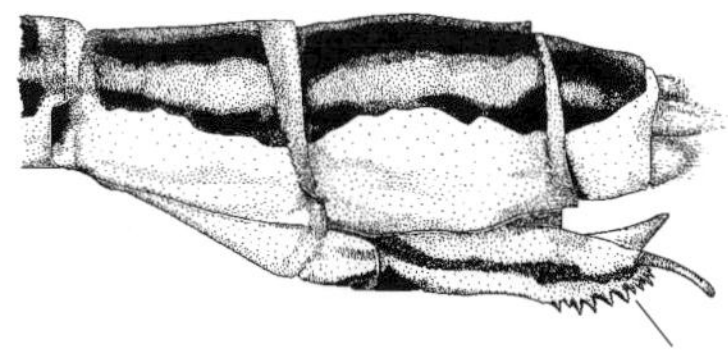

115 *Chalcolestes parvidens* ♀

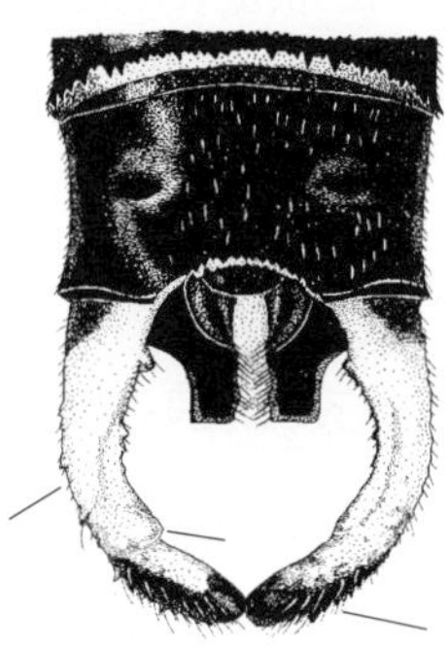

116 *Chalcolestes parvidens* ♂

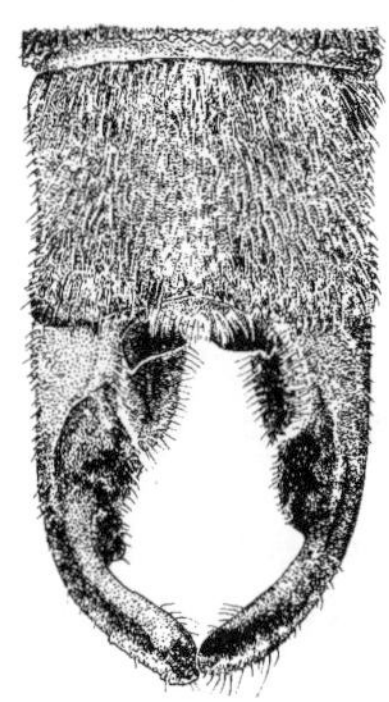

117 *Lestes macrostigma* ♂

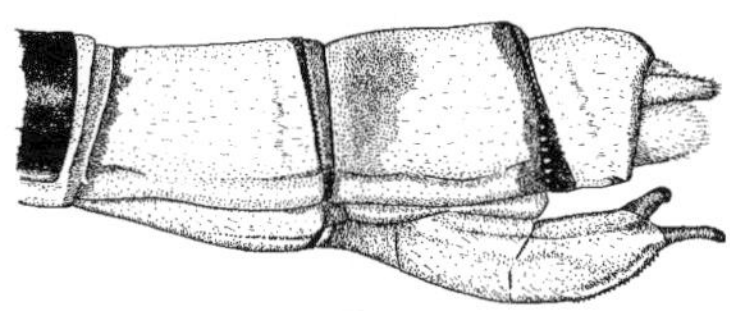

118 *Lestes macrostigma* ♀

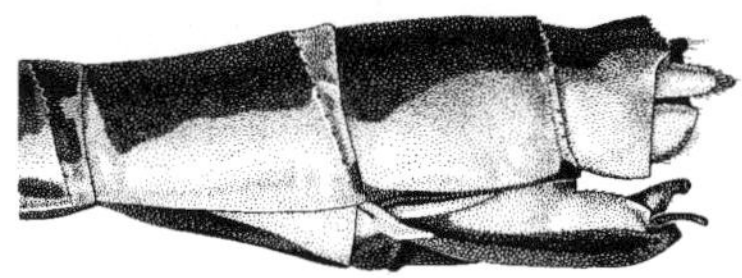

119 *Lestes sponsa* ♀

120 *Lestes sponsa* ♂

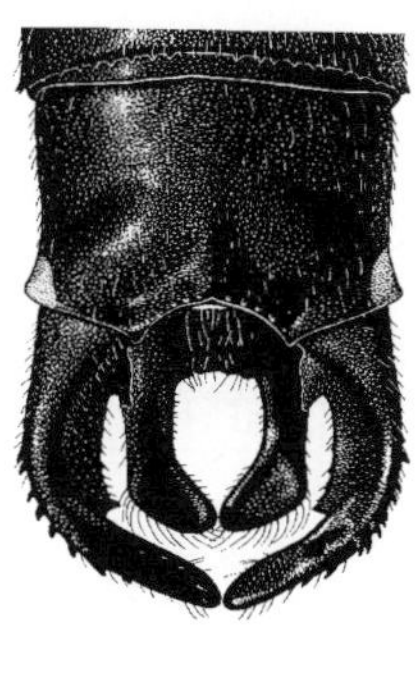

121 *Lestes dryas* ♂

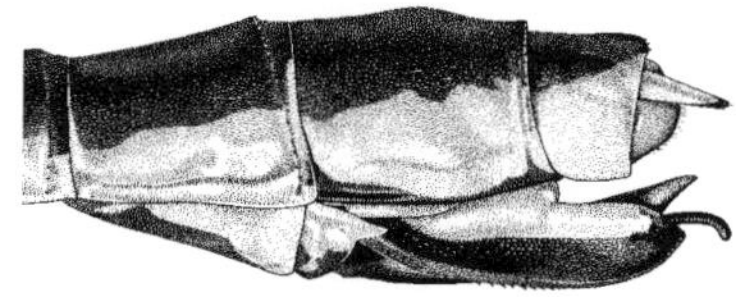

122 *Lestes dryas* ♀

7 Pterostigma steht über drei bis vier Flügelzellen (123). Untere Anhänge der ♂ kurz (117/43). Legebohrer der ♀ fein gezähnt (118/43). S1 und S2 und S8–S10 sowie Thorax metallisch schwarzblau bereift.

Jan	Feb	Mär	Apr	Mai	Jun	Jul	Aug	Sep	Okt	Nov	Dez

Abdomen 32–38 mm.

Stehende, flache Gewässer, oft brackig, wie Lagunen, Strandseen, Steppentümpel und Kiesgruben.

EUR: *Vulnerable,* DE: Nicht bewertet, seltener Irrgast in Bayern.

Lestes macrostigma Dunkle Binsenjungfer

7' Pterostigma steht über zwei Flügelzellen (124). Untere Anhänge der ♂ lang (120, 121/43). Legebohrer der ♀ an der Spitze ungezähnt (119, 122/43). Körper erzgrün oder erzkupfern. Alte ♂ an S1–S2 sowie S9–S10 blau, aber nicht schwarzblau, bereift.

... 8

8 ♂: Untere Anhänge gerade, am Ende genauso breit wie an der Basis, nicht verbreitert (120/43). Bei ausgefärbten Tieren S2 ganz blau bereift (129), bei Beschädigungen der Bereifung wird die darunter liegende Zeichnung sichtbar.

♀: Legebohrer kleiner, überragt nicht oder nur wenig (0,5–1mm) S11 (119/43). Prothorax von der Seite ohne dunkle Zeichnung (125), dunkle Zeichnung auf S1 am vorderen Rand abgerundet (127); gilt auch für junge, unbereifte ♂!

Jan	Feb	Mär	Apr	Mai	Jun	Jul	Aug	Sep	Okt	Nov	Dez

Abdomen 26–31 mm.

Überall häufig an stehenden Gewässern, meist mit dichter Binsen- oder Seggenvegetation. DE: *Ungefährdet.*

Lestes sponsa Gemeine Binsenjungfer

8' ♂: Untere Anhänge am Ende nach innen gekrümmt, am Ende breiter als an der Basis (121/43). Bei ausgefärbten Tieren S2 nur in der vorderen Hälfte blau bereift, hintere Hälfte grün metallisch (130).

♀: Legebohrer größer, überragt S11 deutlich (122/43). Prothorax von der Seite mit dunkler Zeichnung (126), dunkle Zeichnung auf S1 fast quadratisch (128); gilt auch für junge, unbereifte ♂!

Jan	Feb	Mär	Apr	Mai	Jun	Jul	Aug	Sep	Okt	Nov	Dez

Abdomen 26–33 mm.

Tümpel, Seggensümpfe und dicht bewachsene Buchten von Seen, meist von Wald umgeben.

DE: *Gefährdet.*

Lestes dryas Glänzende Binsenjungfer

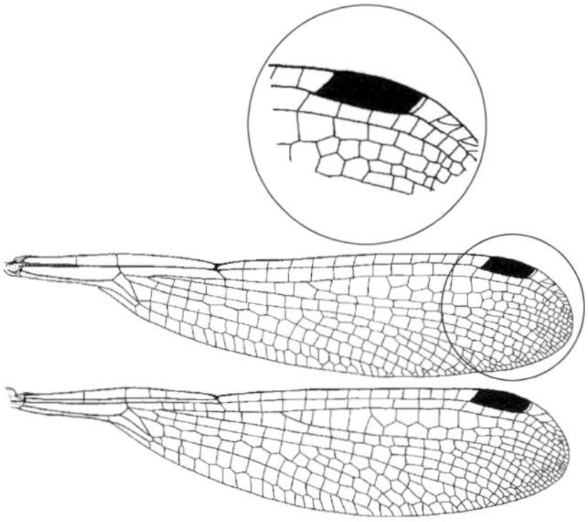

123 *Lestes macrostigma*

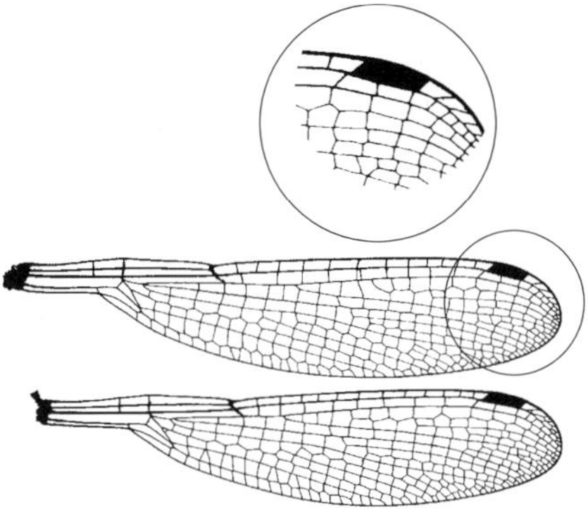

124 *Lestes sponsa*

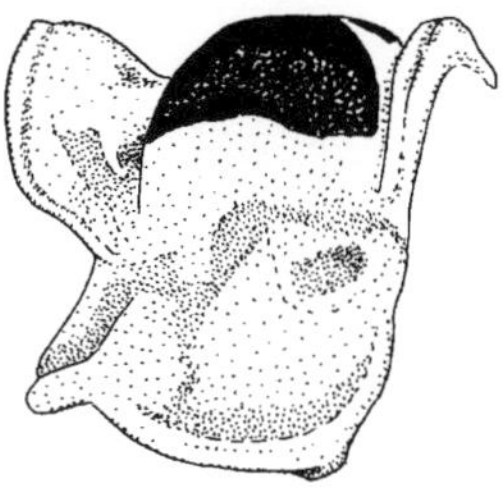

125 *Lestes sponsa* ♀

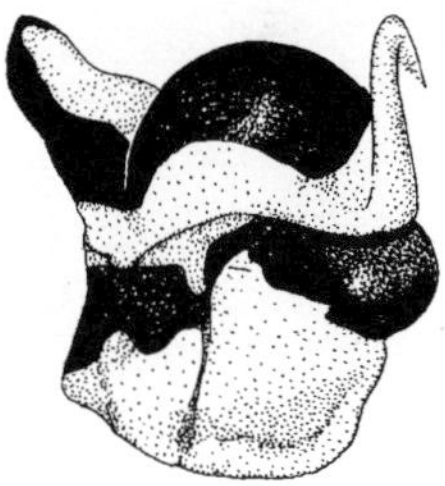

126 *Lestes dryas* ♀

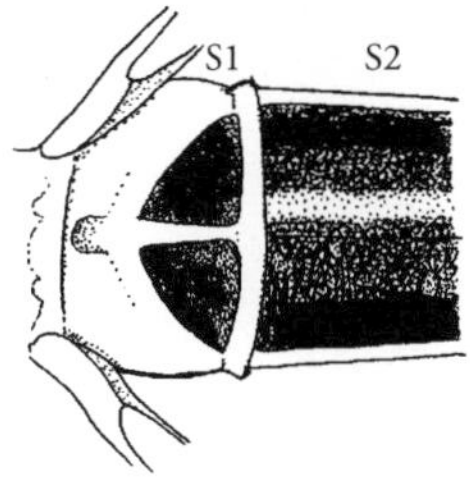

127 *Lestes sponsa* ♀

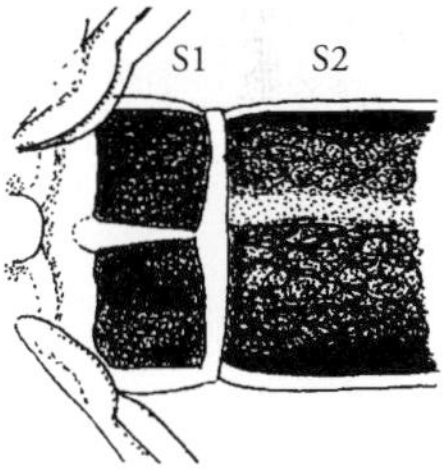

128 *Lestes dryas* ♀

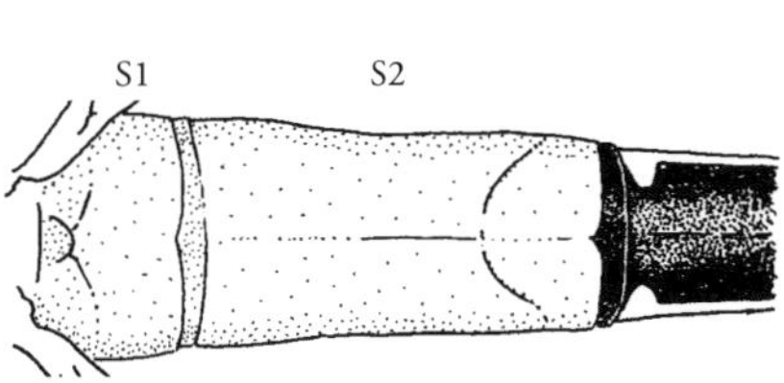

129 *Lestes sponsa* ♂

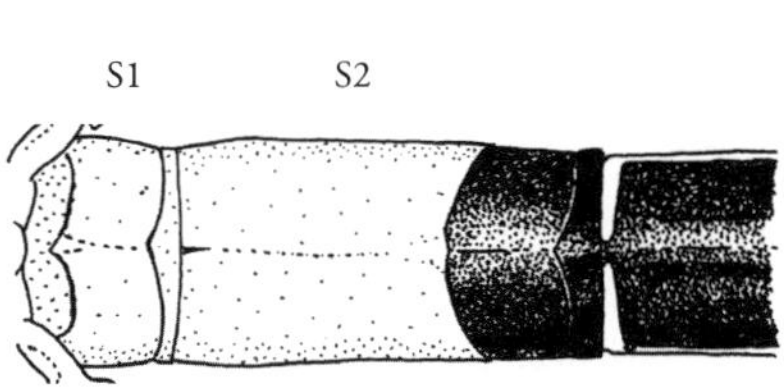

130 *Lestes dryas* ♂

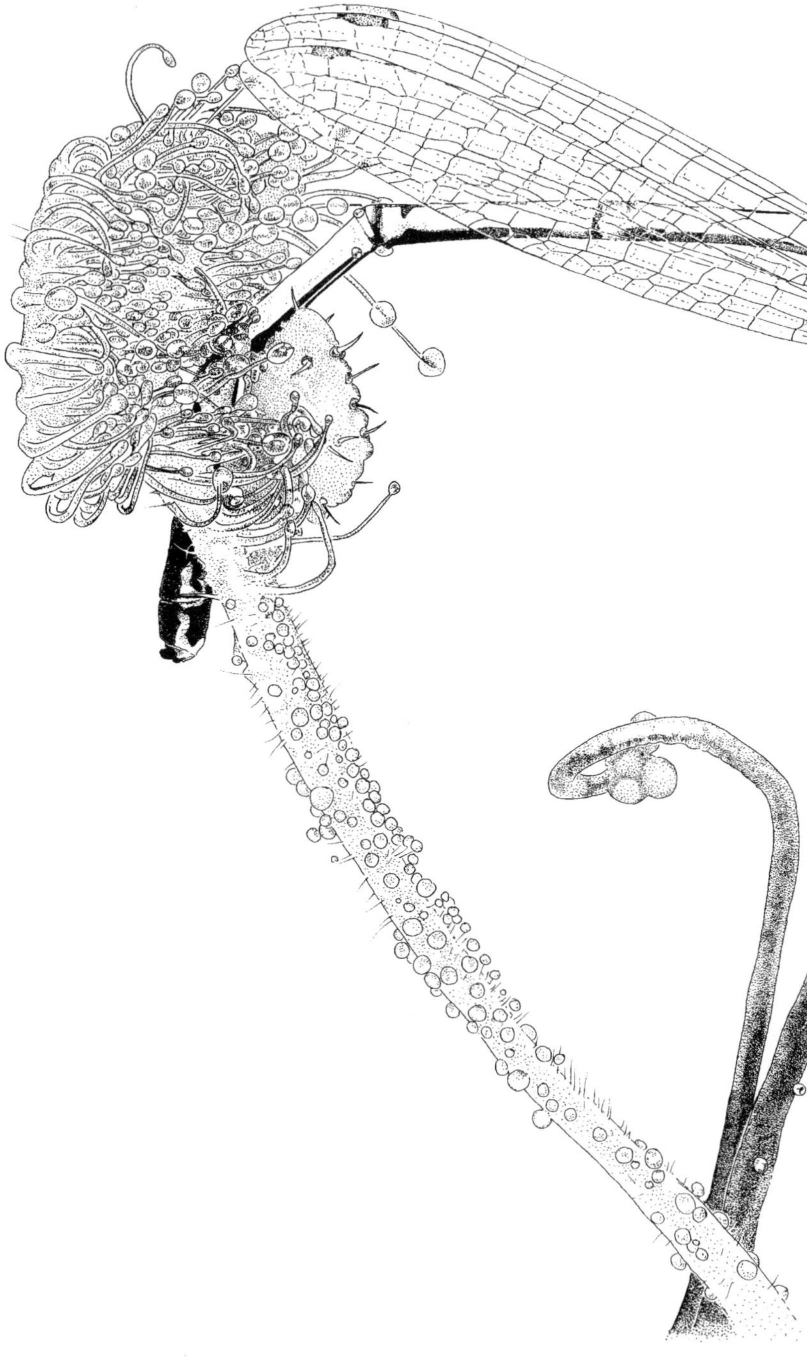

Platycnemididae Federlibellen

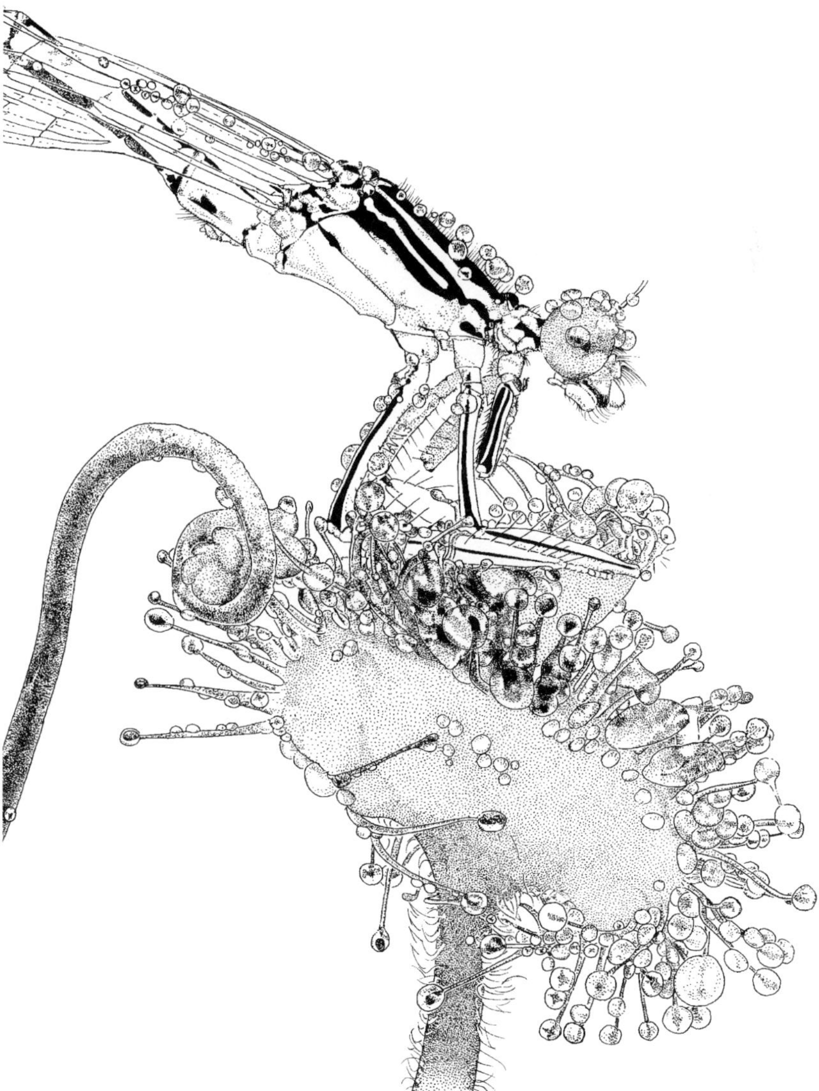

131 *Platycnemis pennipes* ♂ auf *Drosera rotundifolia*

Die Federlibellen sind in der Erscheinung den Coenagrioniden ähnlich, haben aber schlankere Körper und auffallend lange Beinborsten (132–134). Nur eine Art in Mitteleuropa, im Gebiet zwei weitere Arten in Frankreich und auf der iberischen Halbinsel (Martens 1996).

Eiablage im Tandem in Pflanzenteile, wobei das Männchen auf sein Abdomen gestützt auf dem Thorax des Weibchens steht. Dies verhindert zum einen eine erneute Begattung der Weibchen und zum anderen dienen die Männchen so als ein gewisser Schutz der Weibchen vor Fressfeinden.

1 ♂: Tiere mit zwei Paar Anhängen.

... 2

1' ♀: Tiere mit Legebohrer.

... 4

2 Abdomen orangerot, bei Jungtieren auch weißlich (23/2), dann andere Merkmale beachten. Meso- und Metatibien nur schwach verbreitert (132).
♂: Obere Anhänge von der Seite am Ende in zwei Endzähne gespalten, der obere Zahn länger als der untere (135). Anhänge von oben (138).

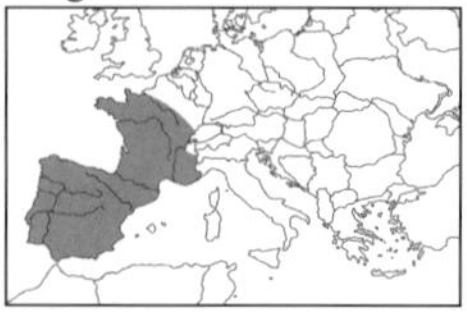

Jan	Feb	Mär	Apr	Mai	Jun	Jul	Aug	Sep	Okt	Nov	Dez

Abdomen 24–28 mm.
Frühlingsart. Flüsse und Kanäle, langsam fließende Bäche, seltener Waldteiche und Tümpel.

Platycnemis acutipennis Rote Federlibelle

2' Abdomen weißlich, gelbbraun, grünlich oder hellblau, niemals orange. Meso- und Metatibien der Beine deutlich verbreitert (133, 134).
♂: Obere Anhänge von der Seite am Ende nicht oder schwach gekerbt, der obere Teil kürzer oder fast so lang wie der untere (136, 137).

... 3

3 Abdomen weißlich. Meso- und Metatibien extrem breit, ohne oder nur mit kurzer, schwarzer Zeichnung an der Außenseite (133).
♂: Obere Anhänge von der Seite am Ende schwach gekerbt, der obere Teil deutlich kürzer als der untere (136). Anhänge von oben (139).

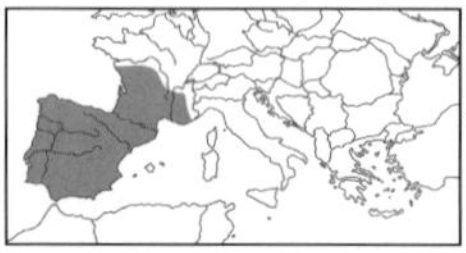

Jan	Feb	Mär	Apr	Mai	Jun	Jul	Aug	Sep	Okt	Nov	Dez

Abdomen 26–30 mm.
Sommerart. Fließgewässer: Flüsse, Bäche und Kanäle.

Platycnemis latipes Weiße Federlibelle

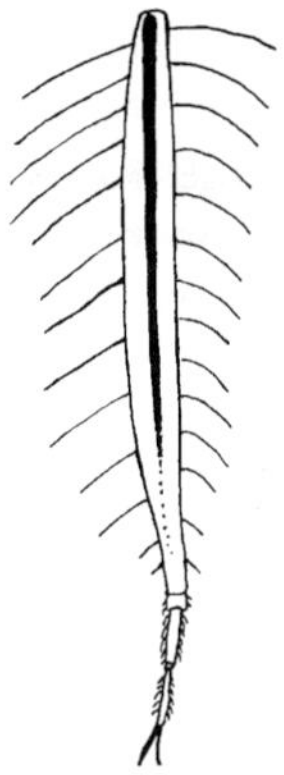

132 *Platycnemis acutipennis* ♂

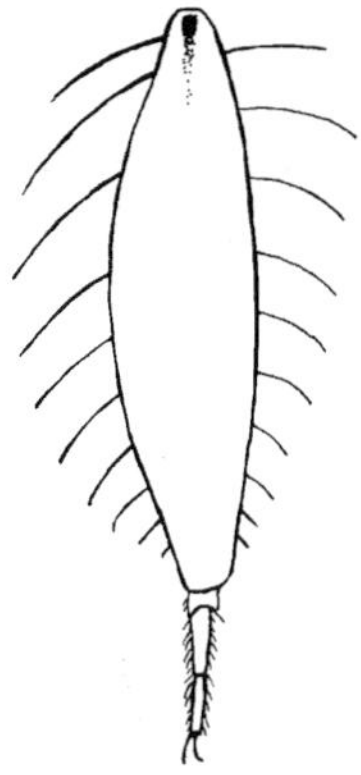

133 *Platycnemis latipes* ♂

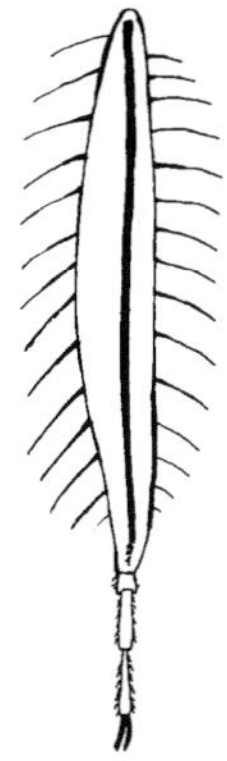

134 *Platycnemis pennipes* ♂

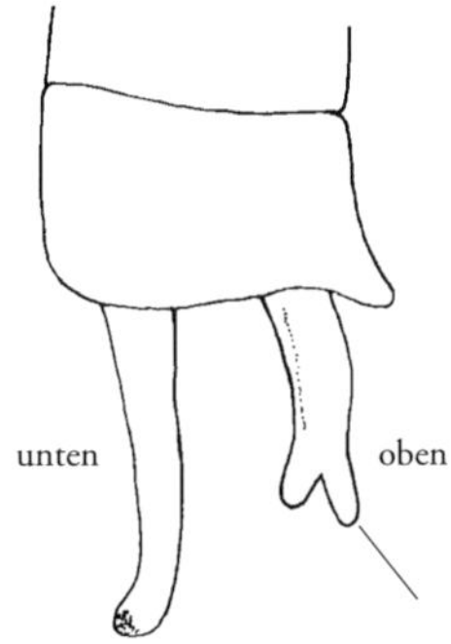

135 *Platycnemis acutipennis* ♂

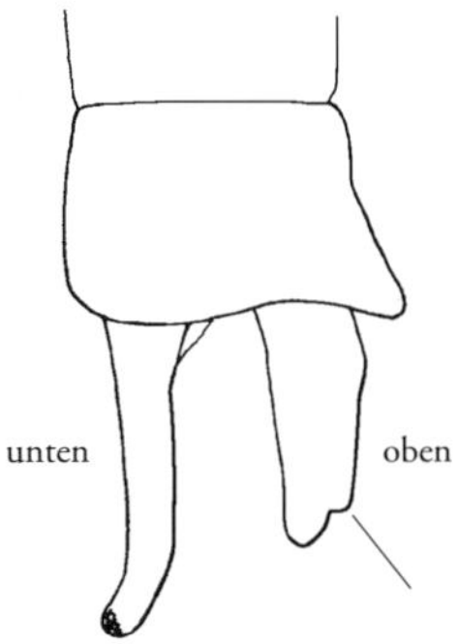

136 *Platycnemis latipes* ♂

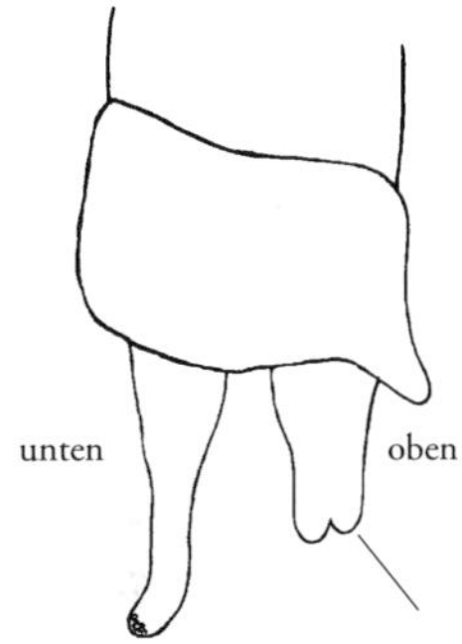

137 *Platycnemis pennipes* ♂

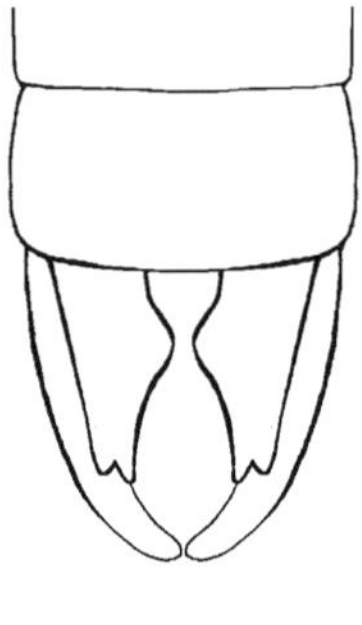

138 *Platycnemis auctipennis* ♂

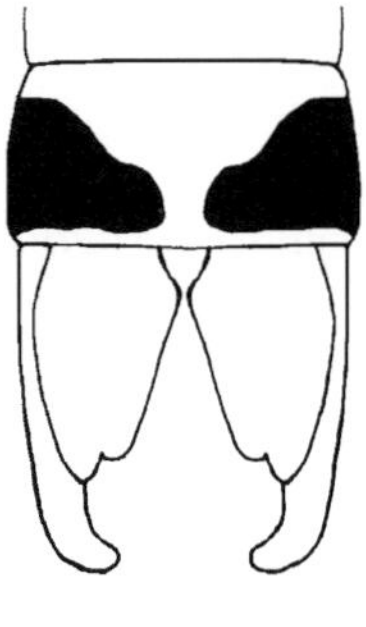

139 *Platycnemis latipes* ♂

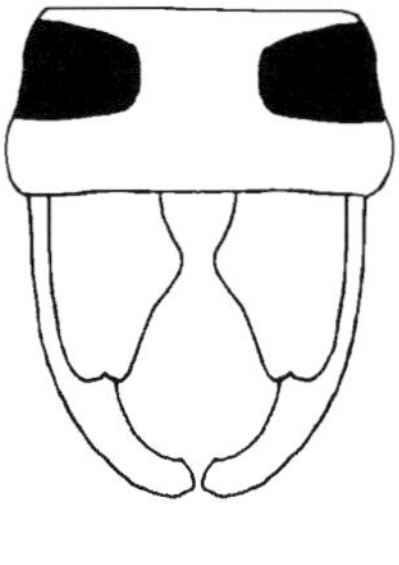

140 *Platycnemis pennipes* ♂

3' Abdomen ausgefärbter ♂ hellblau, Jungtiere noch weißlich. *Vorsicht!* Jungtiere sind weißlich und die schwarze Zeichnung am Abdomen und auf den Beinen ist noch reduziert, was zu Verwechslungen mit *P. latipes* führen kann. Meso- und Metatibien weniger stark verbreitert[1], ausgefärbt mit schwarzer Zeichnung an der Außenseite (134/49). ♂: Obere Anhänge von der Seite am Ende eingekerbt, der obere Teil fast so lang wie der untere (137/49). Anhänge von oben (140/49).

Jan	Feb	Mär	Apr	Mai	Jun	Jul	Aug	Sep	Okt	Nov	Dez

Abdomen 27–32 mm.

Stehende und langsam fließende Gewässer. Besonders in den Flusstälern an vegetationsreichen Gewässern, aber auch an Waldteichen und Kiesgruben. Eiablage im Tandem, bevorzugt in die Blütenstiele der gelben Teichrose *(Nuphar lutea)*. DE: *Ungefährdet.*

Platycnemis pennipes Blaue Federlibelle

Schlüssel für die Weibchen

4 Meso- und Metatibien stark verbreitert (142), ohne oder mit nur geringer schwarzer Zeichnung an der Außenseite (142). Hinterer Rand des Prothorax von oben mit zwei mittleren Zähnen (145), von der Seite (148).

♀ *Platycnemis latipes* ... 3

4' Meso- und Metatibien nicht (141) oder mäßig stark verbreitert (143), alte Tiere mit durchgehender schwarzer Zeichnung an der Außenseite (141, 143), welche bei jungen Tieren manchmal fehlt. Hinterer Rand des Prothorax von oben ohne Zähne (146) oder mit zwei äußeren Zähnen (144).

... 5

5 Meso- und Metatibien nicht verbreitert (141). Hinterer Rand des Prothorax von oben mit zwei äußeren Zähnen (144), von der Seite (147). Abdomen bei alten Tieren meist orangebraun, seltener weißlich.

♀ *Platycnemis acutipennis* ... 2

5' Meso- und Metatibien mäßig stark verbreitert (143). Hinterer Rand des Prothorax von oben ohne Zähne (146), von der Seite (149). Abdomen gelbbraun, bräunlich oder weißlich.

♀ *Platycnemis pennipes* ... 3'

---

[1] In Albanien, West-GR und Peleponnes die Unterart *P. p. hyalinata* (Brullé, 1832) mit deutlich breiteren Beinschienen.

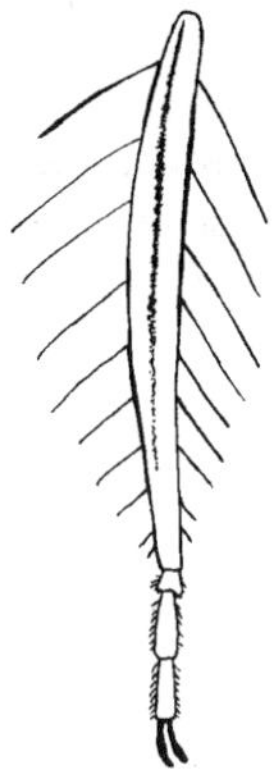

141 *Platycnemis acutipennis* ♀

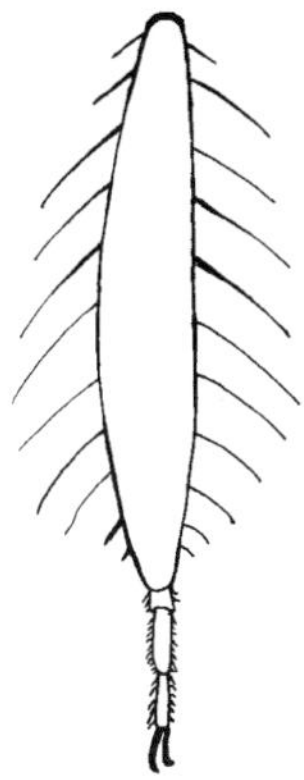

142 *Platycnemis latipes* ♀

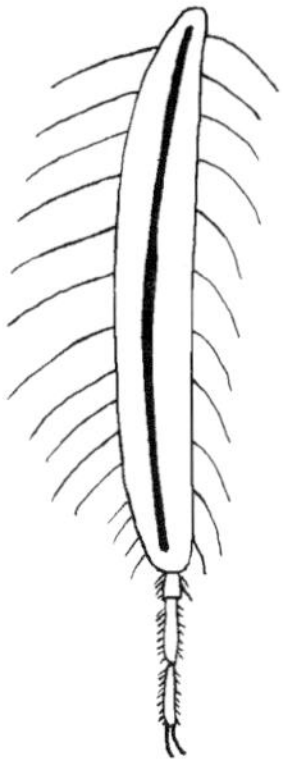

143 *Platycnemis pennipes* ♀

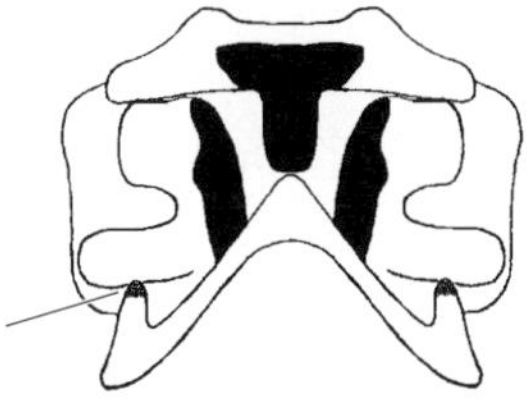

144 *Platycnemis acutipennis* ♀

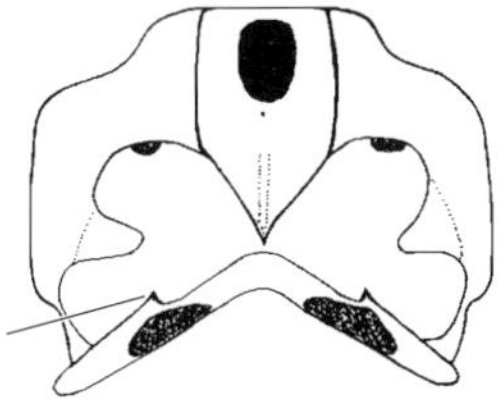

145 *Platycnemis latipes* ♀

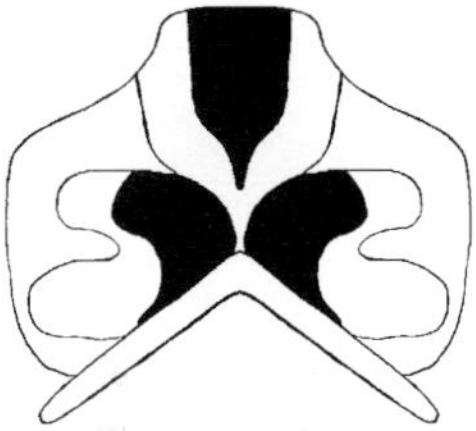

146 *Platycnemis pennipes* ♀

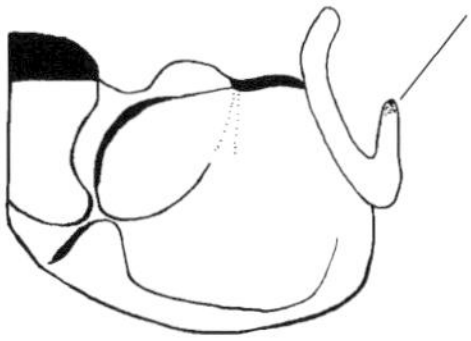

147 *Platycnemis acutipennis* ♀

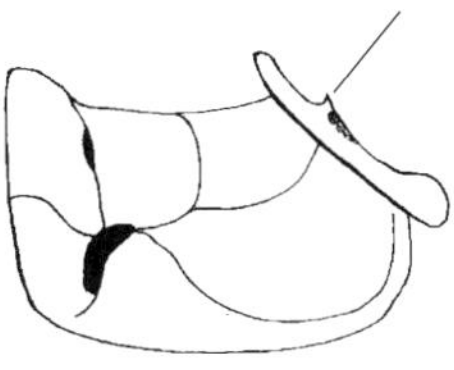

148 *Platycnemis latipes* ♀

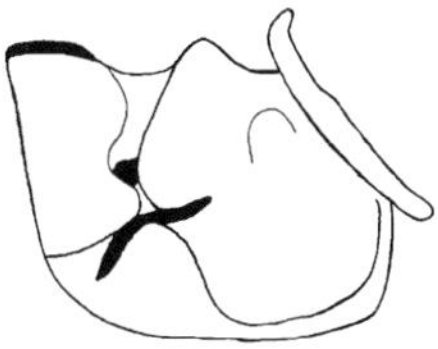

149 *Platycnemis pennipes* ♀

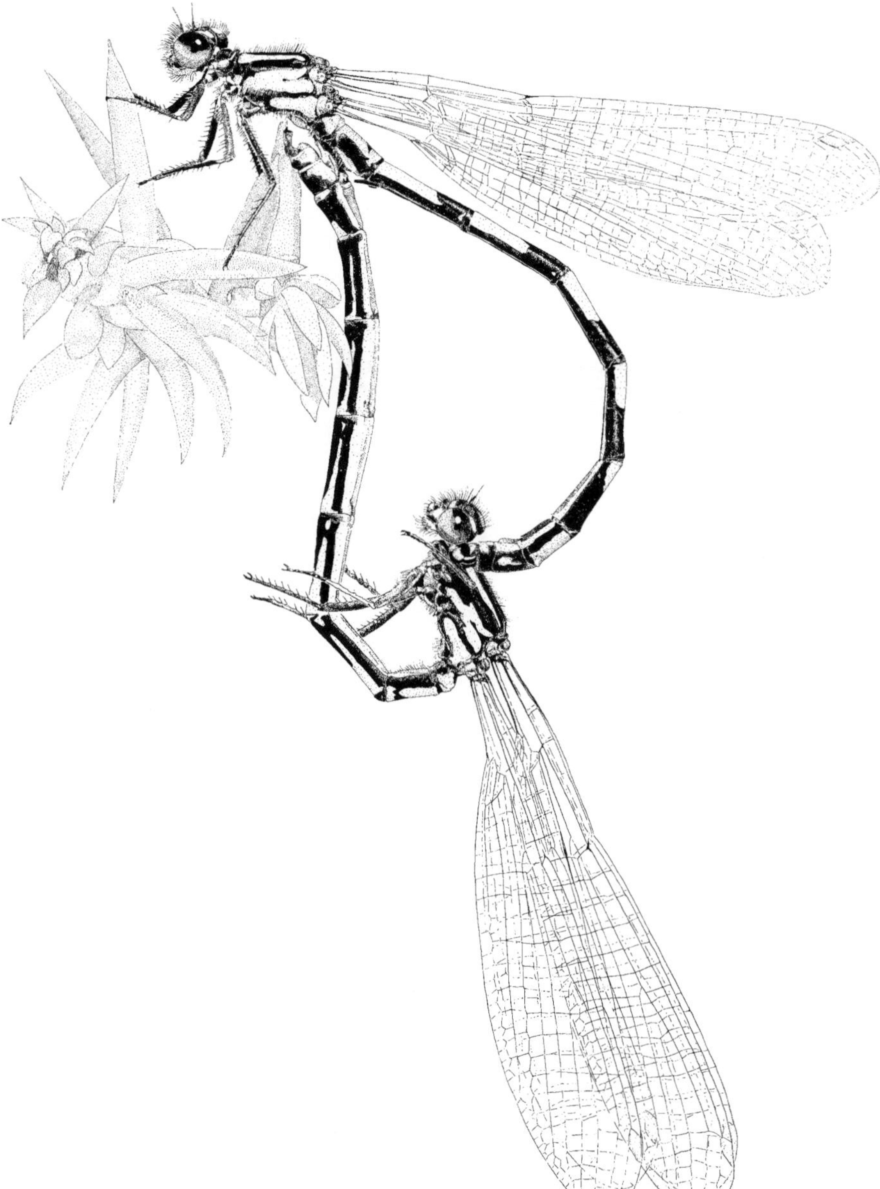

150 *Coenagrion hylas* Kopula

Mit 21 Arten die artenreichste Kleinlibellenfamilie im Gebiet. Die meisten Arten als Männchen blau mit schwarzer Zeichnung, wenige rote Arten. Die schwarze Zeichnung ist bei manchen Arten sehr variabel, besonders bei *Coenagrion pulchellum.*
Nur eine Art mit metallisch grünem Abdomen *(Nehalennia speciosa).*

Von einigen Arten sind Lokalformen als Unterarten beschrieben worden (z. B. von *Coenagrion pulchellum, C. caerulescens* und *Erythromma lindenii).*

Innerhalb vieler Arten treten verschiedene Weibchenformen auf, die sich durch die Paarungsstrategie differenzieren (Finke et al. 2005), was besonders gut bei den Gattungen *Ischnura* und *Ceriagrion* erforscht ist.

Die Eiablage erfolgt mit bewachendem Männchen oder ohne Männchen (Gattung *Ischnura)* in Pflanzen, wobei einige Weibchen, mit oder ohne angekoppeltem Männchen, an den Pflanzen hinab unter Wasser steigen.

1 Kopf oben zwischen den Augen schwarz, ohne oder mit sehr kleinen hellen Flecken (151, 152).

... 2

1' Kopf oben entweder mit zwei bis drei hellen Flecken zwischen den Augen, diese selten zusammenfließend (153–155), oder am hinteren Rand mit schmalem, blauem Querstreifen (156).

... 5

2 Abdomen ohne rote Färbung. Thorax von der Seite bei ♂ hellblau bis violett, bei ♀ gelbgrün bis gelb; nur dünne dunkle Seitenstreifen (157). Augen bei ♂ rot bis rotbraun, bei ♀ grüngelb. Hinterflügel zwischen Pterostigma und Flügelspitze mit Zellverdoppelungen in der obersten Zellreihe (158).

... 3

2' Abdomen ganz oder größtenteils rot bzw. gelbrot. Thorax von der Seite ausgedehnt dunkel (159). Hinterflügel zwischen Pterostigma und Flügelspitze ohne Zellverdoppelungen in der obersten Zellreihe (160).

... 4

3 ♂: S 9 und S10 oben blau (161, 162). Obere Anhänge an der Spitze nicht nach innen gebogen (161). S2 und S8 von oben und von der Seite schwarz (162).
♀: Hinterer Rand des Prothorax von oben gesehen gelappt (163).

Jan	Feb	Mär	Apr	Mai	Jun	Jul	Aug	Sep	Okt	Nov	Dez

Abdomen 25–31 mm.
Stehende und langsam fließende Gewässer aller Art mit Schwimmblattvegetation. Besonders Altarme und nährstoffreiche Teiche. ♂ sitzen bevorzugt auf den Schwimmblättern der Gelben Teichrose *(Nuphar lutea)* und Laichkraut *(Potamogeton).*
DE: *Ungefährdet.*

Erythromma najas Großes Granatauge

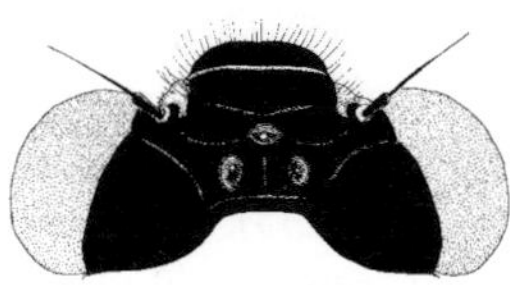

151 *Erythromma najas*

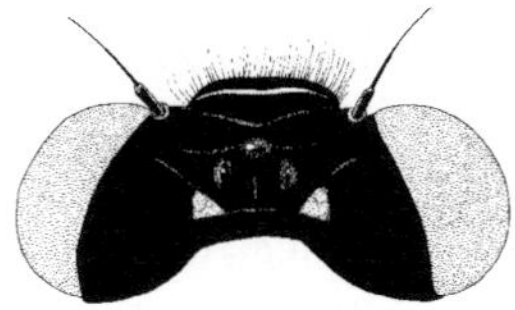

152 *Pyrrhosoma nymphula*

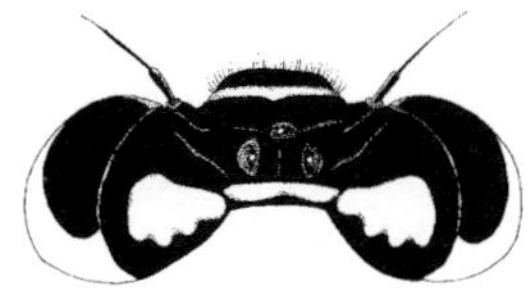

153 *Coenagrion ornatum*

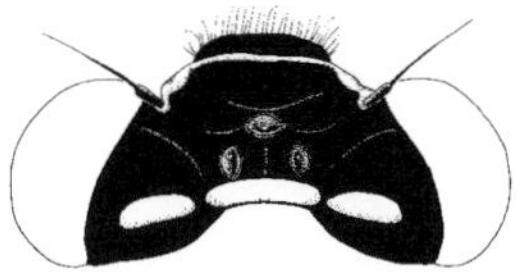

154 *Erythromma lindenii*

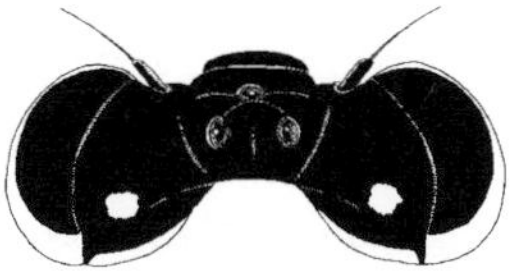

155 *Ischnura*

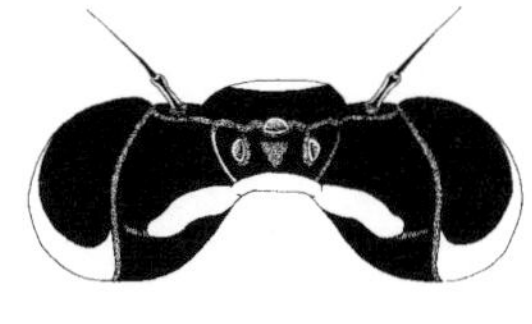

156 *Nehalennia speciosa*

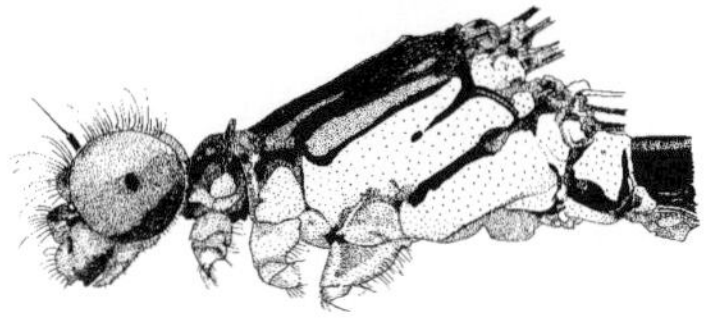

157 *Erythromma*

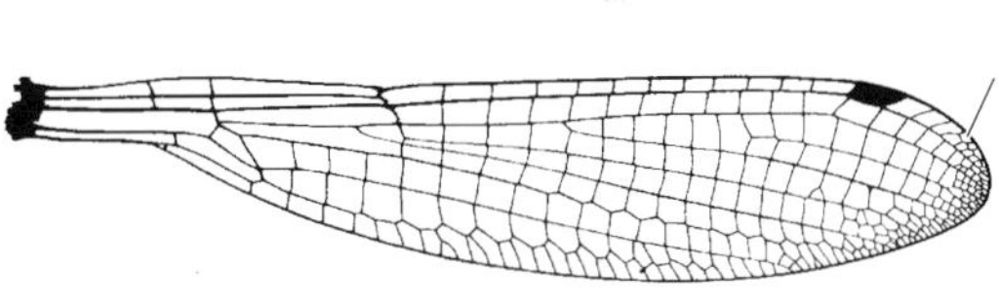

158 *Erythromma*

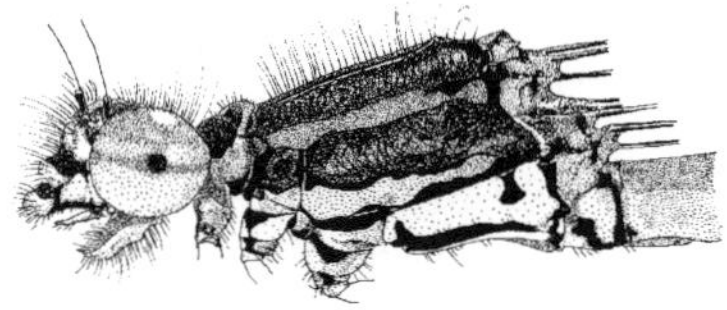

159 *Pyrrhosoma nymphula*

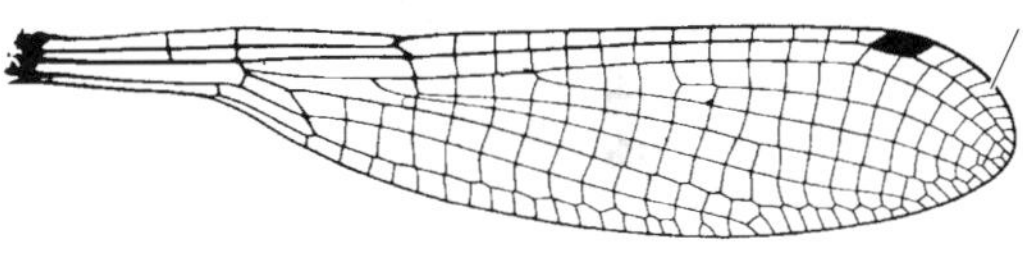

160 *Pyrrhosoma nymphula*

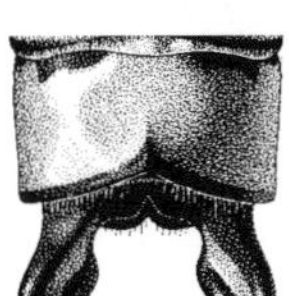

161 *Erythromma najas* ♂

162 *Erythromma najas* ♂

163 *Erythromma najas* ♀

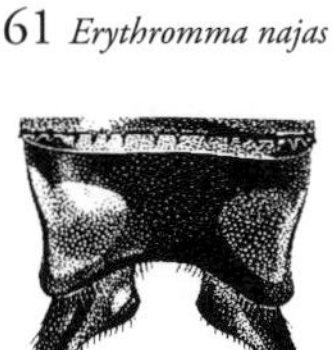

164 *Erythromma viridulum* ♂

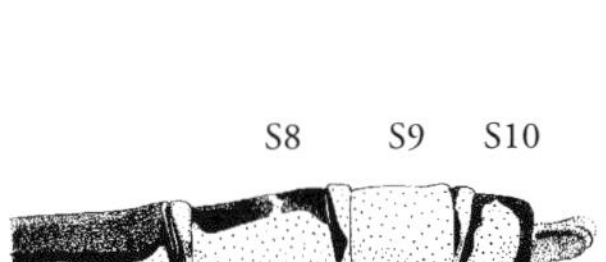

165 *Erythromma viridulum* ♂

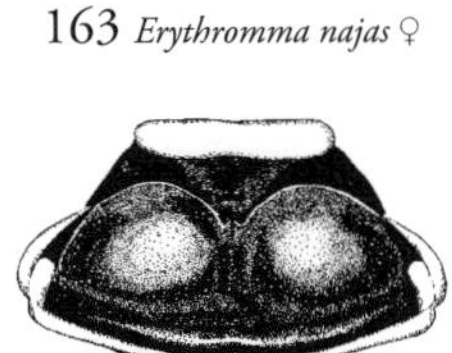

166 *Erythromma viridulum* ♀

3' ♂: S9 blau, S10 mit x-förmiger, schwarzer Zeichnung (164, 165/55). Obere Anhänge an der Spitze nach innen gebogen (164/55). S2 und S8 von oben schwarz, an der Seite blau (165/55).
♀: Hinterer Rand des Prothorax von oben gesehen nicht gelappt (166/55).

Jan	Feb	Mär	Apr	Mai	Jun	Jul	Aug	Sep	Okt	Nov	Dez

Abdomen 22–28 mm. Vorwiegend in Flussniederungen. An Altwassern, Weihern und Kiesgruben mit Tauchblattvegetation, besonders Hornkraut *(Cerastium)* und Tausendblatt *(Myriophyllum)*. Selten am Ufer zu finden. Fliegt niedrig über dem Wasser, wird deshalb häufig übersehen. In Ausbreitung nach Norden. Hat UK und das Baltikum erreicht. DE: *Ungefährdet.*

Erythromma viridulum Kleines Granatauge

4 Beine und Pterostigma schwarz. Thorax von oben mit farbigen, roten oder gelben Antehumeralstreifen (167). Pterostigma steht über eineinhalb Flügelzellen (169).
♂: Abdomen rot mit schwarzer Zeichnung. Anhänge (171).

Jan	Feb	Mär	Apr	Mai	Jun	Jul	Aug	Sep	Okt	Nov	Dez

Abdomen 25–29 mm. An stehenden und langsam fließenden Gewässern sowie Gräben. Überall. DE: *Ungefährdet.*

Die nah verwandte Art *Pyrrhosoma elisabethae* SCHMIDT 1948 ist endemisch in einem kleinen Gebiet von Albanien, West-GR bis zur Peleponnes. Nur an den Anhängen der ♂ und des Prothorax der ♀ unterscheidbar. Gemeldete Übergangsformen (Steiermark, Ungarn) sind Zeichnungsvarianten von *P. nymphula.*

Pyrrhosoma nymphula Frühe Adonislibelle

4' Beine rot oder rotbraun. Pterostigma rot oder grauweiß. Thorax von oben ohne oder mit sehr schmalen Antehumeralstreifen (168). Pterostigma steht über einer Flügelzelle (170).
♂: Abdomen rot. Anhänge (172).
♀: Vier Farbformen (ANDRES und CORDERO 1999, ANDRES et al. 2002); nach Häufigkeit:
I: *f. typica* – Abdomen von oben rot, S3–S8 schwarz oder mit schwarzer Zeichnung, Augen obere Hälfte rot-braun. **II:** *f. melanogastrum* – S1–S10 von oben schwarz, Augen obere Hälfte braun-rot. **III:** *f. erythrogastrum* – androchrom (gefärbt wie ♂), Abdomen von oben ganz rot, Augen obere Hälfte rot. **IV:** *f. intermedium* – Abdomen von oben überwiegend rot, S3–S6 mit schwarzer Zeichnung.

Jan	Feb	Mär	Apr	Mai	Jun	Jul	Aug	Sep	Okt	Nov	Dez

Abdomen 23–29 mm. In Nord-DE an Zwischen- und Hochmooren. In West-DE an nährstoffarmen Heidegewässern, in Ton- und Sandgruben. In Südeuropa oft auch an Fließgewässern[1]. DE: *Vorwarnliste.*

Ceriagrion tenellum Scharlachlibelle

1 Auf den griechischen Inseln Thasos, Zakinthos und Korfu sowie in der südwestlichen Türkei (asiatischer Teil) und entlang des Mittelmeers bis Israel seltene Vorkommen von *Ceriagrion georgfreyi* SCHMIDT 1953, die *C. tenellum* sehr ähnlich sieht und deswegen leicht mit ihr verwechselt werden kann. Funde aus GR und den angrenzenden Gebieten sind kritisch zu prüfen.

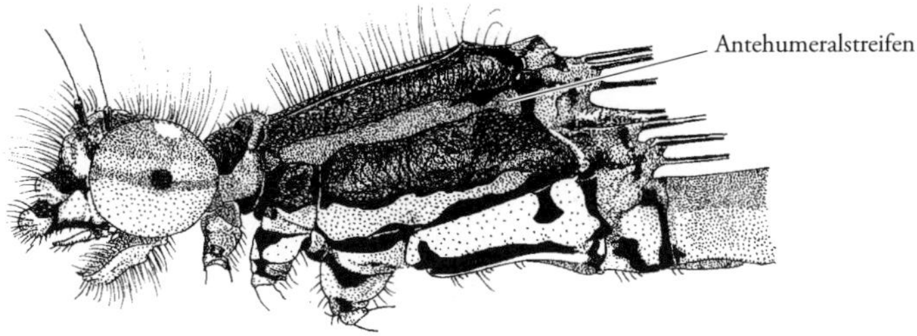

167 *Pyrrhosoma nymphula*

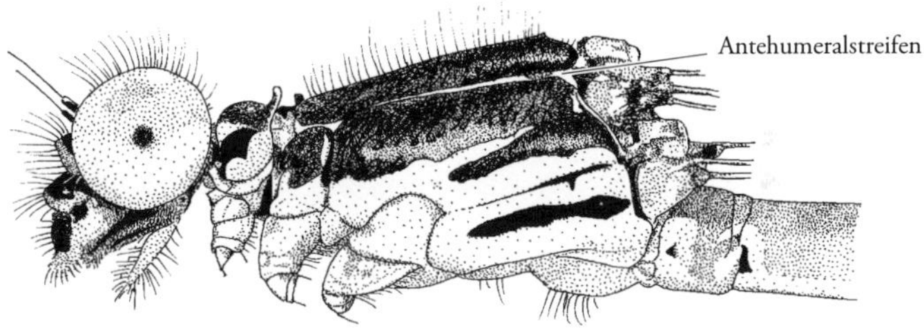

168 *Ceriagrion tenellum*

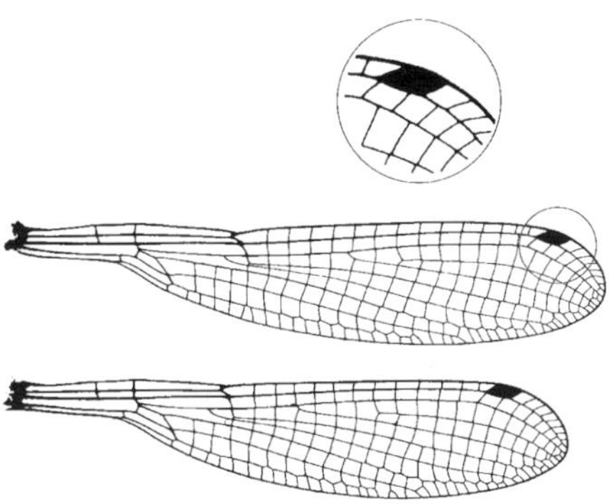

169 *Pyrrhosoma nymphula*

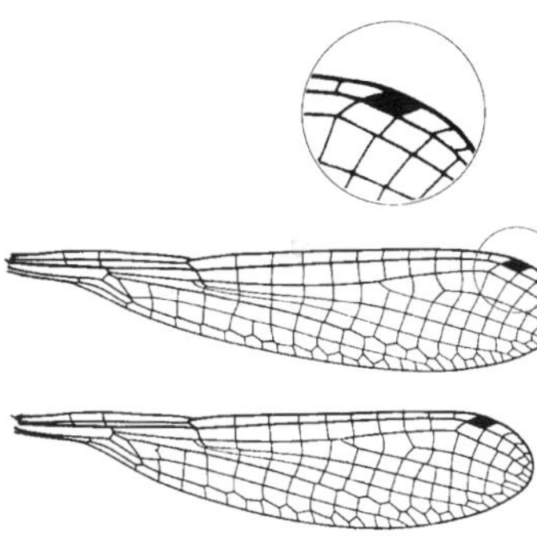

170 *Ceriagrion tenellum*

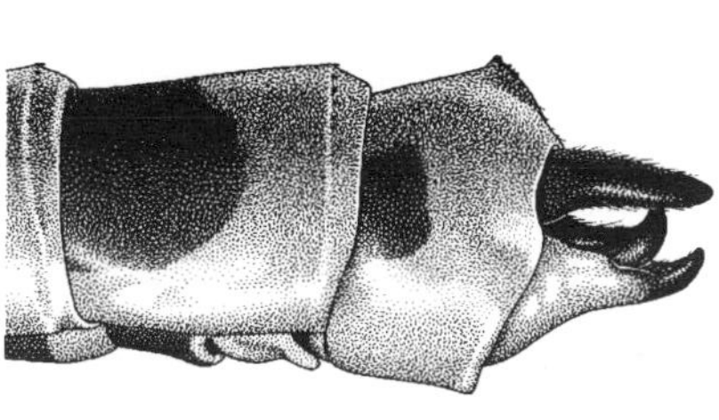

171 *Pyrrhosoma nymphula* ♂

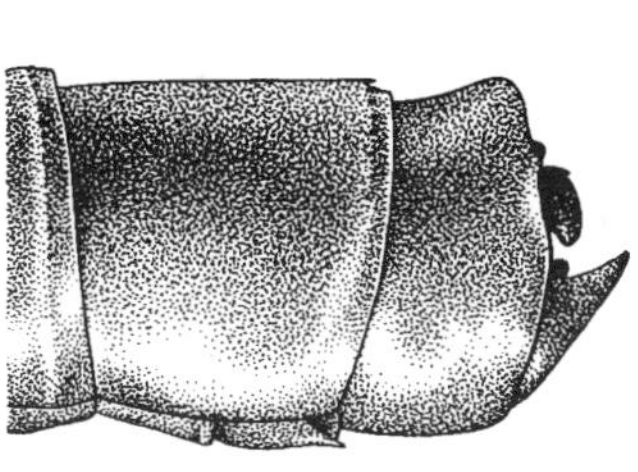

172 *Ceriagrion tenellum* ♂

5 Kopf von oben am hinteren Rand mit schmalem blauen Querstreifen (173). Körper oben erzgrün.

♂: Anhänge charakteristisch, von oben (174), seitlich (175).

Jan	Feb	Mär	Apr	Mai	Jun	Jul	Aug	Sep	Okt	Nov	Dez

Abdomen 19–25 mm. Sibirische Art. Besonders an bis zu 10 cm tiefen, nicht zu sauren, mesotrophen Moorschlenken mit lockerer Vegetation, dort z. T. individuenreich. Fliegt selten und unauffällig, daher oft übersehen. DE: bayerisches Alpenvorland, Oberschwaben, Bayerischer Wald, norddeutsche Tiefebene (Einzelfunde). EUR: *Near threatened,* DE: *Vom Aussterben bedroht.*

Nehalennia speciosa Zwerglibelle

5' Kopf von oben mit Flecken, nicht auf den hinteren Rand begrenzt (176–178). Körper nie erzgrün.

... 6

6 ♂: Tiere mit zwei Paar Anhängen z. B. (200–202/61).

... 10

6' ♀: Tiere mit Legebohrer (182–184).

... 7

7 Mit abstehendem oder schräg nach hinten gerichtetem Dorn am Legebohrer (182, 183).

... 8

7' Ohne Dorn unten am Legebohrer (184).

... 14

8 S4–S7 von oben hell mit schwarzer, keulenförmiger Zeichnung (179). Legebohrer mit abstehendem Dorn (182).

♀ *Enallagma cyathigerum* ... 13

8' S4–S7 von oben schwarz, Segmentvorderrand hell (180, 181). Legebohrer mit schräg nach hinten gerichtetem Dorn (8).

... 9

9 S8 von oben hell (variabel: orange, violett, grün, blau bis braun), S9–S10 schwarz, Anhänge schwarz (180). Hinterer Rand des Prothorax mit (186) oder ohne Ausbuchtung (187).

♀ *Ischnura elegans* und *I. graellsii* ... 12

9' Auch S8 von oben schwarz, Anhänge hell (181). Hinterer Rand des Prothorax ohne deutliche Ausbuchtung (185).

♀ *Ischnura pumilio* ... 11'

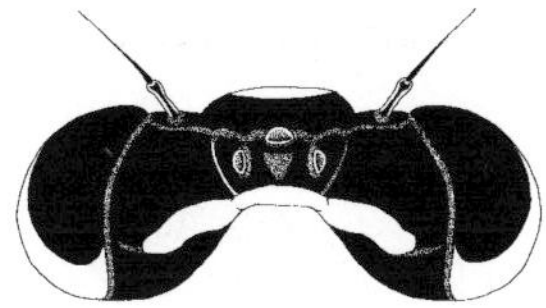

173 *Nehalennia speciosa*

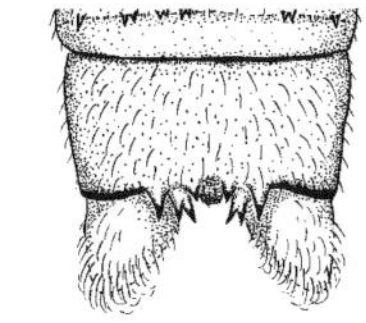

174 *Nehalennia speciosa* ♂

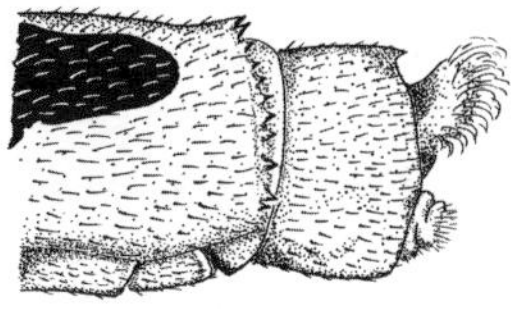

175 *Nehalennia speciosa* ♂

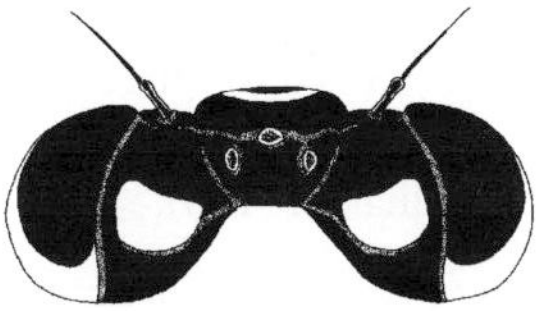

176 *Coenagrion*

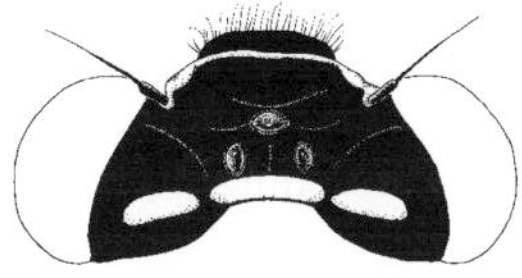

177 *Erythromma lindenii*

178 *Ischnura elegans*

179 *E. cyathigerum* ♀

180 *I. elegans* ♀

181 *I. pumilio* ♀

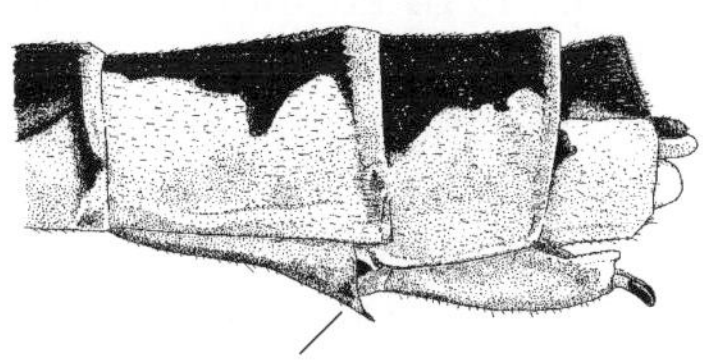

182 *Enallagma* ♀

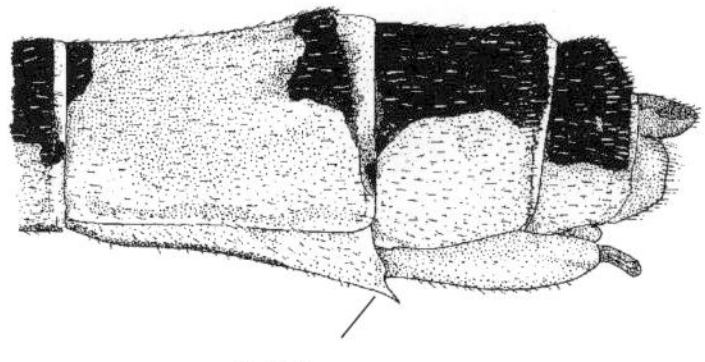

183 *Ischnura* ♀

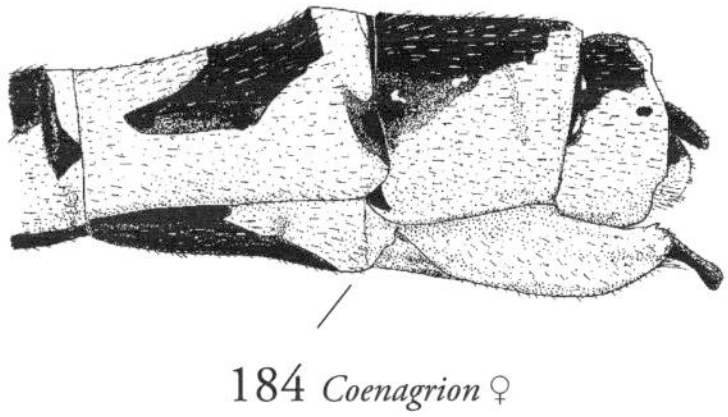

184 *Coenagrion* ♀

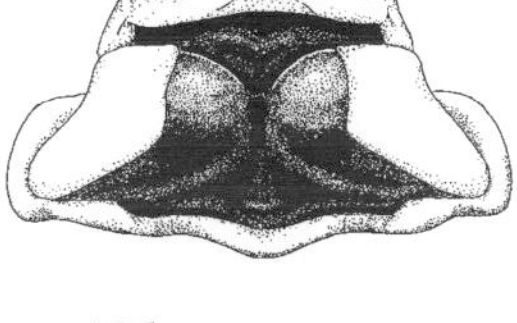

185 *Ischnura pumilio* ♀

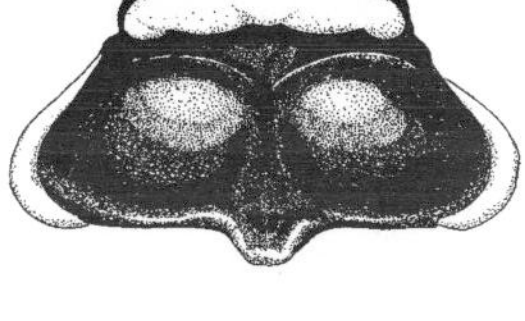

186 *Ischnura elegans* ♀

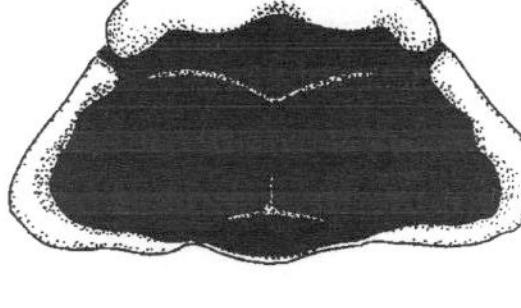

187 *Ischnura graellsii* ♀

10 Pterostigma zweifarbig, innen braun, in Richtung Flügelspitze weiß (188–190). S2 von oben ganz schwarz (180, 181/59).

Gattung *Ischnura* ... 11

10' Pterostigma einfarbig braun oder schwarz. S2 von oben blau mit schwarzer Zeichnung (216/65, 273–283/74).

... 13

11 S8 von oben mit blau, S9–S10 schwarz (191). Pterostigma im Vorderflügel und Hinterflügel etwa gleich groß (188).
♂: Spitze der unteren Anhänge von oben nur mit schwachem Endhaken (195).

... 12

11' S8 von oben schwarz, nur am hinteren Rand blau, S9 ganz oder überwiegend blau (192–194). Pterostigma im Vorderflügel deutlich größer als im Hinterflügel (189, 190).
♂: Spitzen der unteren Anhänge hakenförmig (196), obere Anhänge breit ohne innere Haken (200).
♀: Hinterer Rand des Prothorax ohne Ausbuchtung (185/59). Junge ♀ orange *(f. aurantiaca):* Kopf überwiegend orange, wenig schwarz (197), verfärben sich mit der Geschlechtsreife in die blaugrüne Adultform *(f. typica)* (Langenbach 1993).

Jan	Feb	Mär	Apr	Mai	Jun	Jul	Aug	Sep	Okt	Nov	Dez

Abdomen 21–25 mm.
Vegetationslose oder wenig bewachsene, stehende Gewässer. Pionierbesiedler an Kiesgruben, Tümpeln und Teichen. Sehr unstetig und wanderfreudig, als Wanderer überall.
DE: *Vorwarnliste.*

Ischnura pumilio Kleine Pechlibelle

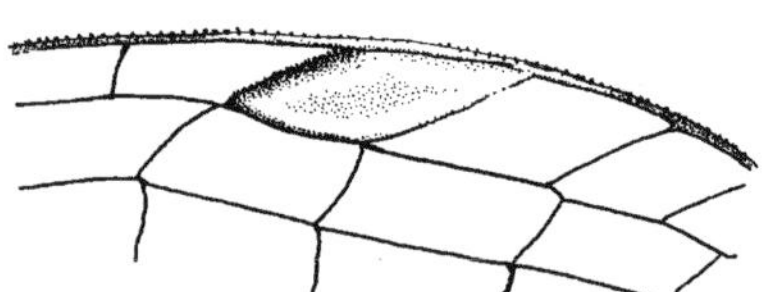

188 *Ischnura*

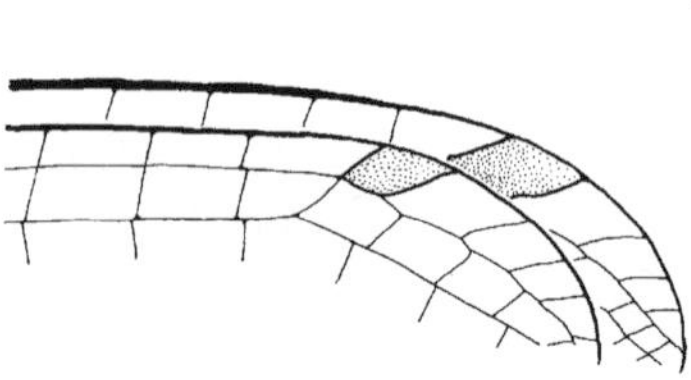

189 *Ischnura pumilio* ♀

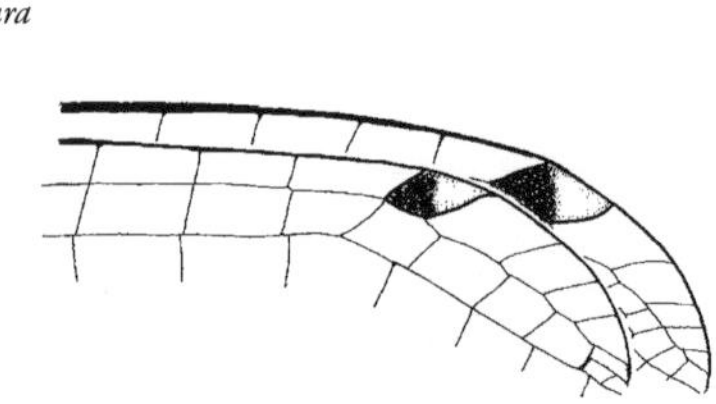

190 *Ischnura pumilio* ♂

191 *Ischnura* ♂

192 *Ischnura pumilio* ♂

193 *Ischnura pumilio* ♂

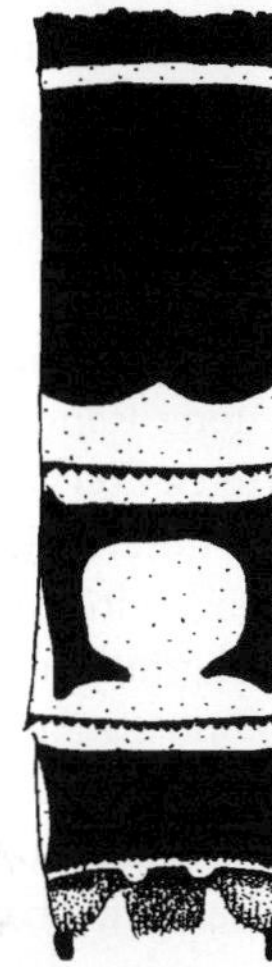

194 *Ischnura pumilio* ♂

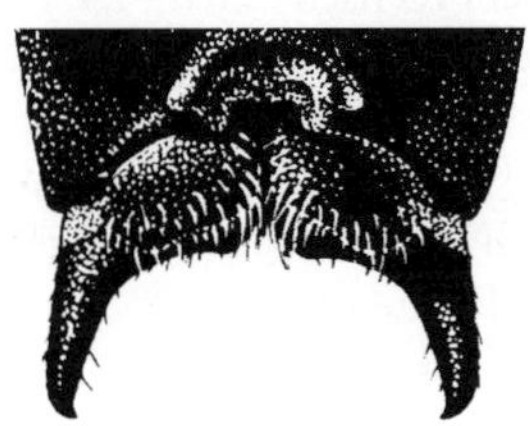

195 *Ischnura* ♂

196 *Ischnura pumilio* ♂

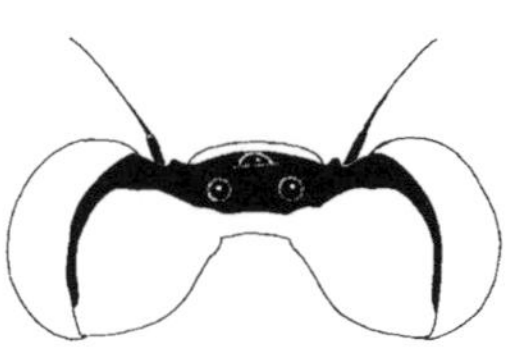

197 *Ischnura pumilio* ♀

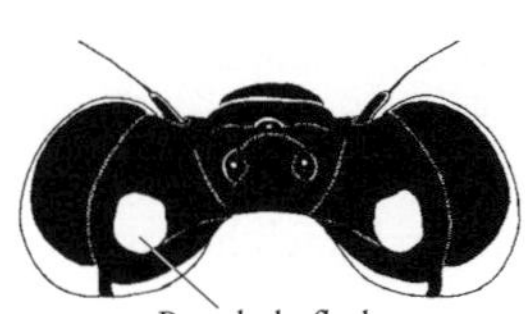

198 *Ischnura elegans*

199 *Ischnura graellsii*

200 *Ischnura pumilio* ♂

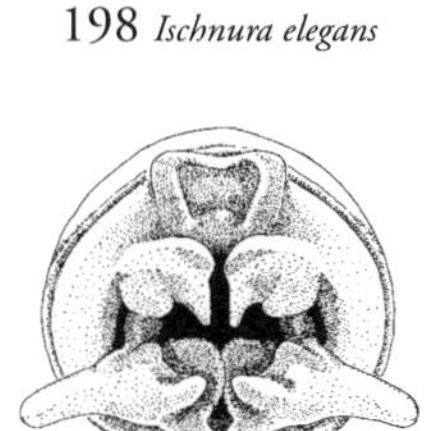

201 *Ischnura elegans* ♂

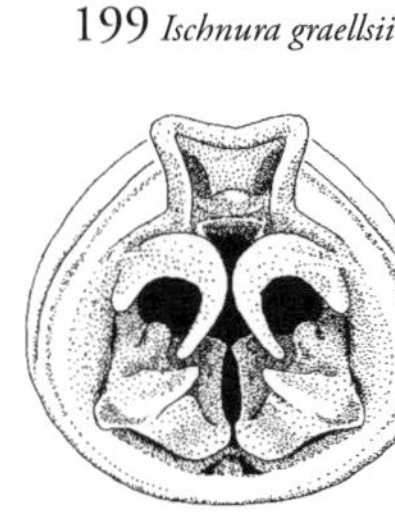

202 *Ischnura graellsii* ♂

12 Postokularflecken ausgeprägt. (198/61).
♂: Obere Anhänge an der Basis breit, Spitzen weisen nach unten (206), die unteren Anhänge weisen weit nach außen (206). In Nordspanien eine breite Hybridzone mit *I. graellsii,* Hybride lassen sich anhand der intermediären Anhänge der ♂ erkennen (208, 210) (Monetti et al. 2002). Hinterer Rand des Prothorax seitlich (205) mit hochstehendem Kegel (207), Hybride intermediär (209).
♀: Hinterer Rand des Prothorax von oben mit einem Höcker (186).
♀: Es treten drei genetisch festgelegte Farbformen auf (Hinnekint 1987, Sánchez-Guillén et al. 2005, 2011), die unterschiedlichen Paarungsstrategien zeigen (Hammers et al. 2009):
I *f. typica* (androchrom): ausgereift blau und den ♂ ähnlich, in der Jugend violett *(f. violacea)* oder hell grünlich. Selten, Anteil steigt gegen Norden und bei hoher Populationsdichte.
II *f. infuscans:* ausgereift grün-oliv bis braun, in der Jugend ebenfalls violett *(f. violacea)* (203).
III *f. infuscans-obsoleta:* Thorax ohne schwarzen Humeralstreifen auf der Pleuralfurche (204). Ausgefärbt bräunlich, jugendlich rosa bis orange. In weiten Teilen die häufigste Weibchenform. Die Form des Hinterrandes des Prothorax differiert bei den Weibchenformen und auch geographisch bei Männchen und Weibchen (Schmidt 1967).
Beschriebene Unterarten schlecht erforscht: W-Europa, Nord-ES, GB, Balkan – *I. e. elegans;* FI, Osteuropa bis nach Ost-DE – *I. e. tuberculata;* AT über HU nach Osten – *I. e. pontica.*

Jan	Feb	Mär	Apr	Mai	Jun	Jul	Aug	Sep	Okt	Nov	Dez

Abdomen 21–29 mm.
Stehenden Gewässer aller Art. Erträgt relativ gut die Verschmutzung der Gewässer, entwickelt sich auch in brackigem Wasser. Meist aber nur in geringer Individuendichte.
Verbreitet.
DE: *Ungefährdet.*

Ischnura elegans Große Pechlibelle

12' Postokularflecken verkleinert (199/61) oder fehlend.
♂: Spitzen der oberen Anhänge laufen auseinander (212), die unteren weisen schräg nach innen. Hybride in Nord-ES intermediär (208, 210).
♀: Hinterer Rand des Prothorax ohne deutliche Ausbuchtung (187/59). Hinterer Rand des Prothorax von der Seite nur mit schwach hochstehendem Kegel (211)), Hybride intermediär (209).
♀: Ebenfalls drei Weibchenformen, durch autosomalen Locus mit drei Allelen bestimmt (Cordero 1990):
I: *f. typica* (androchrom): ausgereift wie die ♂, jung gelb bis gelb-grün.
II: *f. infuscans:* ausgereift grün bis olivbraun, jung weiß-violett bist violett-grün. Häufigste Form.
III: *f. aurantiaca:* alt ocker bis braun, jung orange.

Jan	Feb	Mär	Apr	Mai	Jun	Jul	Aug	Sep	Okt	Nov	Dez

Abdomen 20–25 mm. An stehenden und fließenden Gewässern aller Art. Verbreitet im westlichen Mittelmeerraum. Im Süden längere Flugzeiten. Bei gemeinsamen Vorkommen mit *I. elegans* sind Hybride nachgewiesen.

Ischnura graellsii Spanische Pechlibelle

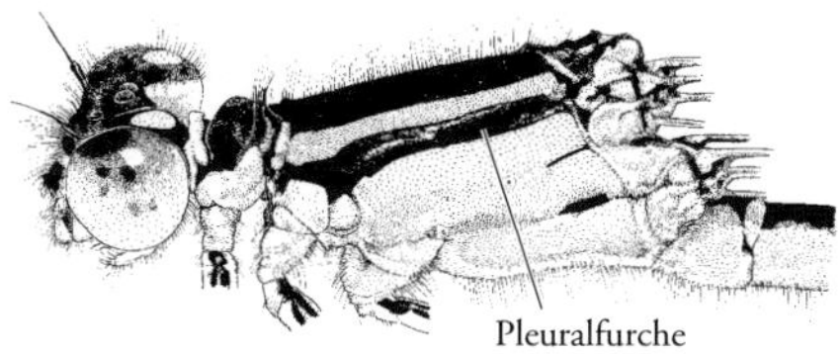

203 *Ischnura elegans f. violacea* ♀

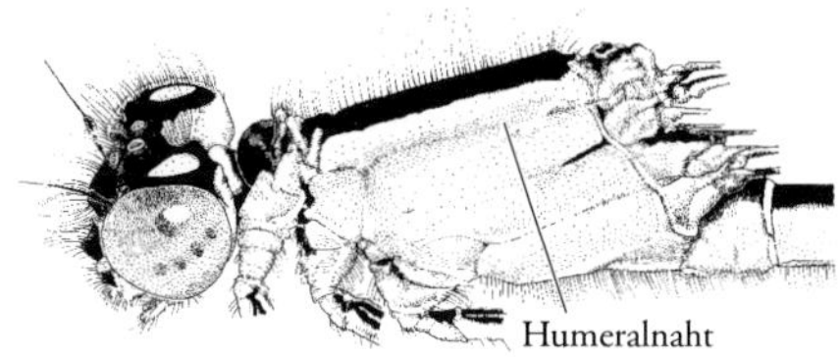

204 *Ischnura elegans f. infuscans-obsoleta* ♀

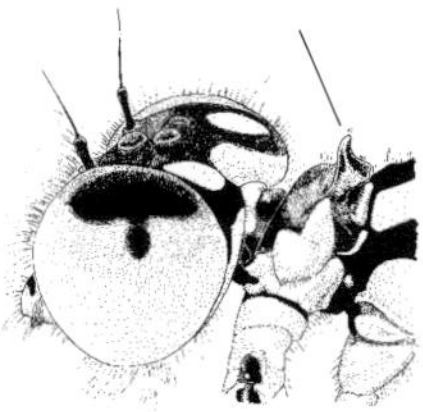

205 *Ischnura elegans* ♂

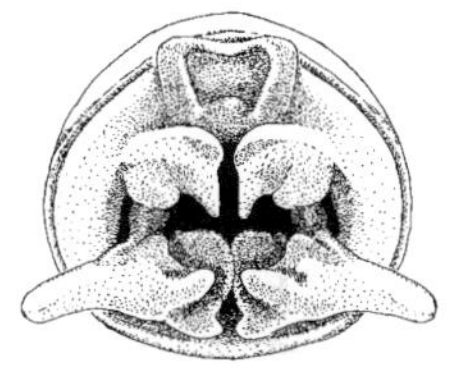

206 *Ischnura elegans* ♂

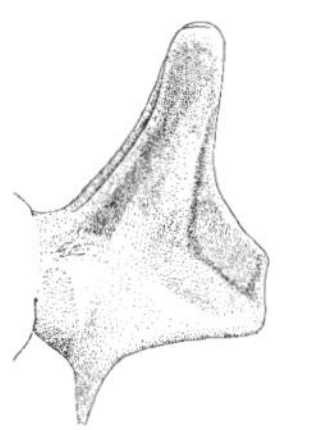

207 *Ischnura elegans* ♂

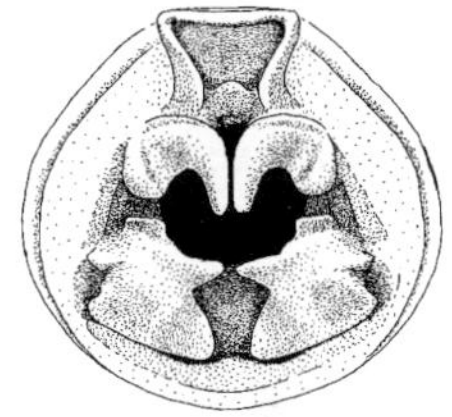

208 *Ischnura elegans x Ischnura graellsii* ♂

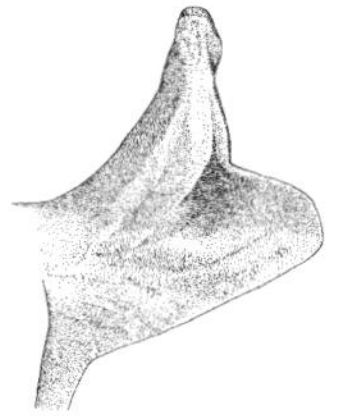

209 *Ischnura elegans x Ischnura graellsii* ♂

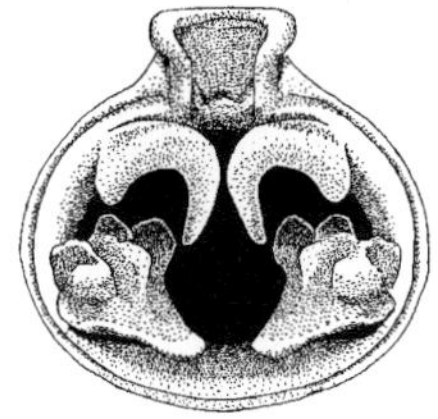

210 *Ischnura graellsii x Ischnura elegans* ♂

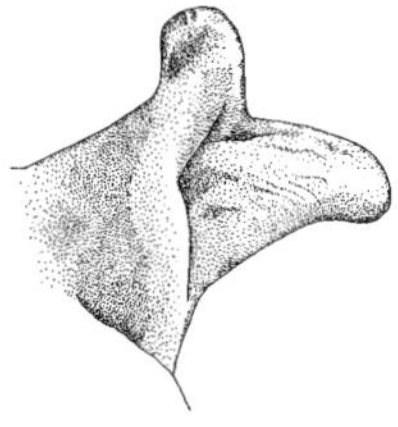

211 *Ischnura graellsii* ♂

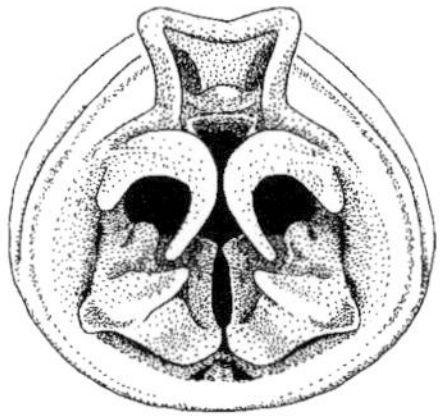

212 *Ischnura graellsii* ♂

13 Thorax von der Seite nur mit einem kurzen, schwarzen Strich (213). Abdominalzeichnung der ♂ variabel (216), in seltenen Fällen der von *Coenagrion ornatum* ähnlich. Anhänge (217, 221). Auffälliges Flugverhalten, das dem eines Hubschraubers ähnelt.

Jan	Feb	Mär	Apr	Mai	Jun	Jul	Aug	Sep	Okt	Nov	Dez

Abdomen 22–29 mm.

An stehenden Gewässern aller Art verbreitet.

Besonders an größeren Gewässern mit reicher Schwimm- und Tauchblattvegetation wie Altwassern, alten Kiesgruben und nährstoffreichen Seen. DE: *Ungefährdet.*

Enallagma cyathigerum Gemeine Becherjungfer

13' Thorax von der Seite mit zwei Strichen (214) oder ausgedehnt dunkel (215). ... 14

14 Kopf von oben mit drei schmalen Strichen (219, 220). Heller Antehumeralstreifen sehr breit (219, 220).

♂: Obere Anhänge länger als S10 (222, 224). Abdomen: S8 von oben schwarz (219).

♀: Vorderer Rand des Mesothorax seitlich mit deutlicher Wulst. Hinterer Rand des Prothorax (223). Anhänge hell (220).

Jan	Feb	Mär	Apr	Mai	Jun	Jul	Aug	Sep	Okt	Nov	Dez

Abdomen 24–29 mm.

Seen, Weiher und langsam fließenden Altwasser mit reich entwickelter Tauchblattvegetation. Sand- und Kiesgruben. Breitet sich seit etwa 30 Jahren aus. Isolierte Vorkommen in Klarwasserseen Ostbrandenburgs.

DE: *Ungefährdet.*

Erythromma lindenii Pokal-Azurjungfer

14' Kopf von vorn mit zwei Flecken (218). Helle Antehumeralstreifen schmaler (218).
♂: Obere Anhänge kürzer oder höchstens so lang wie S10 (242–258/72). S8 von oben blau, Abdomen (273–283/74).

♀: Mesothorax ohne seitliche Wulst. Anhänge dunkel, nur bei den Arten *C. caerulescens* und *C. mercuriale* auch mit hellen Anhängen.

Gattung *Coenagrion* Azurjungfern ... 15

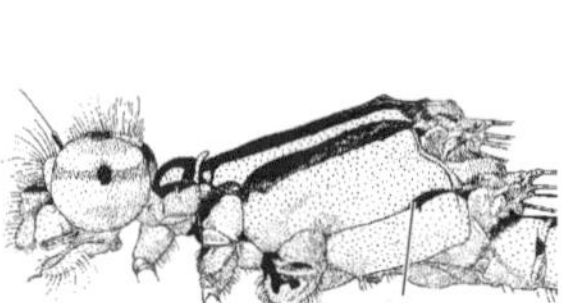

213 Enallagma ♀

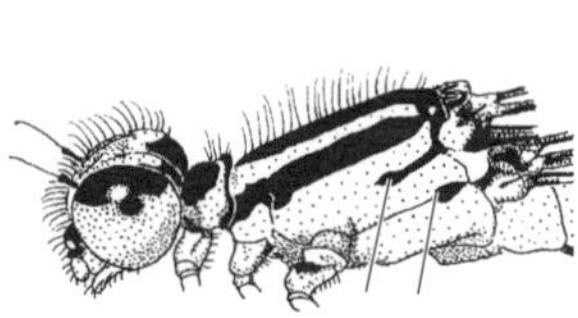

214 *Coenagrion spec.* ♂

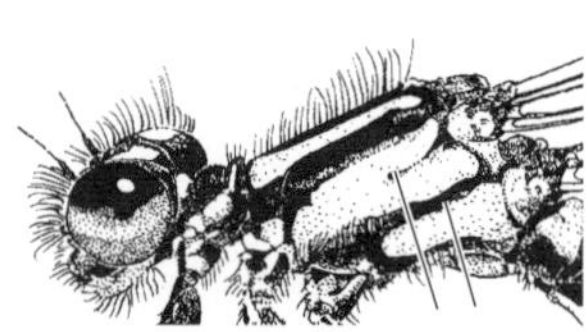

215 *C. hylas* ♂

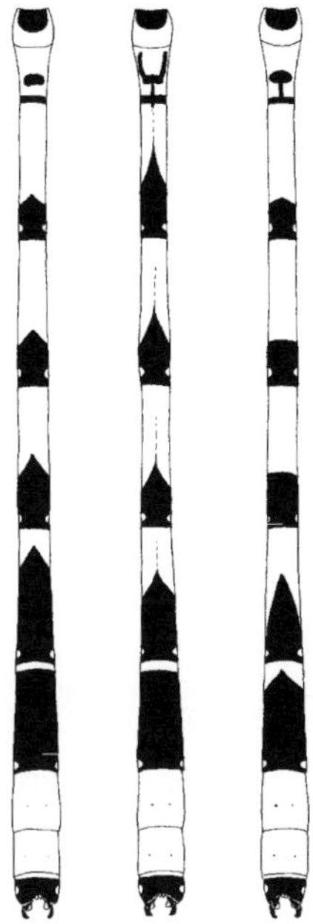

216 *Enallagma cyathigerum* ♂

217 *Enallagma cyathigerum* ♂

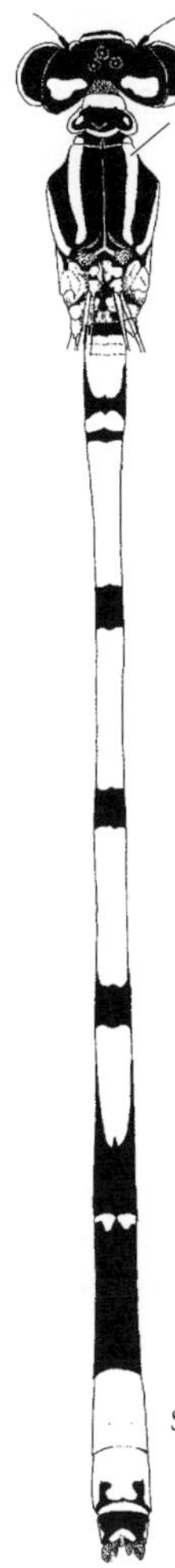

218 *Coenagrion puella* ♂

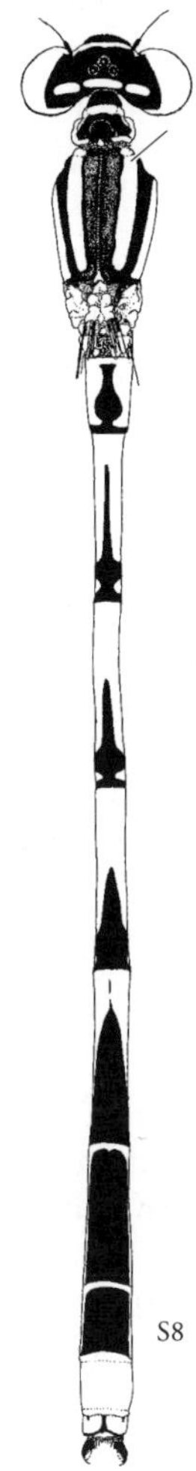

219 *Erythromma lindenii* ♂

220 *Erythromma lindenii* ♀

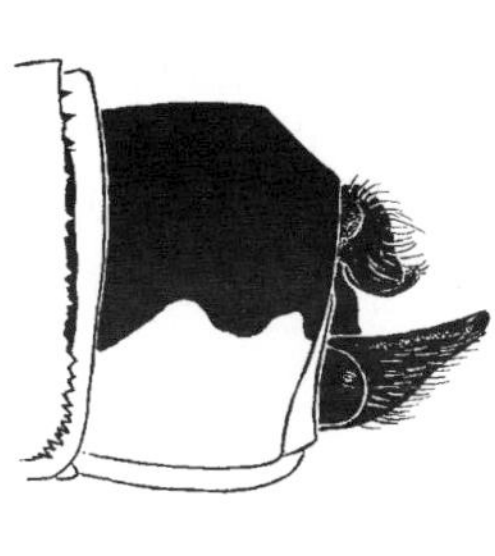

221 *Enallagma cyathigerum* ♂

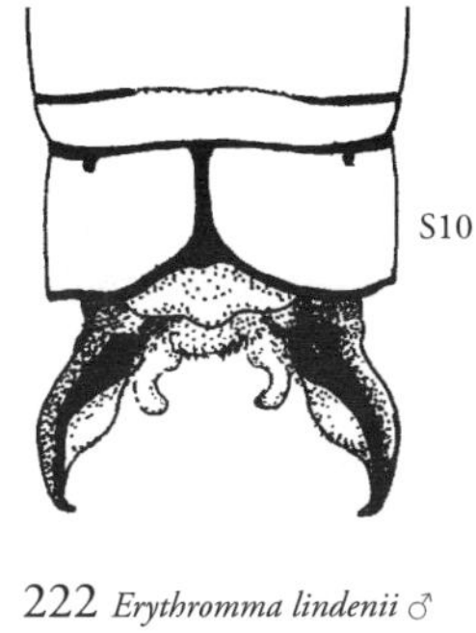

222 *Erythromma lindenii* ♂

223 *Erythromma lindenii* ♀

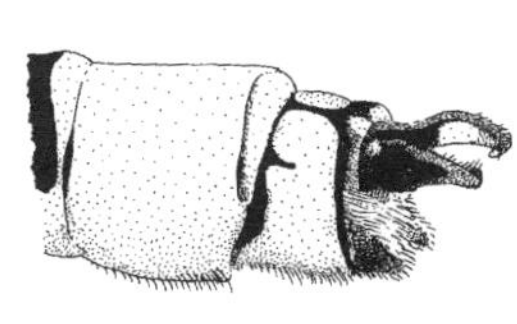

224 *Erythromma lindenii* ♂

15 Abdomen von der Seite mit einem durchgehenden schwarzen Streifen (225). Thorax von der Seite: unterer Strich oft breit und dunkel (215/64). Seltene Arten.

... 16

15' Abdomen ohne oder mit unterbrochenem dünnen Seitenstreifen (226). Thorax von der Seite: dünne dunkle Nahtlinie vor dem unteren Strich (226).

... 17

16 Postokularflecken zur Mitte spitz verlängert, in der Mitte durch einen Streifen verbunden (227).
♂: Abdomen (231): S2 schwarzer Becher mit Stiel. Anhänge (235, 237).
♀: Abdomen (232). Prothorax (227): Hinterer Rand von der Seite flach (228).

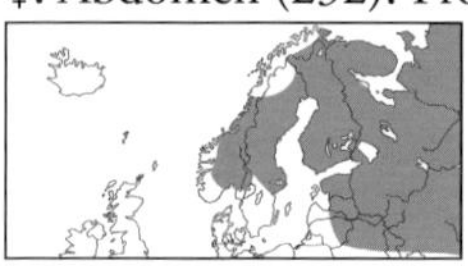

Jan	Feb	Mär	Apr	Mai	Jun	Jul	Aug	Sep	Okt	Nov	Dez

Abdomen 20–24 mm.
Sibirisch. Moore der Tundra und Taiga, besonders Waldmoore.
Coenagrion johanssoni Nordische Azurjungfer

16' Kopfflecken groß und rund (229).
♂: Abdomen (233): S2 schwarzer Becher ohne Stiel, Anhänge (236, 238).
♀: Abdomen (234). Prothorax (229): Hinterer Rand von der Seite hochgezogen (230).

Jan	Feb	Mär	Apr	Mai	Jun	Jul	Aug	Sep	Okt	Nov	Dez

Abdomen 25–30 mm. Sibirische Art, isoliert in der submontanen Stufe der N-Alpen (800–1500 m). 1952 in Oberbayern am Zwingsee entdeckt, dort ausgestorben (Bilek 1954, 1955). Wenige Vorkommen in N-Tirol: Lech- und Oberinntal (Raab et al. 2007). Mündungsbereiche kalkführender Bäche in Seen, dort über Seggenriedern sowie Auweihern mit lehmigen Grund.
EUR: Vunerable, DE: *Ausgestorben.* FFH-Status: *II.*
Coenagrion hylas Sibirische Azurjungfer

17 ♂: Tiere mit zwei Paar Anhängen (242–258/72). Achtung: Die Zeichnung des Abdomen ist bei den *Coenagrion*-Arten variabel, so dass ohne die Betrachtung der Anhänge eine sichere Bestimmung meist nicht möglich ist. Hilfreich für die Bestimmung ist die Form des Prothorax von oben (259–267/73). Der folgende Schlüssel ist kompliziert, unbedingt Lupe (**zehn**fache Vergrößerung) verwenden und genau hinsehen!

... 18

17' ♀: Tiere mit Legeapparat.

... Seite 76

225 *Coenagrion johanssoni*

226 *Coenagrion puella*

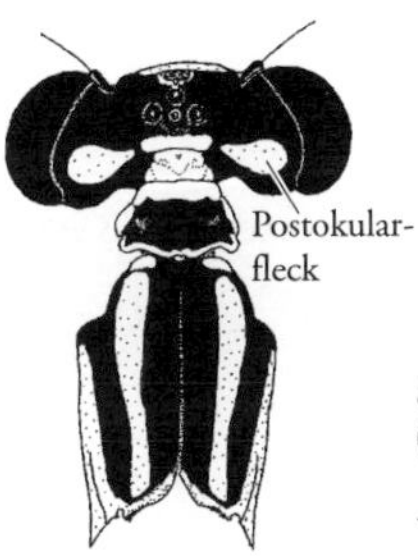

227 *Coenagrion johanssoni* ♀

228 *Coenagrion johanssoni* ♀

229 *Coenagrion hylas* ♀

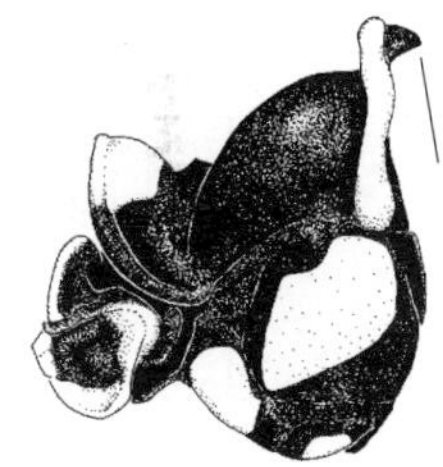

230 *Coenagrion hylas* ♀

231 *C. johanssoni* ♂

232 *C. johanssoni* ♀

233 *C. hylas* ♂

234 *C. hylas* ♀

235 *Coenagrion johanssoni* ♂

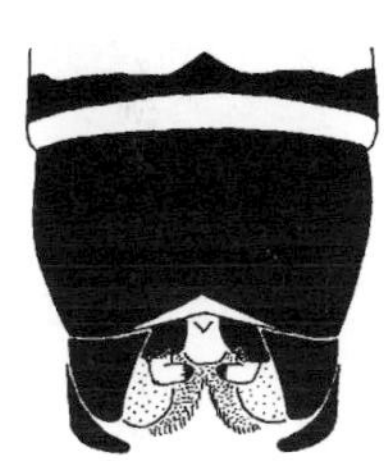

236 *Coenagrion hylas* ♂

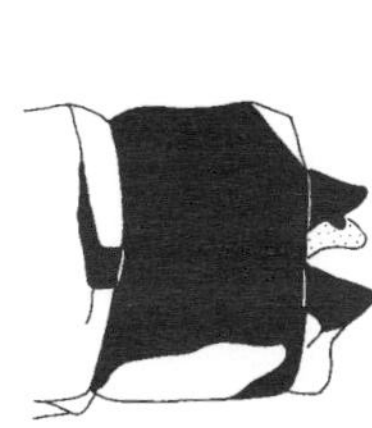

237 *Coenagrion johanssoni* ♂

238 *Coenagrion hylas* ♂

18 ♂: Obere Anhänge breit und am Ende abgerundet; gleichlang oder kürzer als die unteren Anhänge (242–252/72). Zwei bis sechs Zellen zwischen dem Ursprung von M1a und Pterostigma (239). Augen von unten und Gesicht hellblau, blau oder grün.

... 19

18' ♂: Obere Anhänge schmal, länger als breit und am Ende mit Zahn; etwas länger als die unteren Anhänge (253–258/72). Zwei bis drei Zellen zwischen dem Ursprung von M1a und Pterostigma (240). Augen von unten und Gesicht hellblau.

... 24

19 ♂: Untere Anhänge am Ende rund oder nur undeutlich zugespitzt (242–246/72). Augen von unten und Gesicht grün oder gelbgrün.

... 20

19' ♂: Untere Anhänge am Ende spitz (247–252/72). Augen von unten und Gesicht hellblau oder blau.

... 22

20 ♂: Untere Anhänge sehr lang, deutlich länger als S10 (242/72). Antehumeralstreifen bis auf kleine Flecken reduziert. Prothorax von oben (259/73). Abdominalzeichnung (283/74), S3–S7 von oben ganz schwarz.

Jan	Feb	Mär	Apr	Mai	Jun	Jul	Aug	Sep	Okt	Nov	Dez

Abdomen 22–26 mm. Sibirisch, Nordosteuropa. Mittelmäßig nährstoffreiche (mesotrophe) Moor- und Heideweiher sowie Binnendünen. Meist lichte Schilf- oder Riedbestände von Flatterbinse oder Strandsimse. Früher in ganz Nord-DE, Restvorkommen in Nord-SH. GB *ausgestorben,* NL *sehr selten.* DE: *Vom Aussterben bedroht.*

Coenagrion armatum Hauben-Azurjungfer

20' ♂: Untere Anhänge kürzer als S10 (243–246/72). Antehumeralstreifen immer vollständig vorhanden. S3–S7 vorne blau (281, 282/74).

... 21

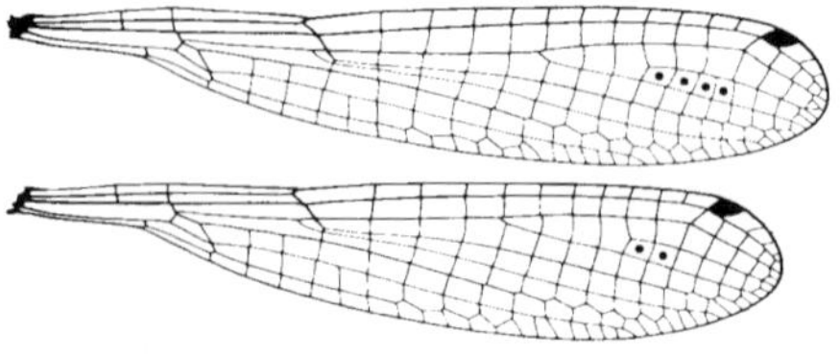

239 *Coenagrion pulchellum* ♂

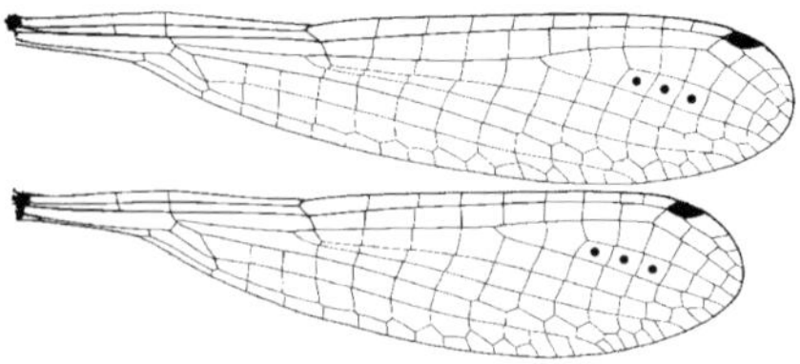

240 *Coenagrion mercuriale* ♂

21 ♂: Hinterer Rand des Prothorax mit Anhang (260/73). Abdomen mit ausgedehnter schwarzer Zeichnung, die auf S3 und S4 deutlich mehr als die Hälfte einnimmt (282/74). Anhänge (243, 245/72). Variation der Zeichnung auf S2 (269/73).

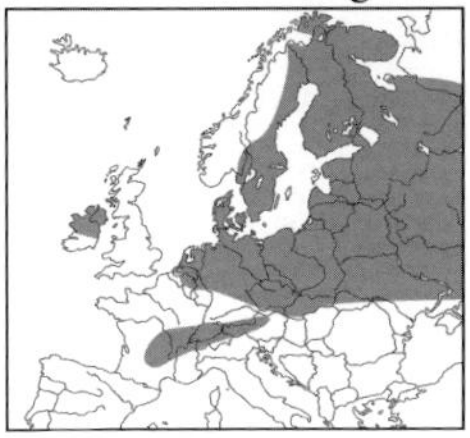

Jan	Feb	Mär	Apr	Mai	Jun	Jul	Aug	Sep	Okt	Nov	Dez

Abdomen 22–26 mm.

Hauptvorkommen in der Norddeutschen Tiefebene an Moorgewässern, Heideweihern und sonnigen Lehm- und Tongewässern. Sehr selten in den N-Alpen und im Alpenvorland. Isoliert in IRE, aber nicht in GB. DE: *Vom Aussterben bedroht.*

Coenagrion lunulatum Mond-Azurjungfer

21' ♂: Hinterer Rand des Prothorax schwach winklig, ohne Anhang (261/73). Abdomen mit geringer schwarzer Zeichnung, die auf S3 und S4 nur jeweils bis zur Mitte reicht (281/74). Anhänge (244, 246/72). Variation der Zeichnung auf S1–S3 (268/73).

Jan	Feb	Mär	Apr	Mai	Jun	Jul	Aug	Sep	Okt	Nov	Dez

Abdomen 22–26 mm.

An Moorgewässern aller Art noch verbreitet, seltener an Teichen und Weihern. In moorarmen Gebieten selten bis fehlend. Hauptvorkommen in der Norddeutschen Tiefebene und niederschlagsreichen Hochlagen, z. B. Alpen und Alpenvorland. DE: *Stark gefährdet.*

Coenagrion hastulatum Speer-Azurjungfer

22 ♂: Schwarze Zeichnung auf S3 und S4 mit lang ausgezogener Mittelspitze (280/74). Obere Anhänge stehen in der Mitte dicht zusammen (247, 250/72). Prothorax von oben (262/73). Variation der Zeichnung auf S2 (272/73).

Jan	Feb	Mär	Apr	Mai	Jun	Jul	Aug	Sep	Okt	Nov	Dez

Abdomen 20–27 mm.

Langsam fließende, kalkreiche, saubere und besonnte Wiesenbäche und -gräben. Vorkommen in der Südpfalz, Bayern, am Oberrhein sowie bei Osnabrück und Magdeburg. EUR: *Near threatened,* DE: *Vom Aussterben bedroht,* FFH-Status: *II.*

Coenagrion ornatum Vogel-Azurjungfer

22' ♂: Schwarze Zeichnung auf S3 und S4 an den Seiten stärker ausgezogen als in der Mitte (276–279/74). Obere Anhänge weit auseinander (249/72) oder nur an einer Stelle dicht zusammen (248/72). Prothorax von oben (263, 264/73).

… 23

23 ♂: Obere Anhänge am Grunde dichter zusammen, am Ende ohne Spitze (248/72), so lang wie die unteren Anhänge (251/72). Hinterer Rand des Prothorax von oben deutlich gewellt (263/73). Abdominalzeichnung sehr variabel, aber immer dunkler als *C. puella* (277–279/74). Blauer Antehumeralstreifen oft unterbrochen.

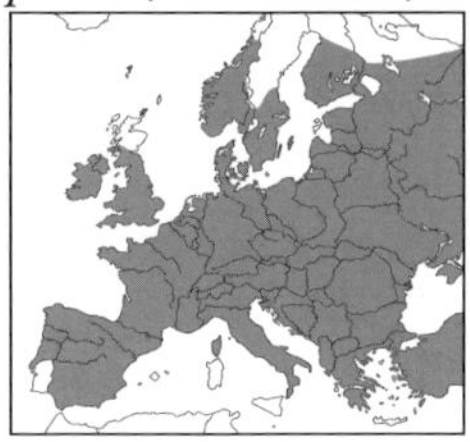

Jan	Feb	Mär	Apr	Mai	Jun	Jul	Aug	Sep	Okt	Nov	Dez

Abdomen 23–30 mm.

Stehende Gewässer, vor allem mit reicher Vegetation, Seen, Weiher, Altwasser, seltener Wiesengräben und stark verwachsene Bäche, mehr im Flachland. In Nord-DE verbreitet, in Süd-DE auf die Tieflagen beschränkt. DE: *Ungefährdet.*

Coenagrion pulchellum Fledermaus-Azurjungfer

23' ♂: Obere Anhänge weit auseinander, am Ende mit Spitzen (249/72), deutlich kürzer als die unteren Anhänge (252/72). Hinterer Rand des Prothorax von oben nur schwach gewellt (264/73). Abdomen mit viel blau (276/74). Blauer Antehumeralstreifen immer durchgehend.

Jan	Feb	Mär	Apr	Mai	Jun	Jul	Aug	Sep	Okt	Nov	Dez

Abdomen 23–31 mm.

Stehende Gewässer, selten auch an langsam fließenden Bächen.

Häufig.

DE: *Ungefährdet.*

Coenagrion puella Hufeisen-Azurjungfer

24 ♂: S6 in der vorderen Hälfte blau (275/74). Obere Anhänge am Grunde mit in die Mitte gerichtetem Zahn (253/72). Untere Anhänge fast so lang wie die oberen Anhänge (256/72). Prothorax von oben (265/73). Variation der Zeichnung auf S2 (271/73).

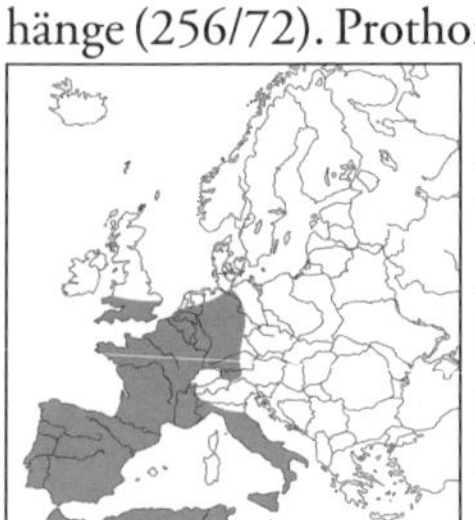

Jan	Feb	Mär	Apr	Mai	Jun	Jul	Aug	Sep	Okt	Nov	Dez

Abdomen 22–26 mm.

Westeuropäisch. Im Oberrheintal regional verbreitet, selten im Alpenvorland und in der Südpfalz. Weiter östlich sehr selten. Sommerwarme Wiesengräben und -bäche. Bevorzugt auf Kalk und an vegetationsreichen Bächen.

EUR: *Near threatened,* DE: *Stark gefährdet,* FFH-Status: *II.*

Coenagrion mercuriale Helm-Azurjungfer

24' ♂: S6 schwarz, höchstens am V-Rand etwas blau (274, 273/74). Obere Anhänge am Grunde ohne Zahn (254, 255/72). Untere Anhänge kürzer als die oberen Anhänge (257, 258/72). Prothorax von oben mit ausgezogener Mitte (266, 267/73).

... 25

25 ♂: Obere Anhänge am Ende stark nach innen gebogen (254/72), kürzer als die Hälfte von S10 (257/72). Prothorax von oben mit Zunge (266/73). Abdominalzeichnung (274/74). Variation der Zeichnung auf S2 (270/73).

Jan	Feb	Mär	Apr	Mai	Jun	Jul	Aug	Sep	Okt	Nov	Dez

Abdomen 22–26 mm.
Südeuropäisch, zentralasiatisch. Mittelmeerraum weit verbreitet, in Mitteleuropa Ausbreitung nach Norden. Flache Überflutungsgewässer und Sümpfe, Sand- und Lehmgruben mit dichter Tauchblattvegetation. Sekundär in Weihern.
DE: R, extrem selten, Benelux und UK: Irrgast.
Coenagrion scitulum Gabel-Azurjungfer

25' ♂: Obere Anhänge am Ende nur schwach gebogen (255/72), länger als die Hälfte von S10 (258/72). Prothorax von oben nur schwach ausgezogen (267/73). Abdominalzeichnung (273/74).

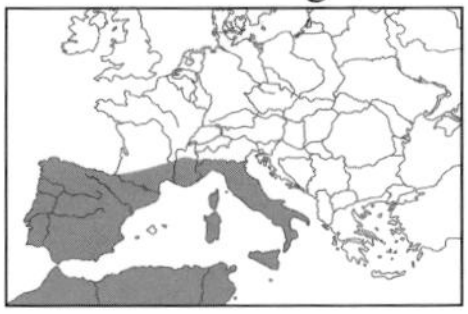

Jan	Feb	Mär	Apr	Mai	Jun	Jul	Aug	Sep	Okt	Nov	Dez

Abdomen 20–27 mm.
Westmediterran. Sonnige, vegetationsreiche Bäche und Gräben, seltener Bewässerungskanäle.
Coenagrion caerulescens Südliche Azurjungfer

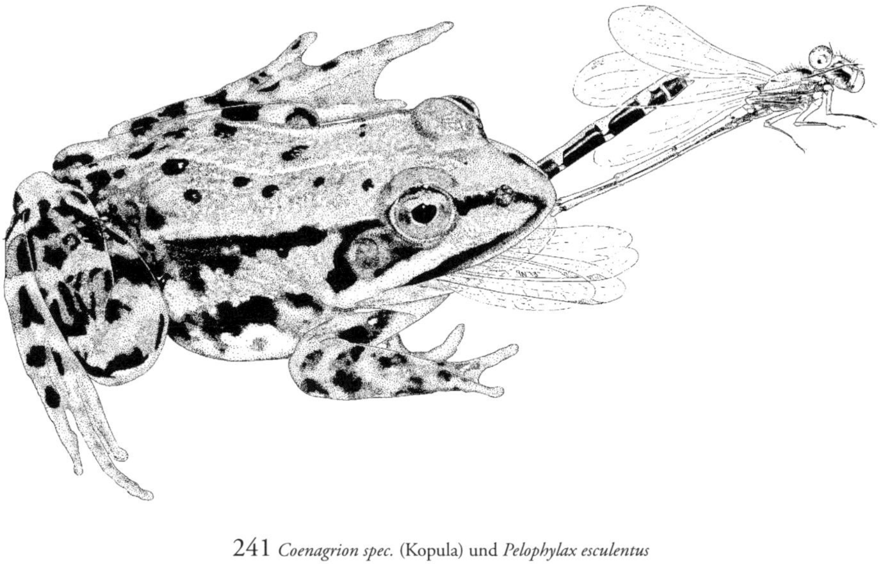

241 *Coenagrion spec.* (Kopula) und *Pelophylax esculentus*

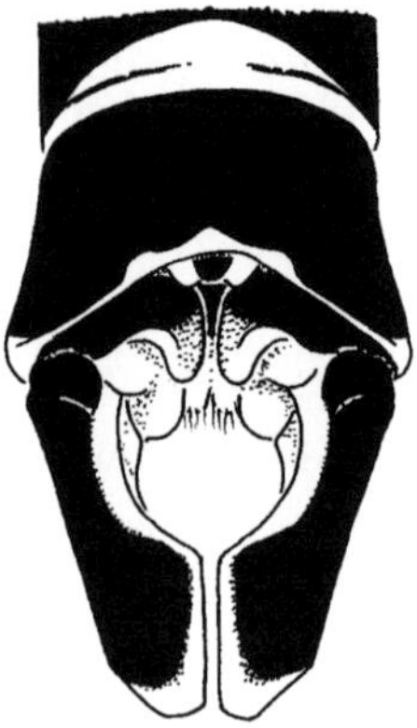
242 *C. armatum* ♂

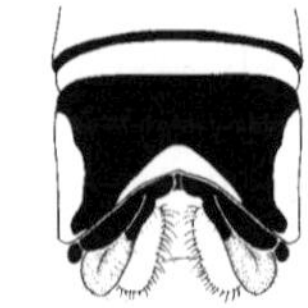
243 *C. lunulatum* ♂

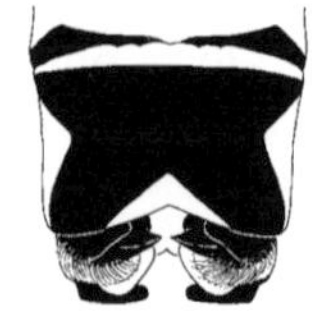
244 *C. hastulatum* ♂

245 *C. lunulatum* ♂

246 *C. hastulatum* ♂

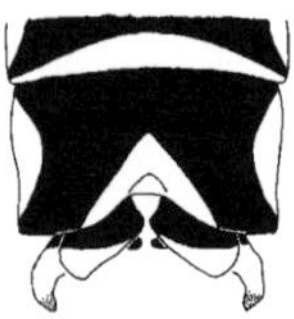
247 *C. ornatum* ♂

248 *C. pulchellum* ♂

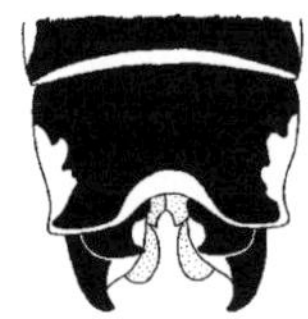
249 *C. puella* ♂

250 *C. ornatum* ♂

251 *C. pulchellum* ♂

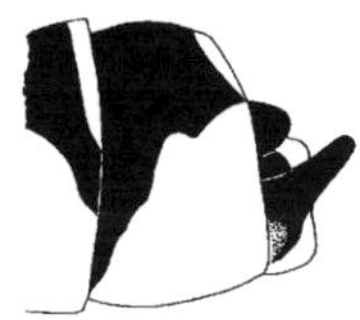
252 *C. puella* ♂

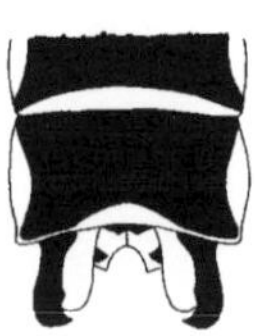
253 *C. mercuriale* ♂

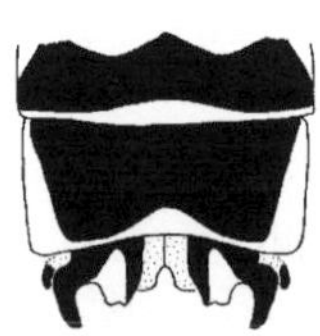
254 *C. scitulum* ♂

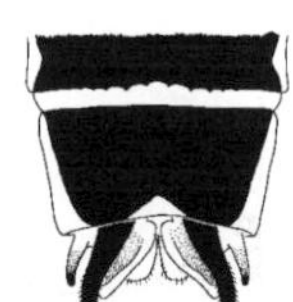
255 *C. caerulescens* ♂

256 *C. mercuriale* ♂

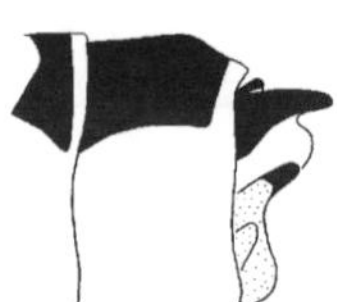
257 *C. scitulum* ♂

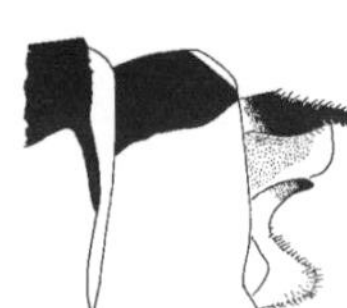
258 *C. caerulescens* ♂

Hinterleibsanhänge *Coenagrion* ♂

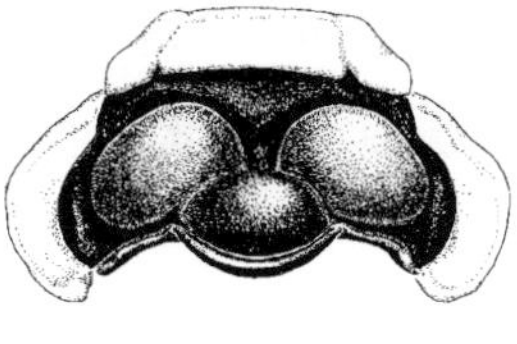
259 *C. armatum* ♂

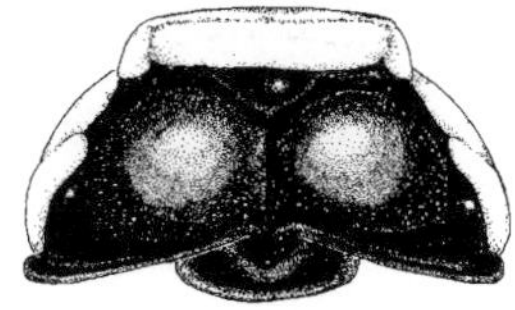
260 *C. lunulatum* ♂

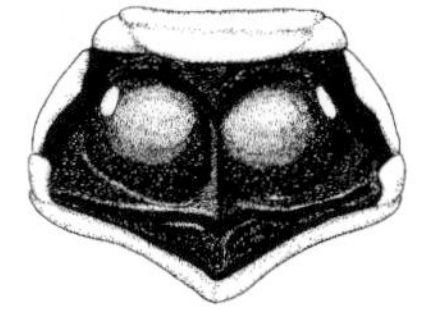
261 *C. hastulatum* ♂

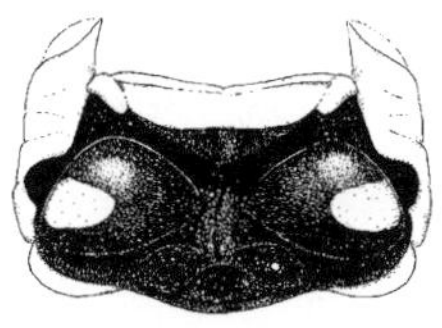
262 *C. ornatum* ♂

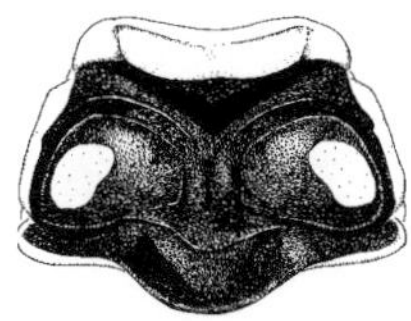
263 *C. pulchellum* ♂

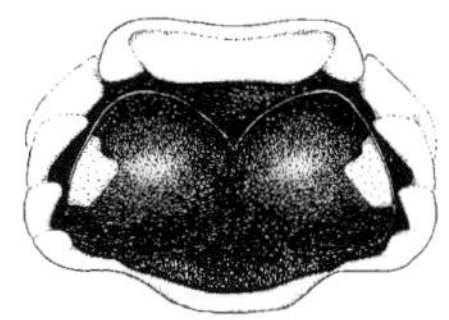
264 *C. puella* ♂

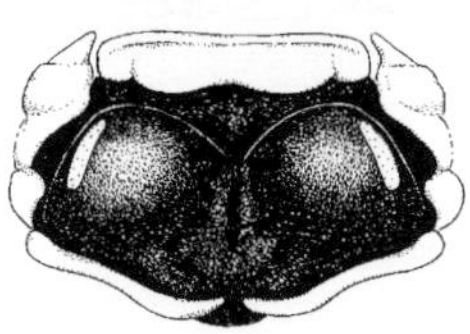
265 *C. mercuriale* ♂

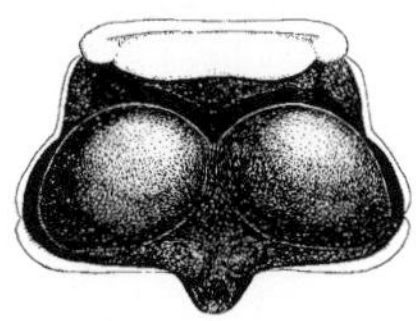
266 *C. scitulum* ♂

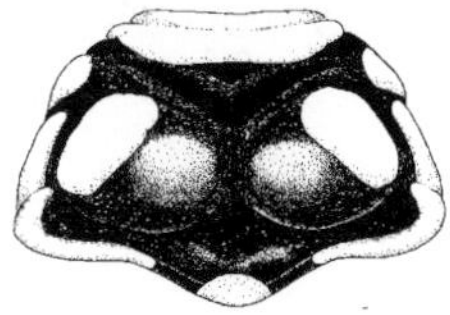
267 *C. caerulescens* ♂

Vorderbrust *Coenagrion* ♂

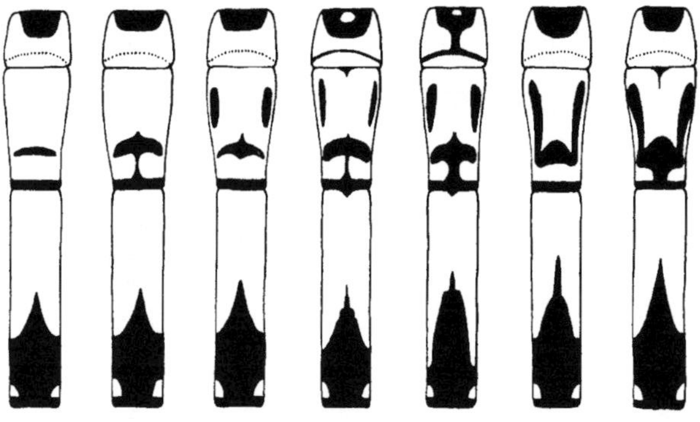
268 *C. hastulatum* ♂

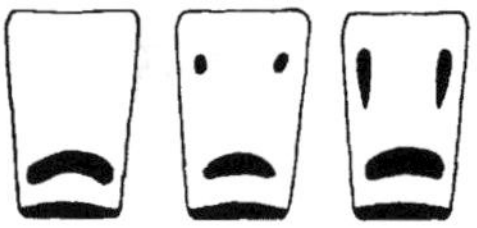
269 *C. lunulatum* ♂

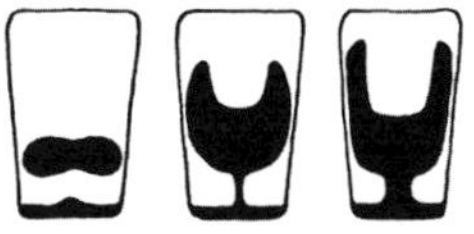
270 *C. scitulum* ♂

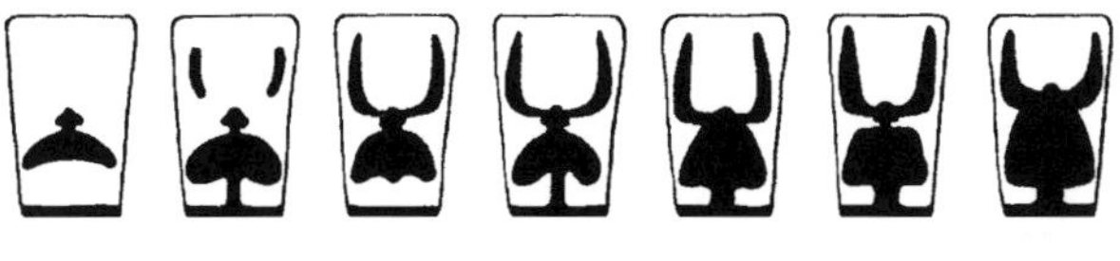
271 *C. mercuriale* ♂

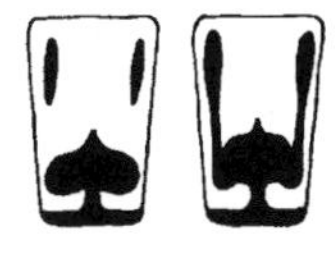
272 *C. ornatum* ♂

Variabilität der Hinterleibs-Zeichnungen *Coenagrion* ♂

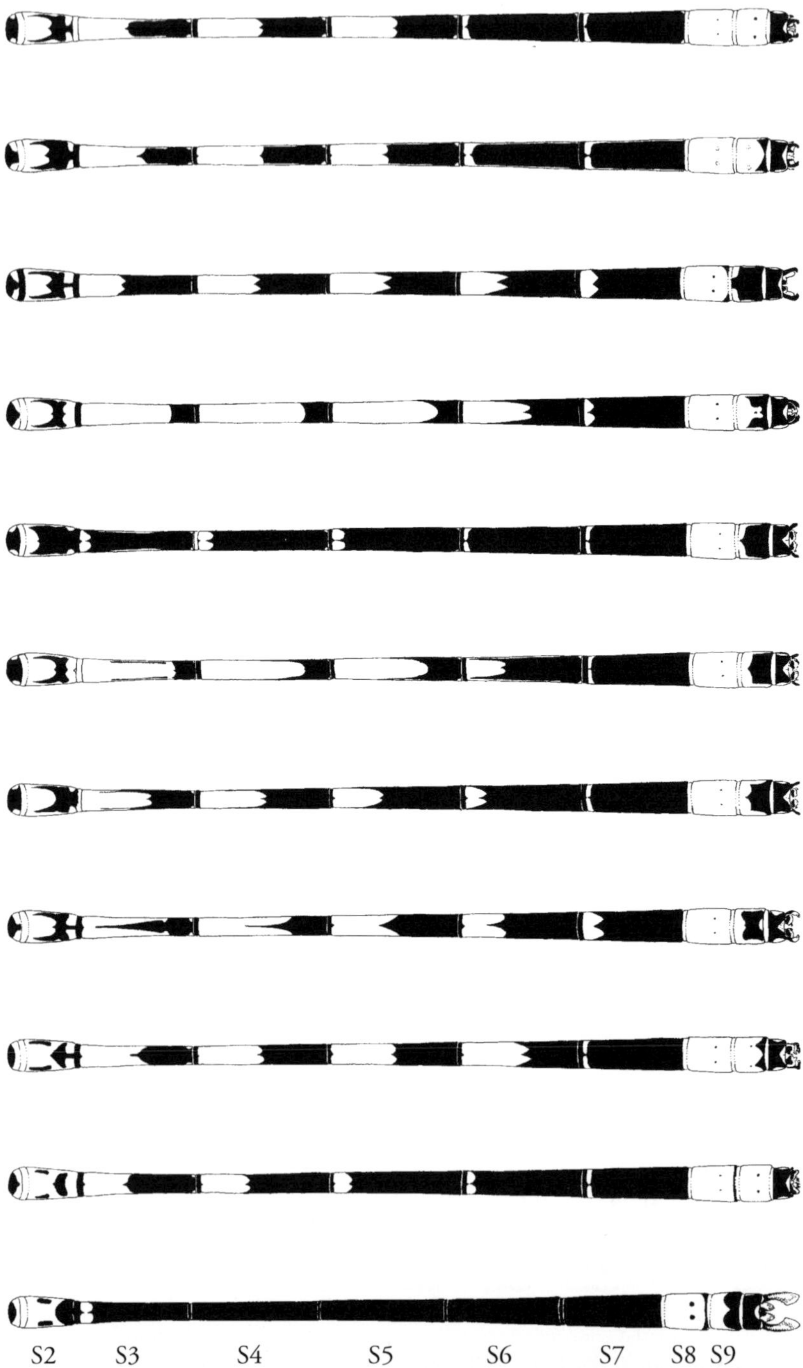

273 *C. caerulescens* ♂

274 *C. scitulum* ♂

275 *C. mercuriale* ♂

276 *C. puella* ♂

277 *C. pulchellum* ♂

278 *C. pulchellum* ♂

279 *C. pulchellum* ♂

280 *C. ornatum* ♂

281 *C. hastulatum* ♂

282 *C. lunulatum* ♂

283 *C. armatum* ♂

284 *C. caerulescens* ♀

285 *C. scitulum* ♀

286 *C. mercuriale* ♀

287 *C. puella* ♀

288 *C. pulchellum* ♀

289 *C. pulchellum* ♀

290 *C. pulchellum* ♀

291 *C. ornatum* ♀

292 *C. hastulatum* ♀

293 *C. lunulatum* ♀

294 *C. armatum* ♀

Die Bestimmung der ♀ erfolgt nach der Form des hinteren Randes des Prothorax (295–312). Die Abdominalzeichnung (294–284/75) kann Hinweise geben, sie ermöglicht jedoch allein keine sichere Bestimmung.

Die obere Abbildung zeigt jeweils den Prothorax von oben, die untere Abbildung zeigt den Prothorax von der Seite.

Weitere Informationen zur Art, ihrer Verbreitung, Flugzeit, Lebensraum und ihres Gefährdungsstatus finden sich unter der jeweiligen Verweisnummer bei den Männchen.

(295, 298) Hinterer Rand des Prothorax von oben seitlich stark abgerundet. Schwarze Zeichnung auf S2 und S8 nimmt nur die Hälfte des Segments ein (294/75).
Coenagrion armatum ... 20

(296, 299) Prothorax von oben mit großem zweizipfeligem Mittellappen. Abdomen (293/75).
Coenagrion lunulatum ... 21

(297, 300) Hinterer Rand des Prothorax von oben ohne erkennbaren Mittellappen. Zeichnung gleicht fast der von *C. puella* (292/75).
Coenagrion hastulatum ... 21'

(301, 304) Abdomen charakteristisch mit geringer schwarzer Zeichnung, die breiter und kräftiger als bei den anderen *Coenagrion*-Arten ist (291/75).
Coenagrion ornatum ... 22

(302, 305) Prothorax von oben mit großem, einzipfeligem Mittellappen und immer mit hellen Flecken. Zeichnung des Abdomens sehr variabel (288–290/75).
Coenagrion pulchellum ... 23

(303, 306) Hinterer Rand des Prothorax schwach dreilappig. Abdomen (287/75).
Coenagrion puella ... 23'

(307, 310) Prothorax von oben mit schwach ausgezogenem Mittellappen. Anhänge meist hell. Abdomen (286/75).
Coenagrion mercuriale ... 24

(308, 311) Prothorax von oben mit ausgezogenem Mittellappen. Abdomen (285/75).
Coenagrion scitulum ... 25

(309, 312) Hinterer Rand des Prothorax von oben tief v-förmig ausgeschnitten. Abdominalanhänge hell (284/75). Nur in Südwest-EUR.
Coenagrion caerulescens ... 25'

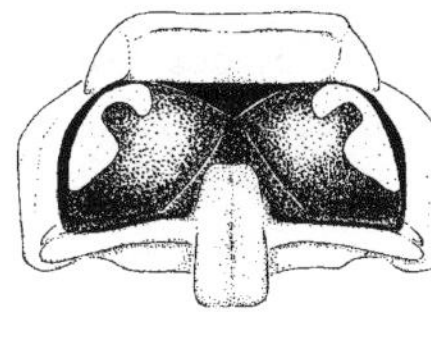

295 *C. armatum* ♀

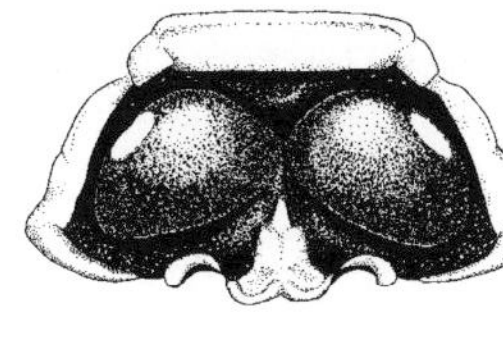

296 *C. lunulatum* ♀

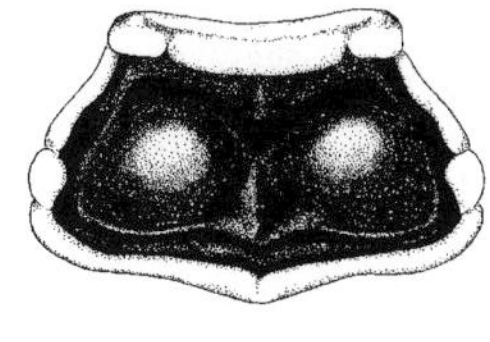

297 *C. hastulatum* ♀

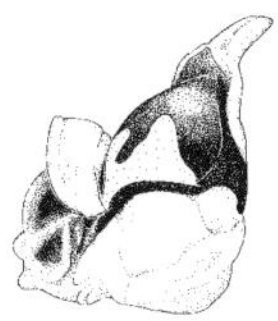

298 *C. armatum* ♀

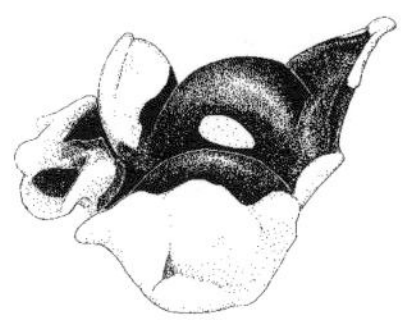

299 *C. lunulatum* ♀

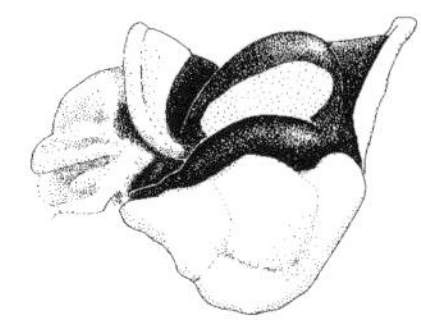

300 *C. hastulatum* ♀

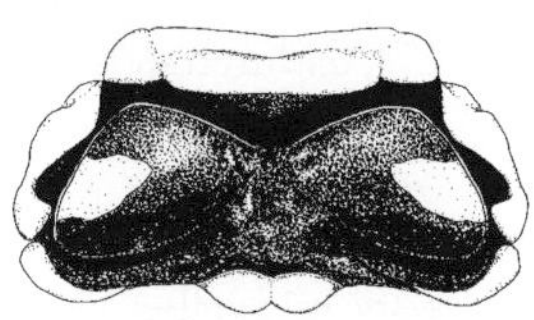

301 *C. ornatum* ♀

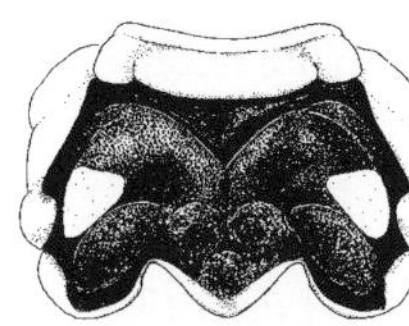

302 *C. pulchellum* ♀

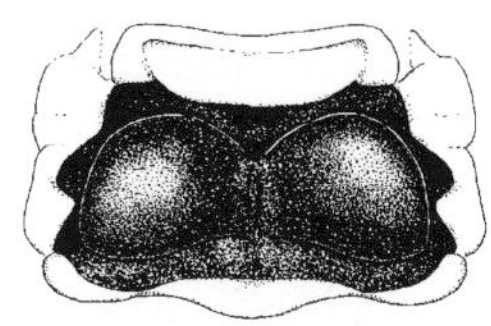

303 *C. puella* ♀

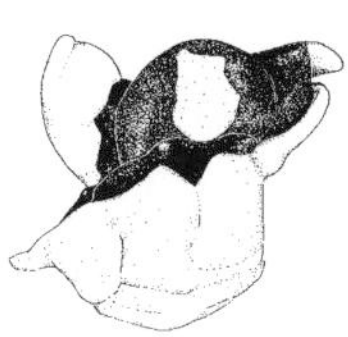

304 *C. ornatum* ♀

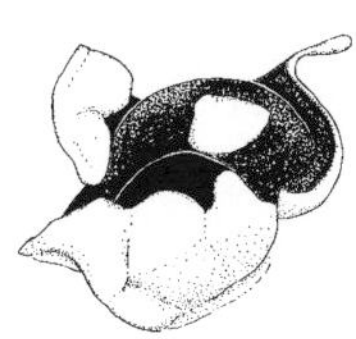

305 *C. pulchellum* ♀

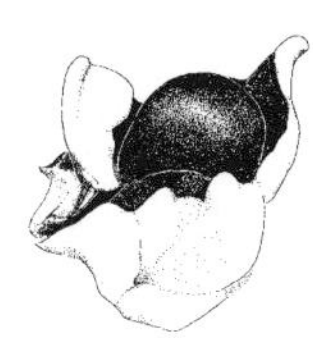

306 *C. puella* ♀

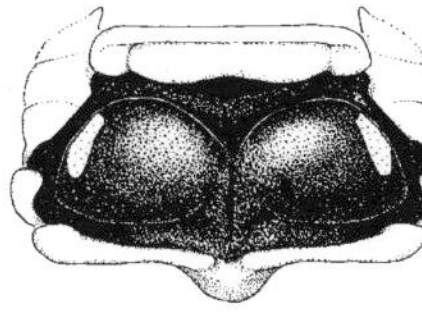

307 *C. mercuriale* ♀

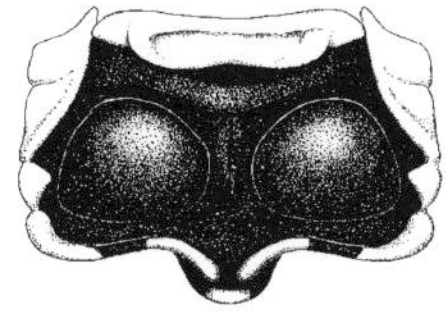

308 *C. scitulum* ♀

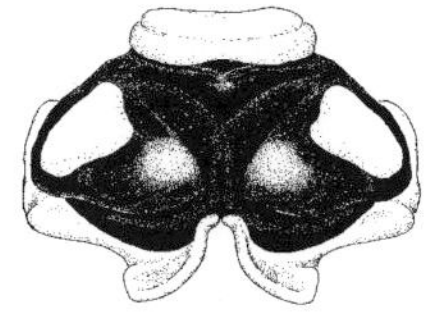

309 *C. caerulescens* ♀

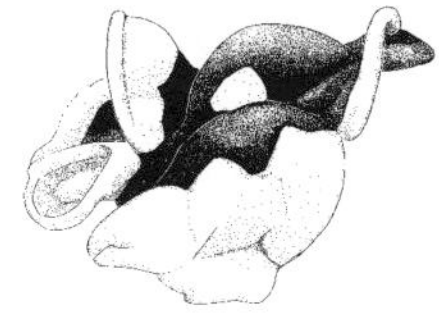

310 *C. mercuriale* ♀

311 *C. scitulum* ♀

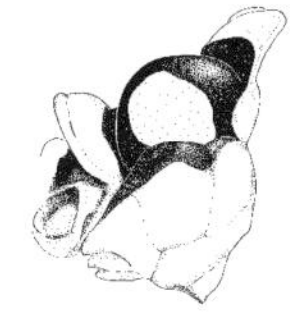

312 *C. caerulescens* ♀

Hauptschlüssel 3

Anisoptera Großlibellen

1 Augen deutlich voneinander getrennt (313).
Gomphidae Flussjungfern ... Seite 99

1' Augen berühren sich mindestens in einem Punkt (314, 315).
... 2

2 Triangulum zeigt im Vorderflügel zur Flügelspitze, dadurch sind die Triangula im vorderen und hinteren Flügel parallel ausgerichtet (316).
... 3

2' Triangulum zeigt im Vorderflügel zum unteren Flügelrand (317), dadurch stehen die Triangula senkrecht aufeinander.
... 4

3 Augen berühren sich nur in einem Punkt (314). Körper schwarz mit gelber Zeichnung (476–479/113).
Cordulegastridae Quelljungfern ... Seite 111

3' Augen berühren sich auf längerer Strecke (315). Körper nicht nur schwarz und gelb gefärbt.
Aeshnidae Edellibellen ... Seite 81

4 Hinterer Rand der Augen ohne Ausbuchtung (318). ♂ mit abgerundeter Basis der Hinterflügel und ohne Öhrchen an S2.
Libellulidae Segellibellen ... Seite 133

4' Hinterer Rand der Augen an den Seiten mit deutlicher Ausbuchtung (319). ♂ mit eckigerer Basis der Hinterflügel (321, 322) und Öhrchen an S2 (320).
... 5

5 Südfrankreich und Iberische Halbinsel. Im Vorderflügel 13 bis15 Antenodalqueradern. Drei oder mehr Cubitoanalqueradern (321). Groß, Abdomen 48–53 mm.
Macromiidae Flussherrscher ... Seite 117

5' Im Vorderflügel 7 bis 10 Antenodalqueradern. Ein oder zwei Cubitoanalqueradern (322). Kleiner, Abdomen 30–44 mm.
Corduliidae (mit *Oxygastra*) Falkenlibellen ... Seite 121

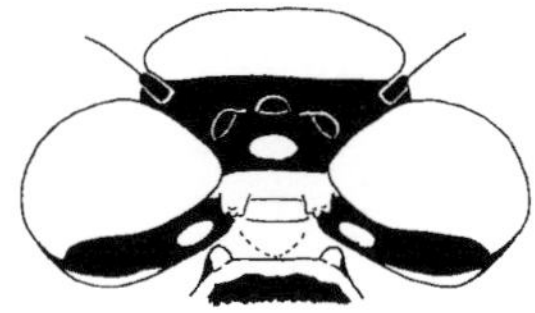

313 Gomphidae

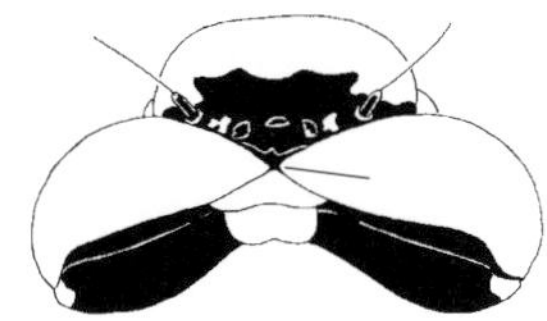

314 Cordulegastridae

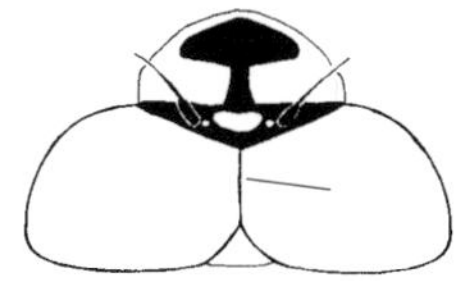

315 Aeshnidae

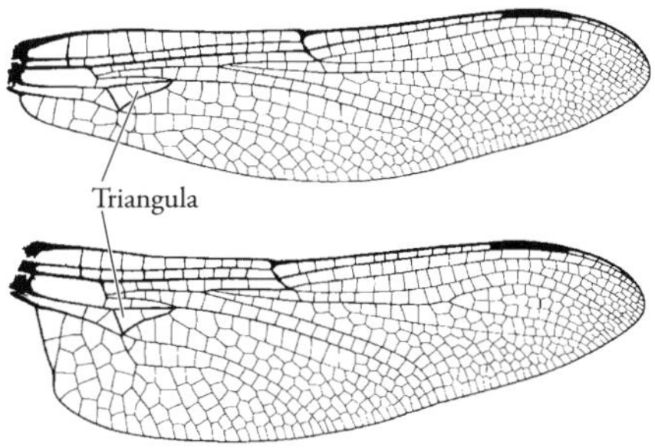

316 Aeshnidae

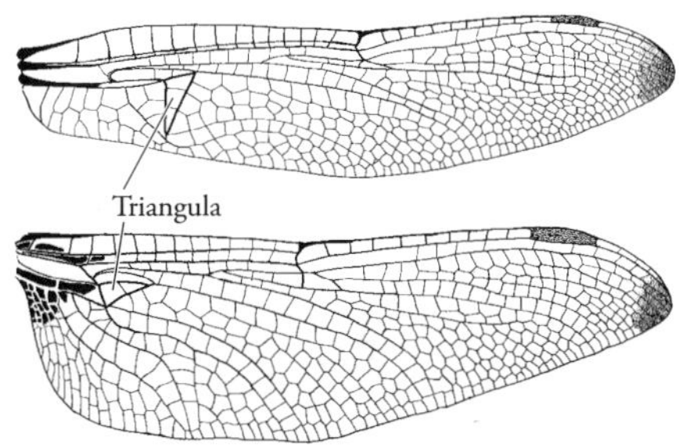

317 Libellulidae

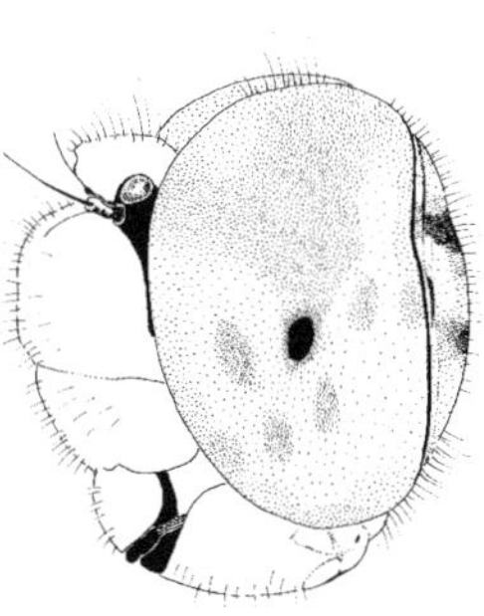

318 Libellulidae

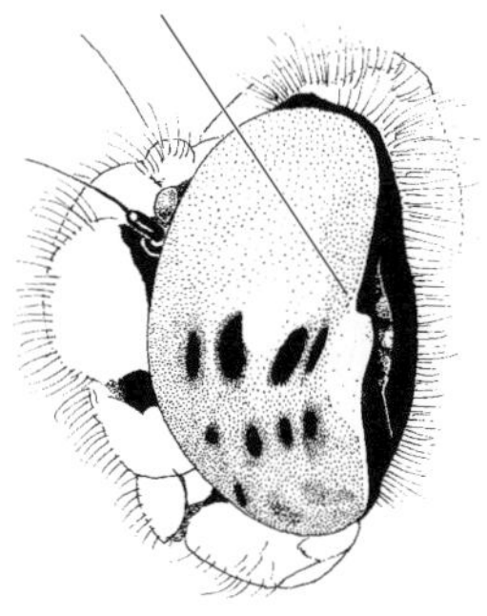

319 Corduliidae

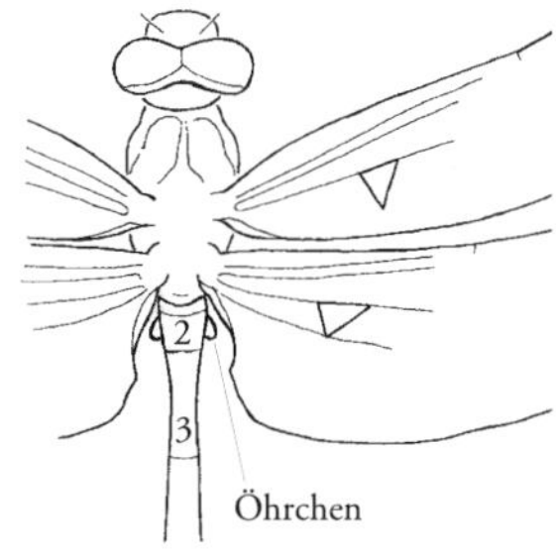

320 Corduliidae ♂

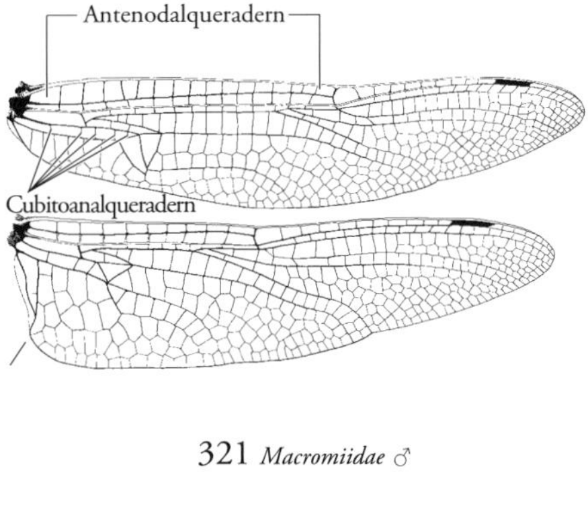

321 *Macromiidae* ♂

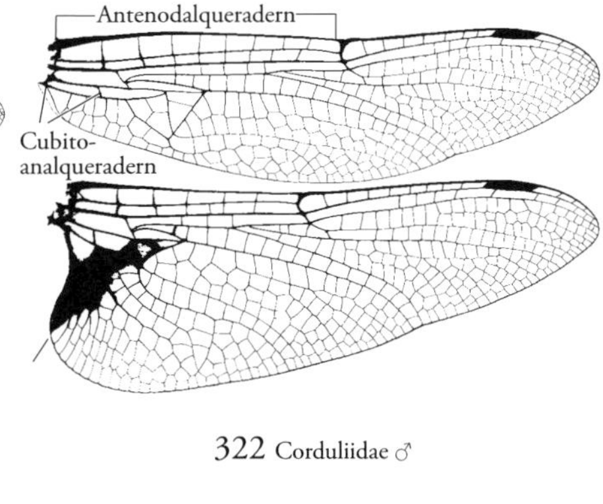

322 Corduliidae ♂

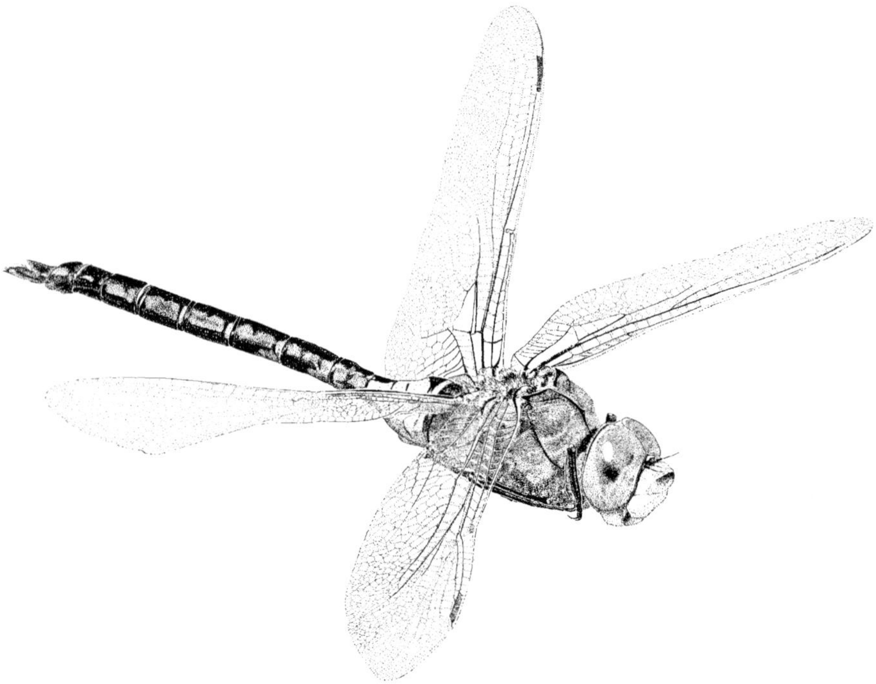

323 *Anax parthenope* ♂

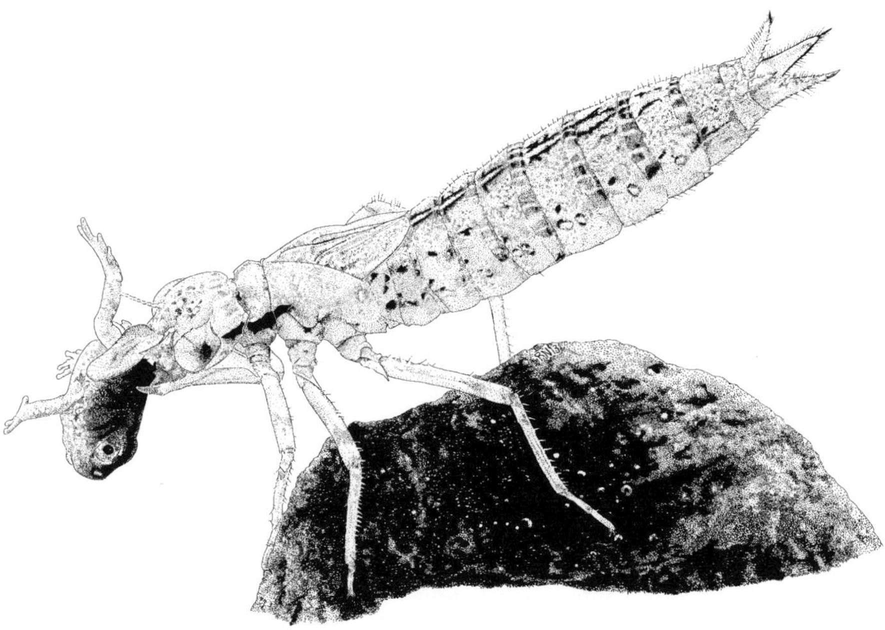

324 *Aeshna spec.* (Larva) mit Kaulquappe

Große Arten, Körper schlank und kräftig. Abdomen meist mit mehrfarbigem Mosaikmuster. Männchen meist mit Öhrchen an den Seiten an S2, Weibchen mit komplettem Legeapparat. Die Eiablage erfolgt in Pflanzen oder tote Pflanzenteile, Weibchen dabei meist alleine. Sehr gute und schnelle Flieger, die oft weit vom Wasser entfernt auf Jagd sind. *Anax ephippiger* ist eine ausgesprochene Wanderart. Besiedeln vor allem stehende Gewässer (Ausnahmen *Boyeria* und *Caliaeschna*). Die Gattung *Aeshna* ist mit etlichen Moor-, alpinen und nordischen Arten vertreten (Peters 2006).

1 Medianraum mit Queradern (326, 327). ♂: Analdreieck im Hinterflügel breit, fast gleichschenklig (326). Fliegen überwiegend an schattigen Bächen, besonders in Südeuropa.

... 2

1' Medianraum ohne Queradern (328). ♂: Analdreieck schlank (328). Luftraumjäger an stehenden Gewässern.

... 3

2 Flügelspitzen oft mit Flecken, Pterostigma gelblich; steht über vier Zellen (326). Radiusseitenader ohne Verzweigung (326). Relativ blass gefärbt, Körper und Augen olivgrün, mit charakteristischem Muster in Brauntönen (325). ♀ in zwei Morphen, mit 5–6 mm langen *(f. typica)* oder stummeligen Anhängen *(f. brachycerca)*, auch bei Exuvien sichtbar.

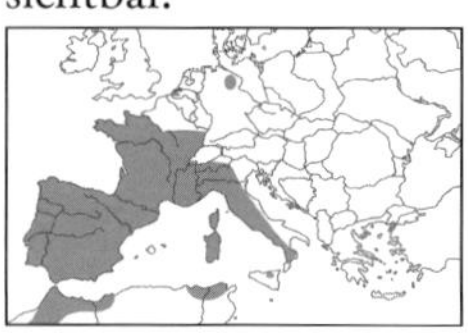

Jan	Feb	Mär	Apr	Mai	Jun	Jul	Aug	Sep	Okt	Nov	Dez

Abdomen 50–55 mm. Bäche und Flüsse. Fliegt meist im Schatten. DE: R, extrem selten. Irrgast in Süd-DE, isoliertes Vorkommen an der Örtze bei Winsen in NI (Clausnitzer et al. 2010). In Ausbreitung?

Boyeria irene Westliche Geisterlibelle

2' Flügelspitzen ohne Flecken, Pterostigma schwarz, kurz, steht über zwei bis drei Zellen (327). Radiusseitenader vor dem Pterostigma verzweigt (327).
♂: Augen und Flecken auf dem Abdomen bei ♂ bläulich, ♀: gelblich.

Jan	Feb	Mär	Apr	Mai	Jun	Jul	Aug	Sep	Okt	Nov	Dez

Abdomen 39–42 mm. Klare Bäche. ♂ patrouillieren im Schatten den Verlauf nach ♀ ab. ♀ im flachen Flug am Gewässerrand. In der Dämmerung Jagdflüge, z. T. von größeren Ansammlungen, über offenen Stellen und Lichtungen. EUR: *Near threatened.*

Caliaeschna microstigma Schattenlibelle

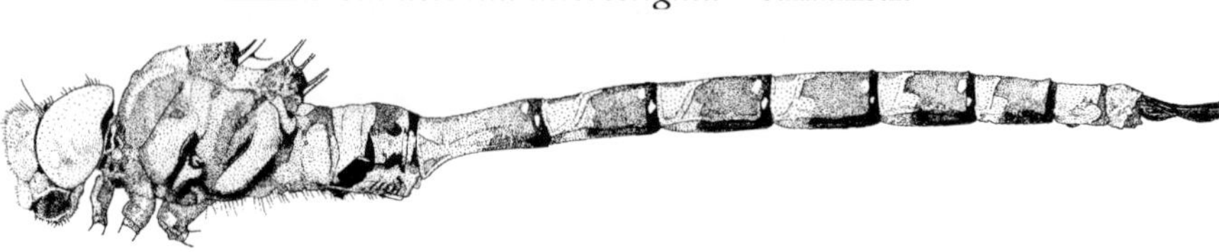

325 *Boyeria irene* ♂

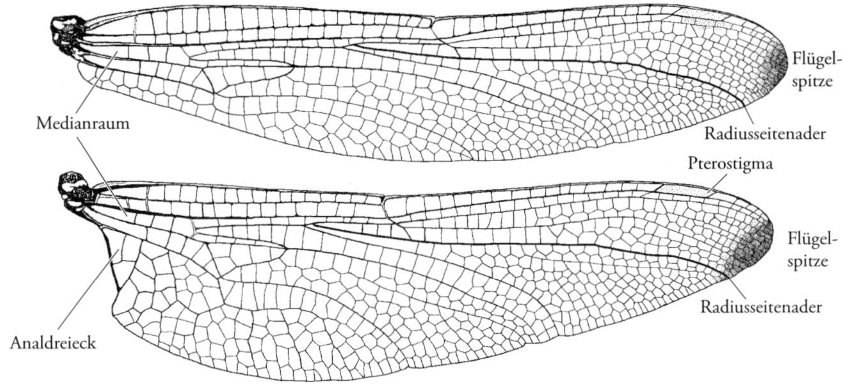

326 *Boyeria irene* ♂

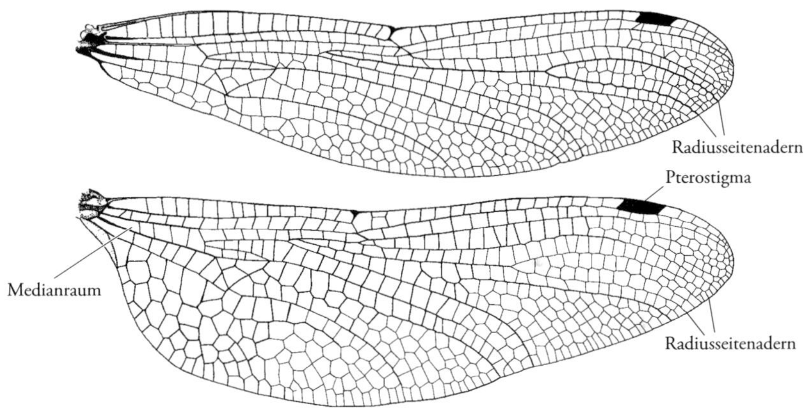

327 *Caliaeschna microstigma* ♀

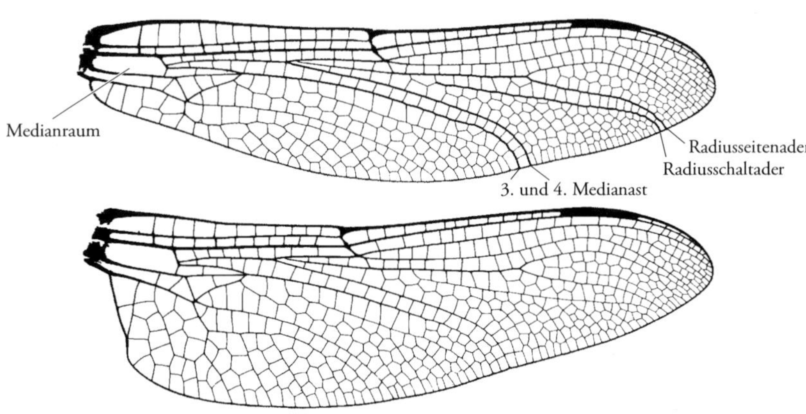

328 *Brachytron pratense* ♂

3 Im Vorderflügel zwischen der Radiusseitenader und der Radiusschaltader nur eine Zellreihe, selten mit Verdopplungen. Zwischen dem 3. und 4. Medianast nur eine Zellreihe (328/83). Thorax grün mit schwarzen Nähten (333), deutlich behaart. Frühlingsart.

Jan	Feb	Mär	Apr	Mai	Jun	Jul	Aug	Sep	Okt	Nov	Dez

Abdomen 38–46 mm.

An stehenden Gewässern, langsam fließenden Wiesenbächen und Gräben mit dichtem Röhricht oder Großseggenried.

DE: *Ungefährdet.*

Brachytron pratense Früher Schilfjäger

3' Im Vorderflügel zwischen der Radiusseitenader und der Radiusschaltader drei oder mehr Zellreihen. Zwischen dem 3. und 4. Medianast Zellverdoppelungen (330). Meist Sommer- und Herbstarten.

... 4

4 Radiusschaltader biegt im Vorderflügel in Nähe des Pterostigma stark um, das Ende zeigt nach oben (330). 2. Medianast mit Beule unter dem Pterostigma. ♂ mit stark verrundeter Basis des Hinterflügels (330). ♂ ohne Öhrchen an S2 (329, 337). Thorax von der Seite ohne dunkle Zeichnung (334). Zeichnung der mittleren Abdominalsegmente von oben hell mit dunklem Mittelstreifen (329, 337).

Anax Königslibellen ... 5

4' Radiusschaltader biegt im Vorderflügel nicht oder nur wenig nach oben um, das Ende weist nach unten oder zur Flügelspitze (331, 332). 2. Medianast ohne Beule unter dem Pterostigma. ♂ mit eckiger (331) oder schwach abgerundeter Basis des Hinterflügels (332). ♂ stets mit Öhrchen an S2. Thorax von der Seite mit dunklen Thoraxnähten (336) oder überwiegend dunkel (335).

Aeshna Mosaikjungfern ... 8

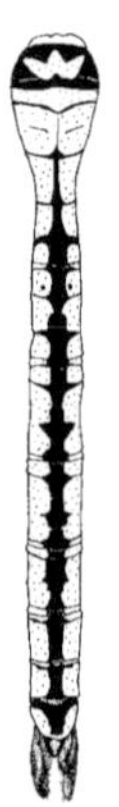

329 *Anax imperator* ♂

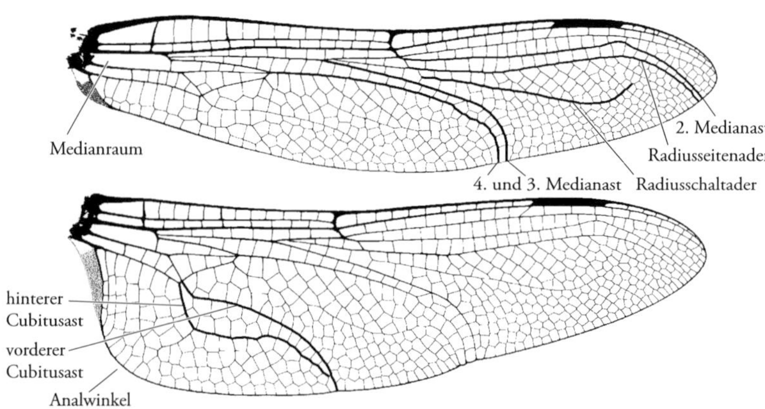

330 *Anax imperator* ♂

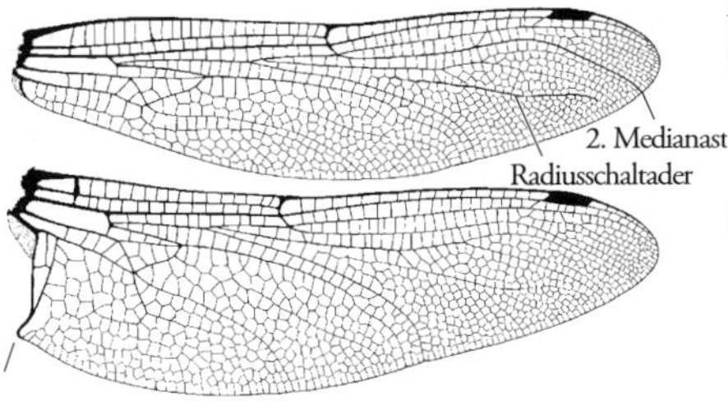

331 *Aeshna cyanea* ♂

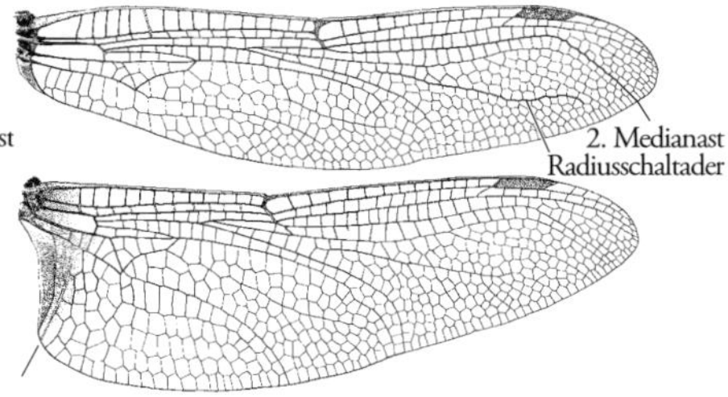

332 *Aeshna isoceles* ♂

333 *Brachytron pratense* ♂

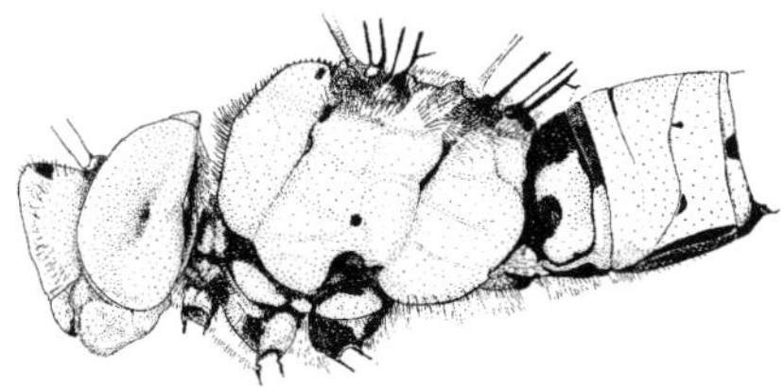

334 *Anax imperator*

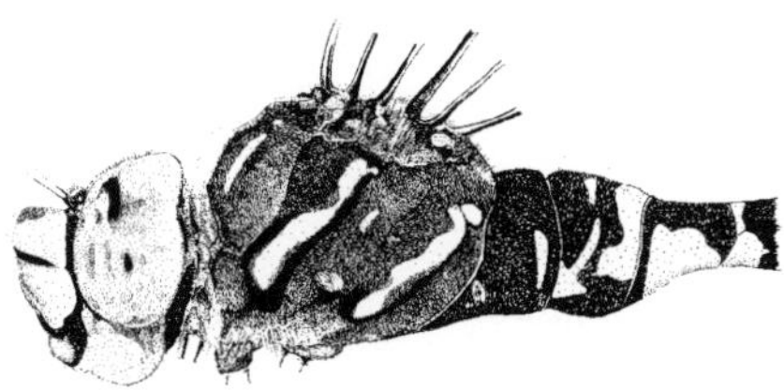

335 *Aeshna caerulea*

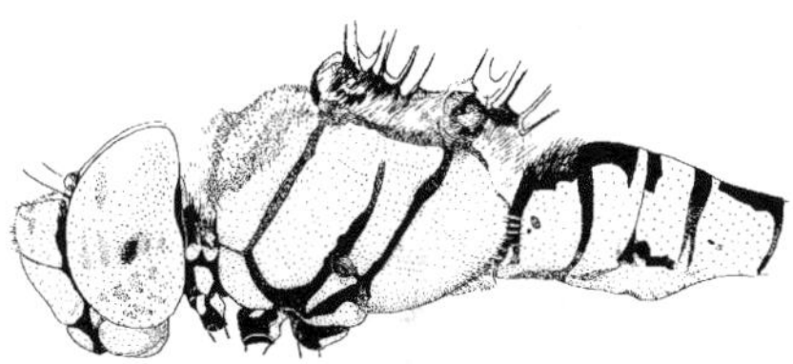

336 *Aeshna affinis*

337 *Anax junius* ♂

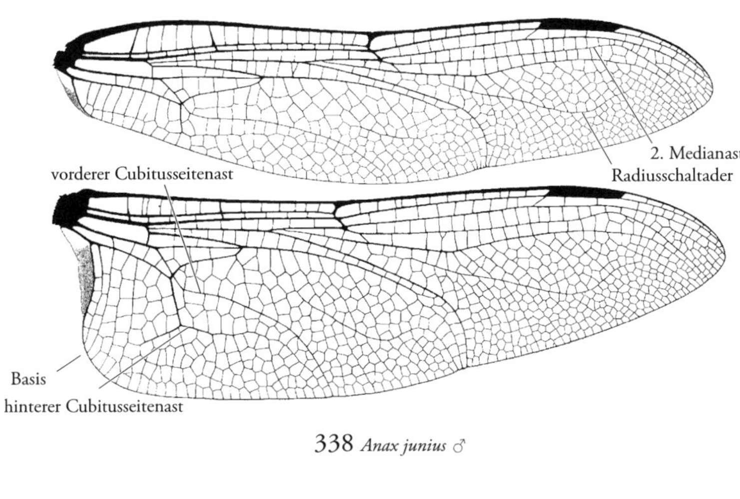

338 *Anax junius* ♂

5 Im Hinterflügel zwischen dem vorderen und dem hinteren Cubitusseitenast am Anfang drei Zellreihen, der hintere Cubitusseitenast endet blind (340). Querschnitt des Abdomen mit nur einer Seitenkante (341), schmal, 2–2,5mm breit. Obere Anhänge der ♂ spitz auslaufend (343). Abdomen hell gelbbraun mit dunkelbrauner Zeichnung, S2 bei alten ♂ von oben hellblau (339), bei ♀ und jungen ♂ Blaufärbung schwach bis fehlend!

Jan	Feb	Mär	Apr	Mai	Jun	Jul	Aug	Sep	Okt	Nov	Dez

Abdomen 43–56 mm.

Tropischer Wanderer. In Europa Irrgast und Teilsiedler bis IS (hellgrau). Im Frühjahr (4+5) eingewanderte Elterngeneration. Die meisten Funde aber (8+9) von jungen Tieren als Nachkommen. In DE verstreute Einzelfunde, selten Schlupfnachweise. DE: *Nicht bewertet.*

Anax ephippiger Schabracken-Königslibelle

5' Im Hinterflügel zwischen dem vorderen und dem hinteren Cubitusseitenast am Anfang zwei, später eine oder zwei Zellreihen, der hintere Cubitusseitenast endet in Nähe des Randes des Hinterflügels (338/85). Querschnitt des Thorax mit zwei Seitenkanten (342), breiter, 3–4,5 mm breit. Obere Anhänge der ♂ am Ende stumpf (344) oder mit kleinem Endzahn (345, 346).

... 6

6 Thorax und Augen graubraun–violettbraun. Gesicht weißlich. Abdomen olivgrün, an der Basis blau, selten ♂ mit ganz blauem Abdomen.

♂: Obere Anhänge mit kleinem Endzahn. Untere Anhänge kurz, ein Sechstel so lang wie die oberen Anhänge (345).

♀: Occipitaldreieck mit zwei Fortsätzen (347). Eiablage im Tandem.

Jan	Feb	Mär	Apr	Mai	Jun	Jul	Aug	Sep	Okt	Nov	Dez

Abdomen 46–53 mm. Seen mit Schilfröhricht, seltener Abbaugewässer, Teiche und Altarme. ♂ patrouillieren wasserseitig vor und über der Röhrichtkante. Dort auch die Eiablage der ♀. Vom Land schwer zu beobachten. Wärmeliebend, bevorzugt im Rheintal, Bodensee, nördlich bis zu den Klarwasserseen der Nordost-DE Seenplatte. DE: *Ungefährdet.*

Anax parthenope Kleine Königslibelle

6' Thorax und Gesicht grün, Abdomen der ♂ blau, Abdomen der ♀ grasgrün bis hellblau.

♂: Obere Anhänge am Ende rund (344) oder mit langem Endzahn (346). Untere Anhänge länger, ein Fünftel bis ein Drittel der Länge der oberen Anhänge (344, 346).

♀: Occipitaldreieck ohne (348) oder nur mit sehr kleinen Fortsätzen (349).

... 7

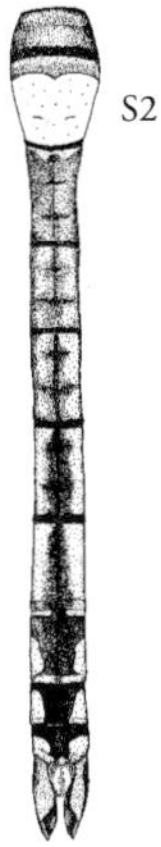

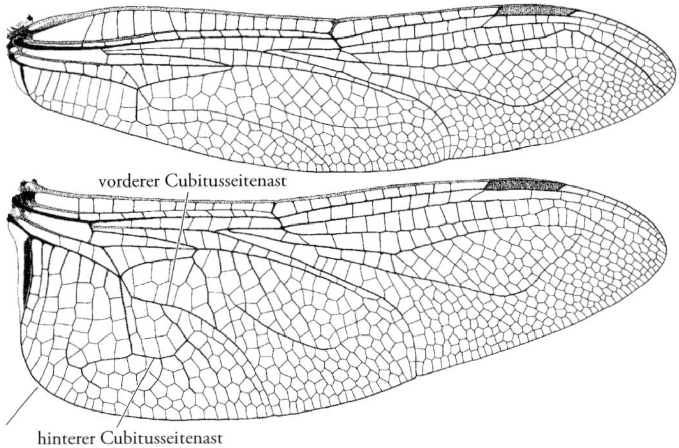

339 *Anax ephippiger* ♂

340 *Anax ephippiger* ♂

341 *Anax ephippiger*

342 *Anax*

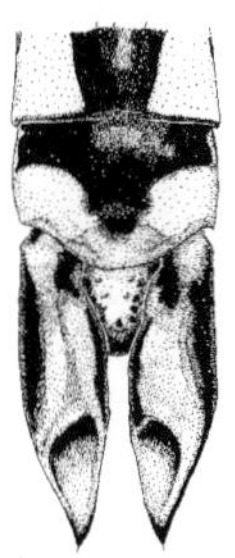

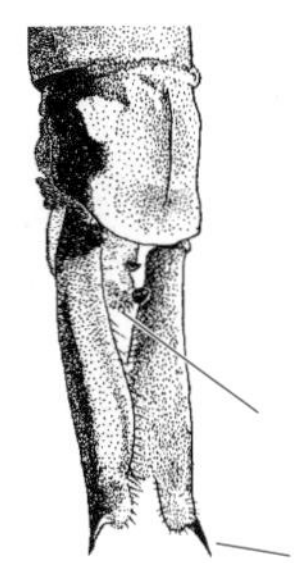

343 *Anax ephippiger* ♂

344 *Anax imperator* ♂

345 *Anax parthenope* ♂

346 *Anax junius* ♂

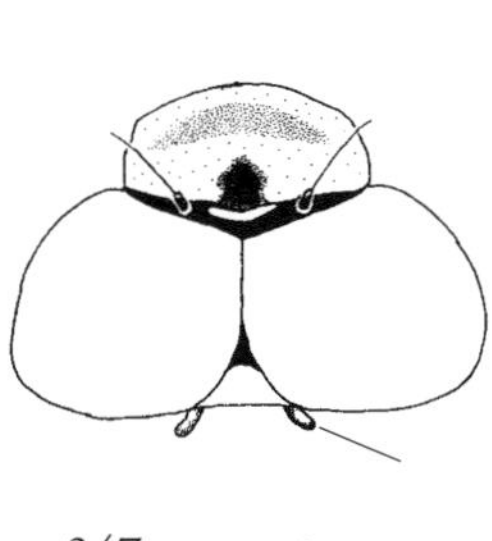

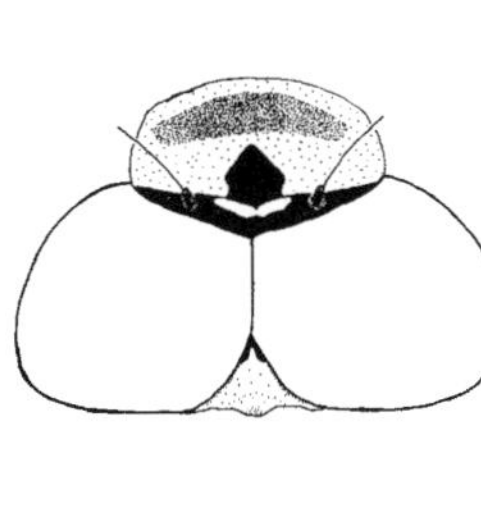

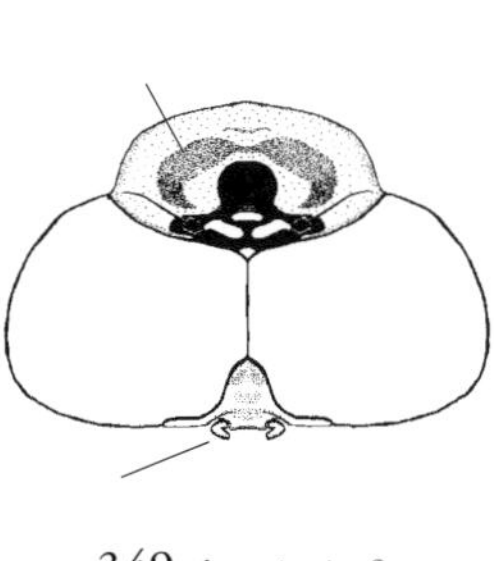

347 *Anax parthenope* ♀

348 *Anax imperator*

349 *Anax junius* ♀

7 Stirn von oben: an der Vorderkante ein hellblauer Streifen vor dem schwarzen Zentralfleck (348/87). ♂: Obere Anhänge am Ende rund (344/87). Untere Anhänge 1/3 der Länge der oberen (344/87). S2 mit dunklem Mittelstreifen (350). ♀: Occipitaldreieck ohne Fortsätze (348/87). Eiablage einzeln.

Jan	Feb	Mär	Apr	Mai	Jun	Jul	Aug	Sep	Okt	Nov	Dez

Abdomen 49–61 mm.
Stehende Gewässer aller Art, besonders Teiche und Altwasser mit reicher Schwimmblattvegetation. Im Süden z. T. häufig, nicht über 1000 m Höhe. DE: *Ungefährdet.*

Anax imperator Große Königslibelle

7' Stirn von oben: schwarzer Zentralfleck von einem hellblauem Ring umgeben (*bullseye*) (349/87).
♂: Obere Anhänge laufen in einem langen, spitzen Zahn aus (346/87). Untere Anhänge 1/5 der Länge der oberen (346/87). S2 immer ohne dunklen Mittelstreifen (351).
♀: Occipitaldreieck mit zwei kleinen Fortsätzen (349/87). Eiablage im Tandem.

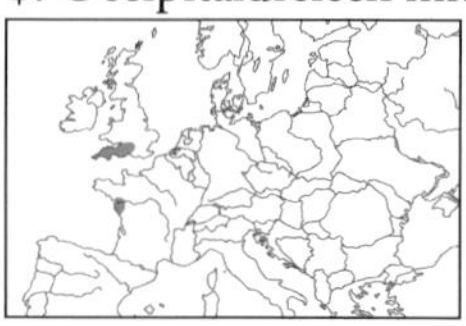

Jan	Feb	Mär	Apr	Mai	Jun	Jul	Aug	Sep	Okt	Nov	Dez

Abdomen 46–55 mm. Irrgast aus Nordamerika an den europäischen Westküsten (UK: Scilly-Inseln, Cornwall und FR: Nantes) nach Stürmen nachgewiesen. Lebensweise ähnlich *A. imperator.*

Anax junius Amerikanische Königslibelle

8 Membranula des Hinterflügels groß, reicht bis zum Analwinkel. ♂ mit gerundetem Analwinkel (354). Hinterflügel mit kleinem, orangegelben Basisfleck. Körper hellbraun, Abdomen ohne Mosaikflecken. S2 von oben mit gelbem, keilförmigen Längsfleck (352). Augen grün schillernd.

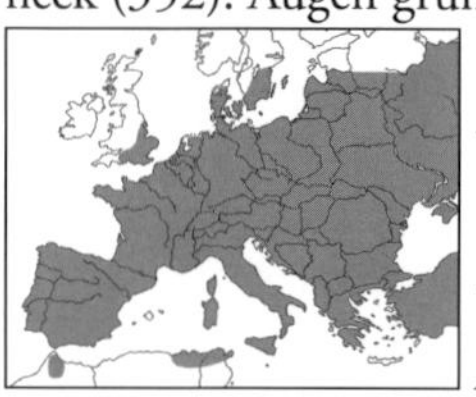

Jan	Feb	Mär	Apr	Mai	Jun	Jul	Aug	Sep	Okt	Nov	Dez

Abdomen 47–54 mm. Wärmeliebende Tieflandart. Stehende, größere Gewässer mit reich strukturierter Verlandungszone. Besonders schwacheutrophe Flachseen, seltener Altarme, Gräben, Torfstiche, Abbaugewässer. DE: *Ungefährdet.*

Aeshna isoceles Keilfleck-Mosaikjungfer

8' Membranula des Hinterflügels reicht nur bis zur Mitte des Analdreiecks, ♂ mit eckigem Analwinkel (355). Flügel entweder klar oder ganz bräunlich. Abdomen zumindest von der Seite mit Mosaikflecken. Wenn S2 mit gelbem Mittelfleck, setzt sich dieser auf S1 fort (353). Augen der ♂ bläulich.

... 9

9 Thorax von der Seite überwiegend gelblich oder grün, dunkle Zeichnung mit geringer Ausdehnung (356).

... 10

9' Thorax von der Seite braun, mit zwei bis drei hellen Binden (357).

... 12

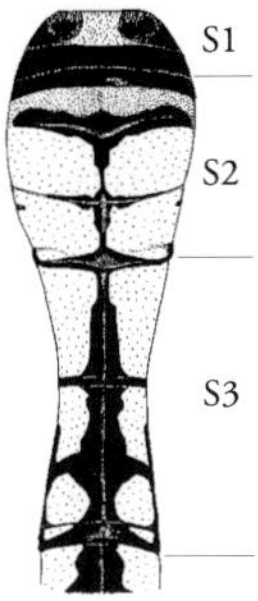

350 *Anax imperator* ♂

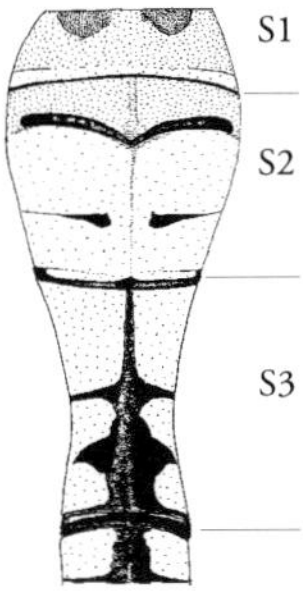

351 *Anax junius* ♂

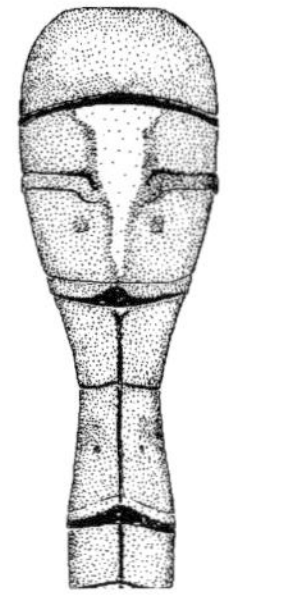

352 *Aeshna isoceles* ♂

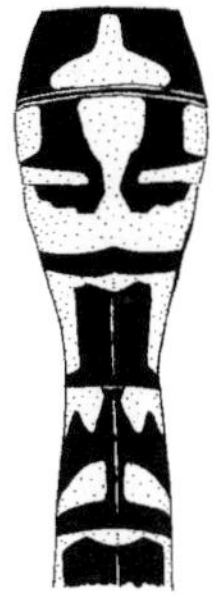

353 *Aeshna affinis* ♀

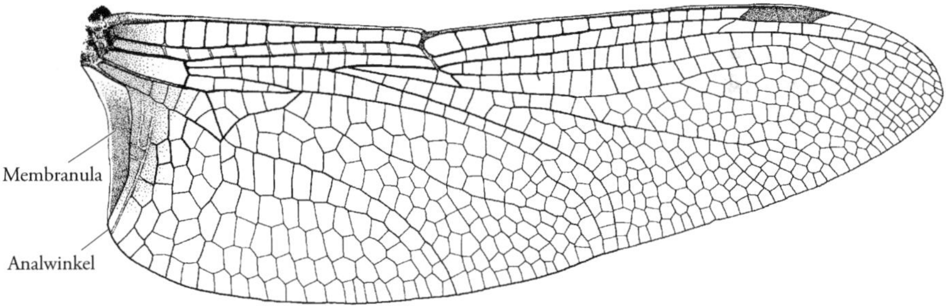

354 *Aeshna isoceles* ♂

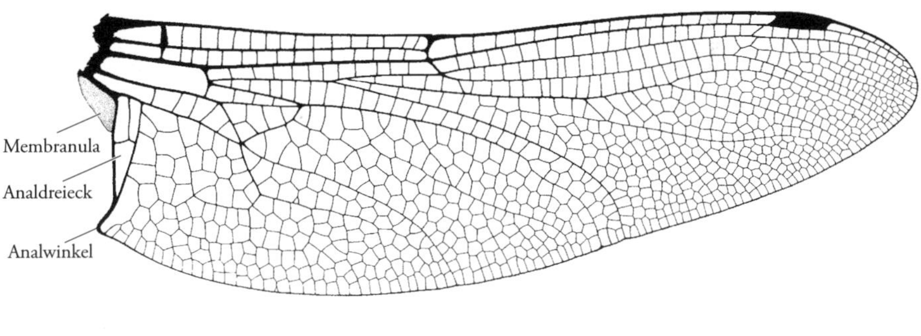

355 *Aeshna spec.* ♂

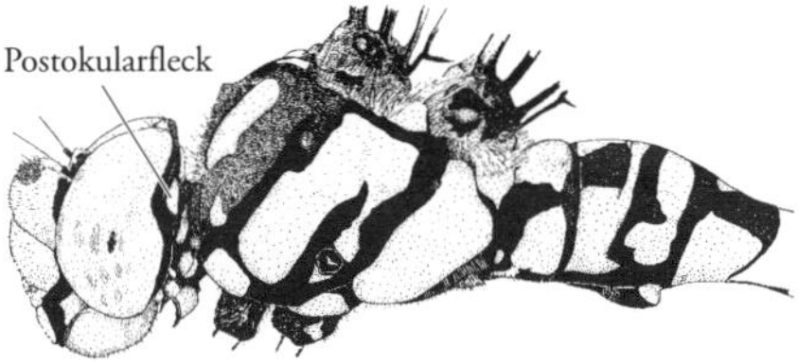

356 *Aeshna cyanea* ♂

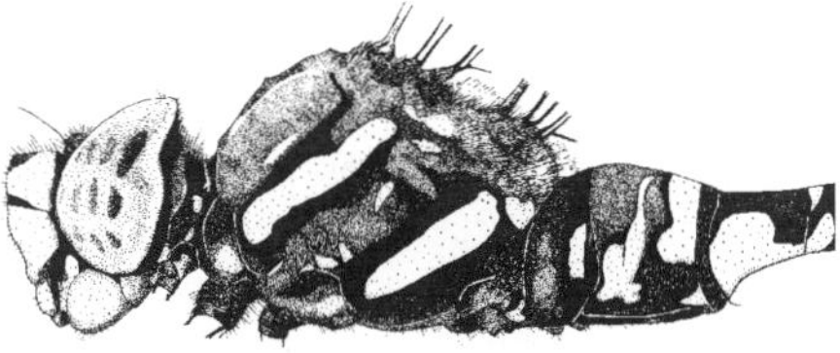

357 *Aeshna juncea* ♂

10 Helle Flecken auf S9 und S10 oben breit verbunden (359). Augen stark eingebuchtet, so dass die Postokularflecken von der Seite durch den schwarzen Augenhinterrand abgetrennt sichtbar sind (356/89, 367). Thorax von der Seite (356/89), von vorn mit breiten, grünen Längsflecken (366).
♂: Obere Anhänge sehr breit, Spitze nach unten abgeknickt (362). S10 oben ohne Höcker (362). Bei ausgefärbten ♂ sind die Mosaikflecken auf S1–S8 von oben grün.

Jan	Feb	Mär	Apr	Mai	Jun	Jul	Aug	Sep	Okt	Nov	Dez

Abdomen 51–60 mm. Weit verbreitet. Kleinere, fischfreie Gewässer im Wald und Gartenteiche. Jagdflüge im Halbschatten an Waldwegen und Waldrändern. Sehr häufig. DE: *Ungefährdet.*

Aeshna cyanea Blaugrüne Mosaikjungfer

10' Helle Flecken auf S9 und S10 von oben getrennt (358). Augen schwach eingebuchtet, Postokularflecken fehlen (370) oder sind durch einen schmalen schwarzen Saum vom Augenhinterrand getrennt (363, 368). Thorax von der Seite überwiegend grün/hell, mit wenig schwarzer Zeichnung (368, 370), von vorne mit kleinen Flecken (364) oder breitem Streifen (365).
♂: Obere Anhänge schmal, mit gestreckter Spitze, S10 oben mit Höcker (360, 361). Bei ausgefärbten ♂ alle Flecken des Abdomens blau.

... 11

11 Thorax von der Seite ganz grün, braune Nahtstreifen sehr dünn (368). Thorax von vorne mit breitem, grünen Längsstreifen (365). Augen von hinten mit hellem Postokularfleck (363). ♂: Analdreieck mit zwei Zellen (369). Obere Anhänge von der Seite ohne Basalzahn (360).

Jan	Feb	Mär	Apr	Mai	Jun	Jul	Aug	Sep	Okt	Nov	Dez

Abdomen 47–54 mm. Hochspezialisiert, an die Krebsschere *(Stratiotes aloides)* gebunden; diese ist Eiablagepflanze und Larvenlebensraum. In Flussmarschen an Gräben mit dichten Beständen an Krebsschere, seltener Seen des Flachlandes. EUR: *Near threatened,* DE: *Stark gefährdet,* FFH-Status: *IV.*

Aeshna viridis Grüne Mosaikjungfer

11' Thorax von der Seite gelblich, grün oder blaugrün, mit deutlichen, dunklen Nähten (370). Thorax von vorne nur mit zwei kleinen, hellen Kommaflecken (364). Augen ohne Postokularfleck.
♂: Analdreieck mit drei Zellen (371). Obere Anhänge von der Seite mit Basalzahn (361).

Jan	Feb	Mär	Apr	Mai	Jun	Jul	Aug	Sep	Okt	Nov	Dez

Abdomen 39–48 mm. In Südeuropa an stehenden Gewässern teilweise häufig. In DE Irrgast und zunehmend bodenständig, besonders in temporären Kleingewässern der Flussauen. Eiablage im Tandem in feuchten Schlamm. DE: *Ungefährdet.*

Aeshna affinis Südliche Mosaikjungfer

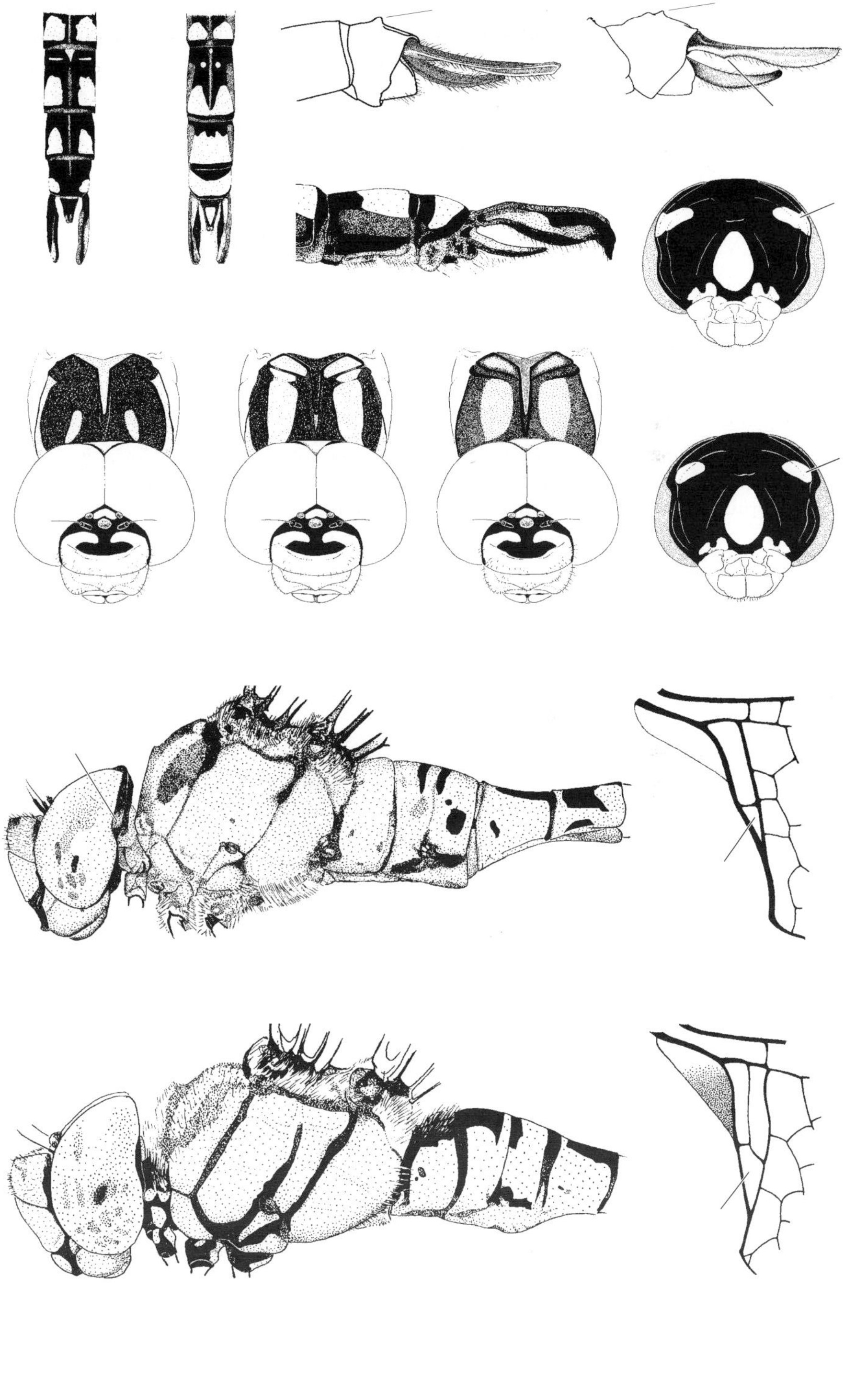

12 Flügel vollständig goldbraun gefärbt. Stirn von oben mit braunem Querstrich (372). Körpergrundfarbe hellbraun. Mosaikflecken auf dem Abdomen von oben stark reduziert. Thorax von vorne ohne Antehumeralbinden.
♂: Obere Anhänge an der Basis unten ohne Zahn (375), Anhänge von oben (376).

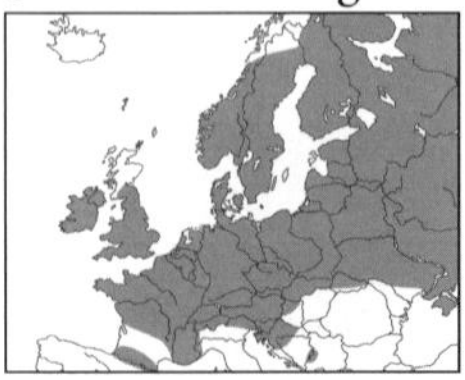

Jan	Feb	Mär	Apr	Mai	Jun	Jul	Aug	Sep	Okt	Nov	Dez

Abdomen 49–60 mm.
Stehende und langsam fließende Gewässer. Verbreitet und häufig. DE: *Ungefährdet.* Tiere aus Nord- und Mittel-SE mit schmaleren Thoraxseitenstreifen und geringerer Größe; in Mittel-SE Übergang zur sogenannten *Normalform.*

Aeshna grandis Braune Mosaikjungfer

12' Flügel klar, höchstens in der Mitte mit Verdunkelung. Stirn von oben mit schwarzer T-förmiger Zeichnung (373, 374). Körpergrundfarbe dunkelbraun. Mosaikflecken auf allen Abdominalsegmenten voll entwickelt, z. B. (410–412/97).

... 13

13 Berührungslinie der Augen etwa so lang wie das Occipitaldreieck (373). Thorax von der Seite mit zwei sehr schmalen Streifen (382).
♂: Obere Anhänge an der Basis unten mit Zahn (378), Anhänge von oben (379).

Jan	Feb	Mär	Apr	Mai	Jun	Jul	Aug	Sep	Okt	Nov	Dez

Abdomen 43–48 mm. Oberhalb der Baumgrenze (Nordfennoskandien, Schottland, Alpen) an stehenden Gewässern verbreitet, unterhalb selten in Waldhochmooren (Südfennoskandien, Südschwarzwald, Alpen, Erz- und Riesengebirge). DE: Letzte Vorkommen im Allgäu und Südschwarzwald. DE: *Vom Aussterben bedroht.*

Aeshna caerulea Alpen-Mosaikjungfer

13' Berührungslinie der Augen etwa doppelt so lang wie das Occipitaldreieck (374). Thorax von der Seite mit breiten Streifen, z. B. (381, 410–412/97).

... 14

14 Naht zwischen Stirn und Kopfschild unscheinbar und dünn (383). S2 von oben mit einem gelbem Dreieck (385). ♂: Analdreieck mit drei Zellen (377). Thorax von vorne mit zwei kleinen Kommaflecken (383).

Jan	Feb	Mär	Apr	Mai	Jun	Jul	Aug	Sep	Okt	Nov	Dez

Abdomen 44–49 mm. Fehlt in den höheren Mittel- und Hochgebirgen. An stehenden Gewässern mit gut entwickelter Ufervegetation verbreitet. DE: *Ungefährdet.*

Aeshna mixta Herbst-Mosaikjungfer

14' Naht zwischen Stirn und Kopfschild in der Mitte verbreitert (384). S2 von oben ohne gelbes Dreieck. ♂: Analdreieck mit zwei Zellen (380). Thorax von vorne mit durchgehenden Längsstreifen (384).

... 15

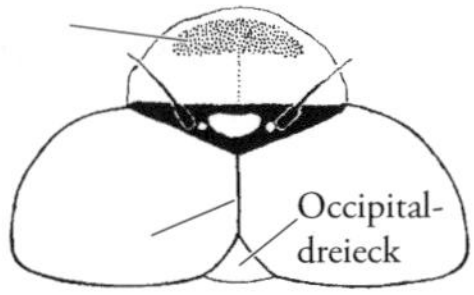

372 *Aeshna grandis*

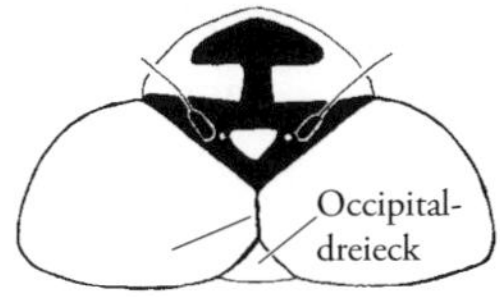

373 *Aeshna caerulea*

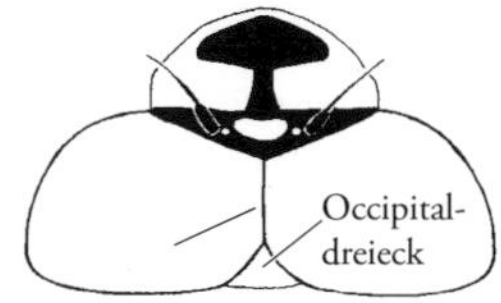

374 *Aeshna mixta*

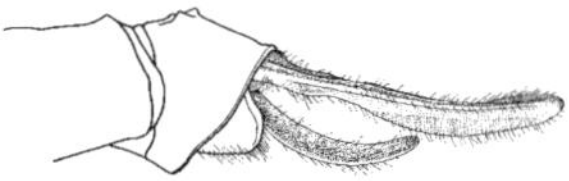

375 *Aeshna grandis* ♂

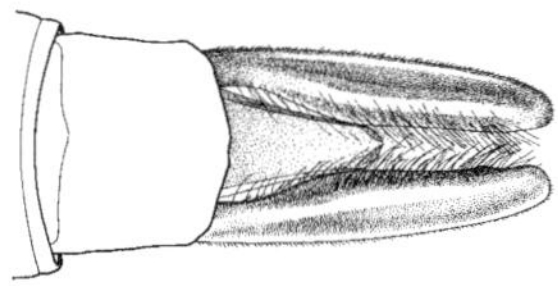

376 *Aeshna grandis* ♂

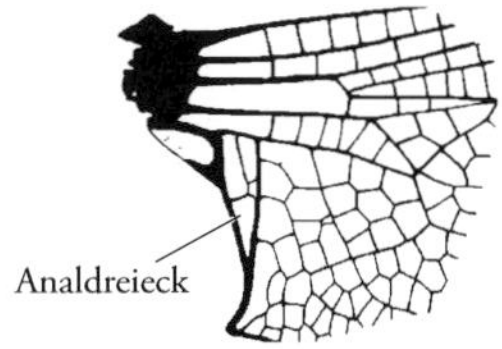

377 *Aeshna mixta* ♂

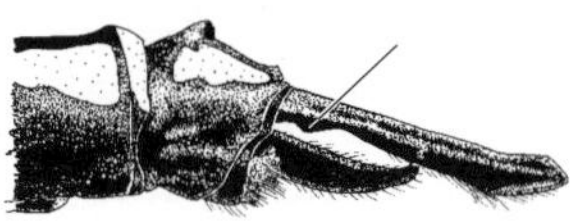

378 *Aeshna caerulea* ♂

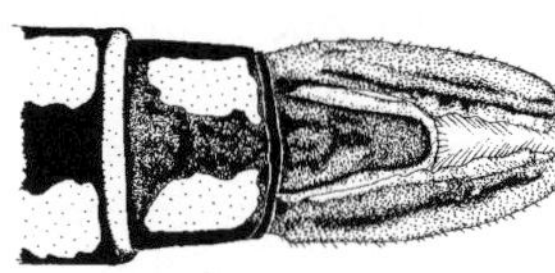

379 *Aeshna caerulea* ♂

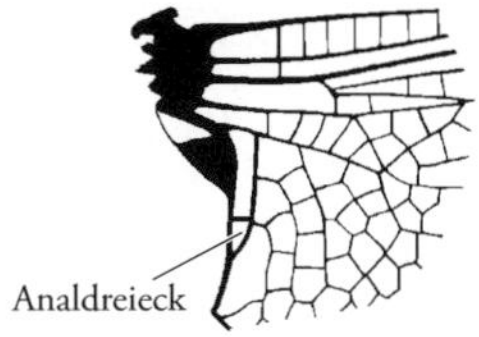

380 *Aeshna subarctica* ♂

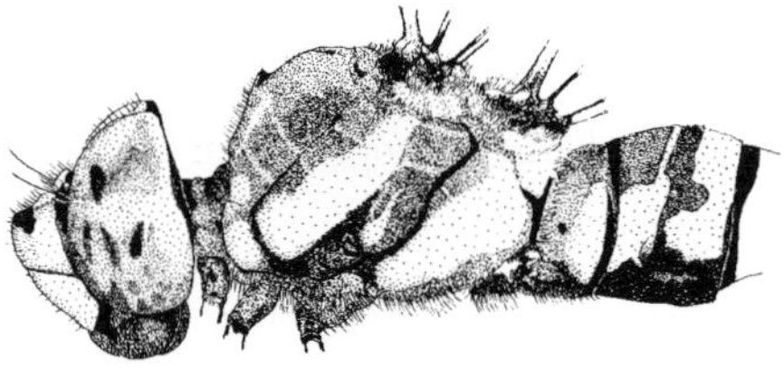

381 *Aeshna mixta* ♂

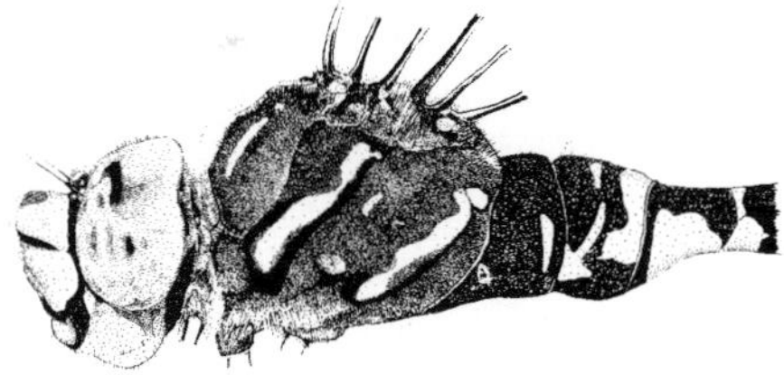

382 *Aeshna caerulea* ♀

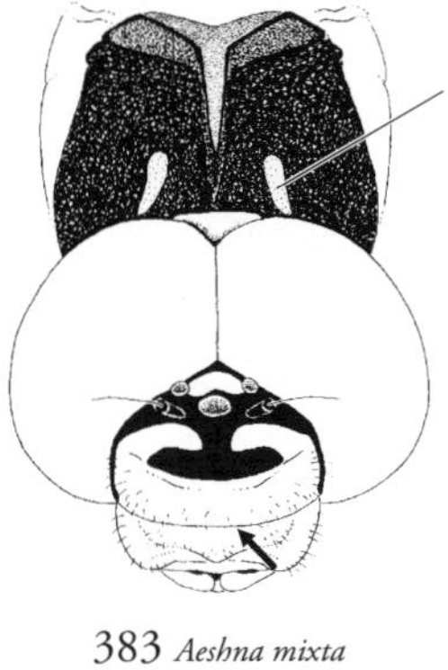

383 *Aeshna mixta*

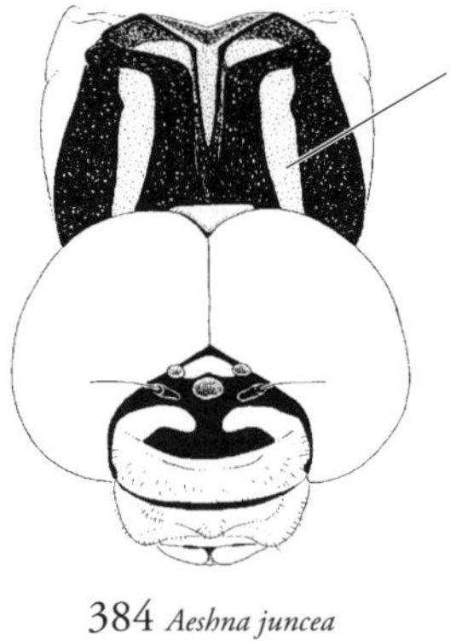

384 *Aeshna juncea*

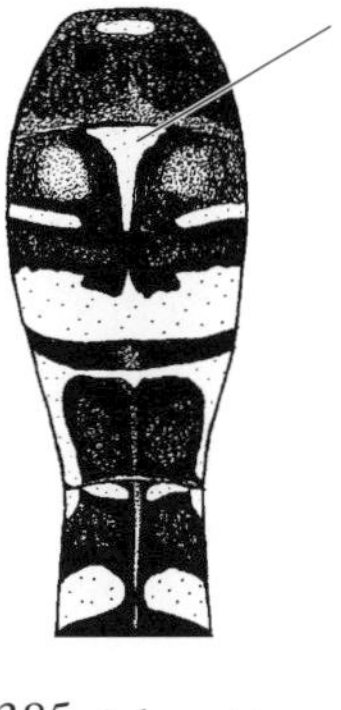

385 *Aeshna mixta*

15 ♂: Obere Anhänge an der Spitze von oben ungezähnt (388, 390). ♀: Obere und seitliche Flecken auf S3–S7 getrennt (392). Basalplatte des Legeapparates tief gelappt (386).

... 17

15' ♂: Obere Anhänge an der Spitze gezähnt (389, 391).
♀: Obere und seitliche Abdominalflecken auf S3–S7 verbunden (393). Basalplatte des Legeapparates mit geradem Hinterrand (387). Bisher nicht in DE.

... 16

16 Costa der Flügel hellgelblich. Stiel der T-förmigen Zeichnung auf der Stirn von oben schmal (394).
♂: Anhänge von der Seite deutlich aufwärts gebogen und mit Basalzahn (389).
♀: Anhänge am Ende stumpf (396, 398).

Jan	Feb	Mär	Apr	Mai	Jun	Jul	Aug	Sep	Okt	Nov	Dez

Abdomen 50–58mm.
In SE und FI küstennahe, brackige Seen mit breiten Schilfgürteln. In SE auch Binnenseen mit Rohrkolbenbeständen im Flachwasser. DK Ostseeküste, eventuell DE Ostseeküste.

Aeshna serrata Nordische Mosaikjungfer

16' Costa der Flügel dunkelbraun. Stiel der T-Zeichnung auf der Stirn von oben breit (395).
♂: Anhänge von der Seite gerade oder nur schwach nach oben gebogen und ohne Basalzahn (391).
♀: Anhänge am Ende spitz (397, 399).

Jan	Feb	Mär	Apr	Mai	Jun	Jul	Aug	Sep	Okt	Nov	Dez

Abdomen 53–61mm.
Stehende Gewässer und Stillwasserbereiche großer Flüsse mit dichter Unterwasservegetation. Sibirisch, im Gebiet Süd-FI, RU, Einzelfunde LV, LT (Bernard 2002, 2003).

Aeshna crenata Sibirische Mosaikjungfer

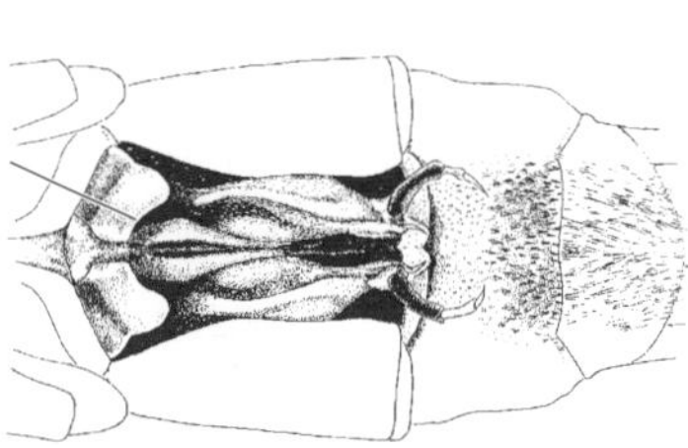

386 *Aeshna juncea* ♀

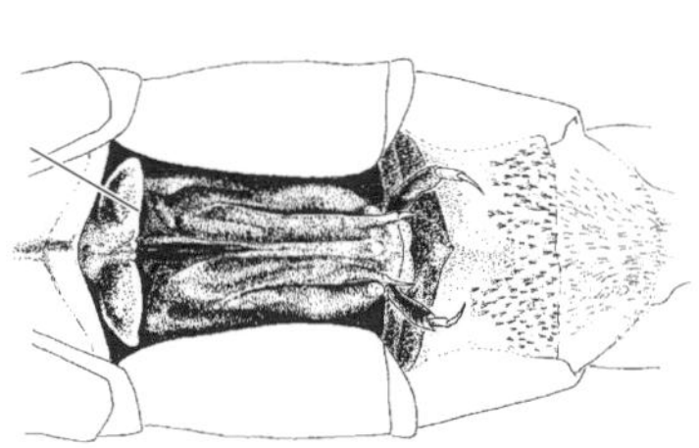

387 *Aeshna serrata* ♀

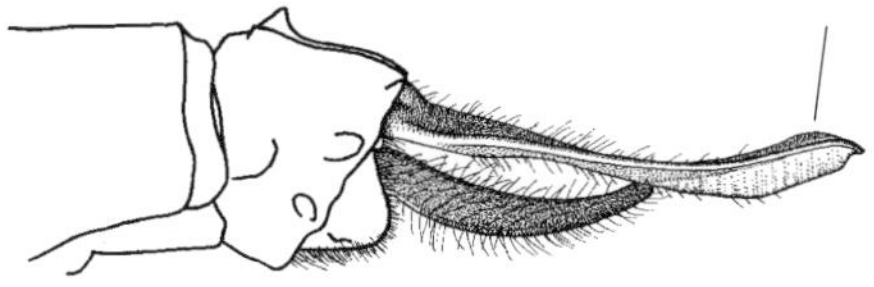

388 *Aeshna juncea* ♂

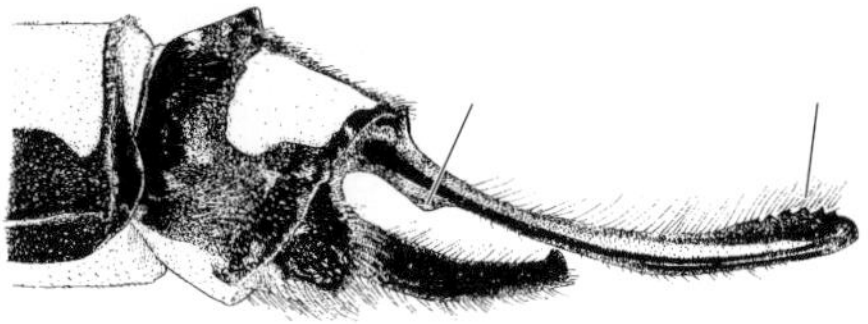

389 *Aeshna serrata* ♂

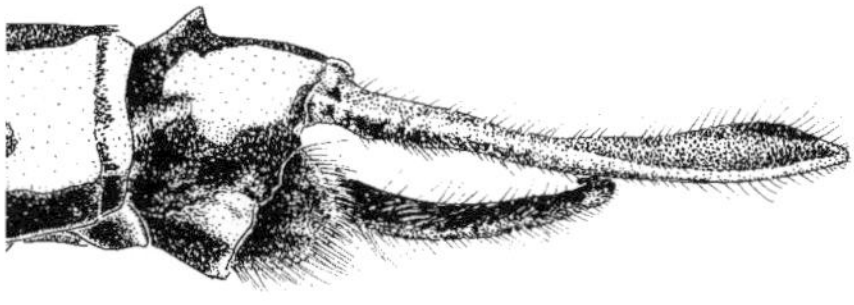

390 *Aeshna subarctica* ♂

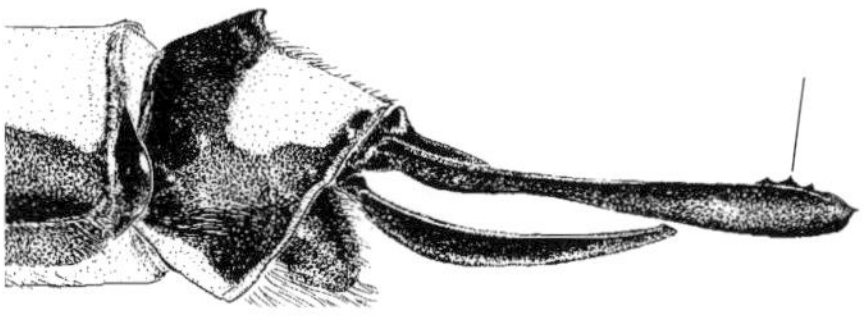

391 *Aeshna crenata* ♂

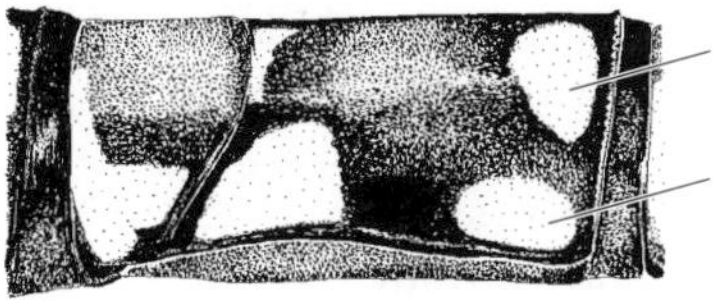

392 *Aeshna juncea* ♀

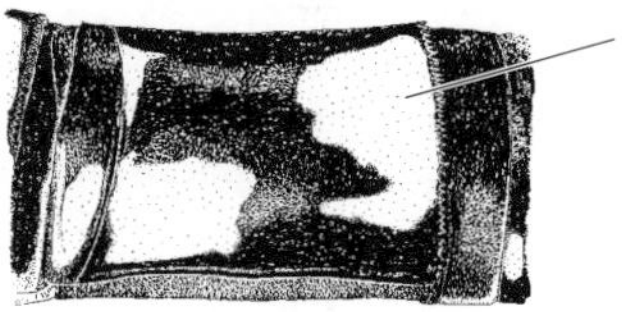

393 *Aeshna serrata* ♀

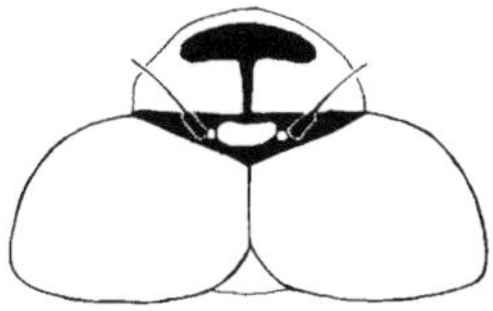

394 *Aeshna serrata*

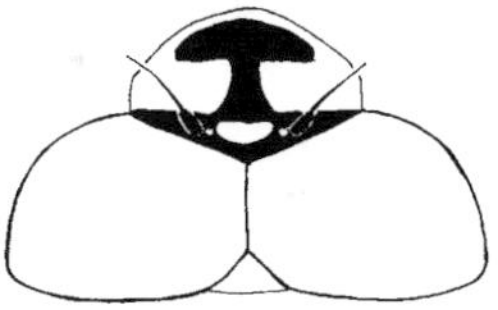

395 *Aeshna crenata*

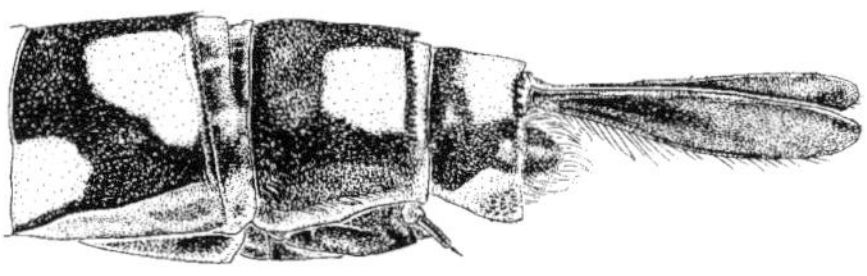

396 *Aeshna serrata* ♀

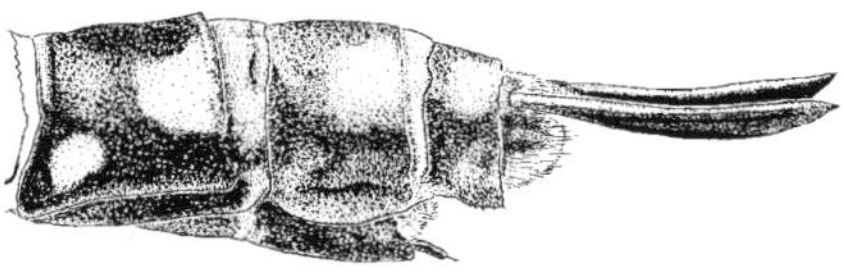

397 *Aeshna crenata* ♀

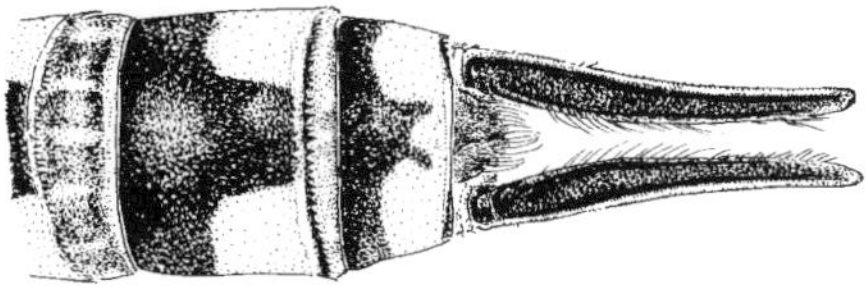

398 *Aeshna serrata* ♀

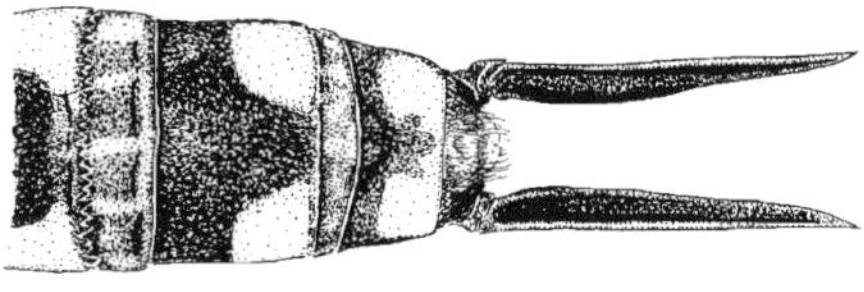

399 *Aeshna crenata* ♀

17 Nahtstreifen zwischen Stirn und Kopfschild gleichmäßig breit (400). Augenhinterrand ohne helle Flecken (402). Mittellappen der Unterlippe meist (> 80%) mit zwei dunklen Flecken (404). S3–S4 von oben: vorderes und hinteres Fleckenpaar etwa gleich groß (410, 411), hinteres Fleckenpaar kleiner als bei *A. juncea.*
Helle Tiere (oft als abgrenzbare *forma interlineata* bezeichnet), mit einem unterbrochenen dritten Thoraxstreifen (407) und größeren vorderen abdominalen Flecken (410), leicht von *A. juncea* zu unterscheiden. Dunkle Tiere *(forma elisabethae),* sind *A. juncea* sehr ähnlich (408, 411). ♂: Metathorax von unten immer mit großen gelben Flecken (413). ♀: Anhänge von hinten waagerecht in einer Ebene (414), dadurch von oben breiter als bei *A. juncea* und am Ende rund (415).

Jan	Feb	Mär	Apr	Mai	Jun	Jul	Aug	Sep	Okt	Nov	Dez

Abdomen 49–54 mm. Hochmoore mit flutenden Torfmoosbeständen, in die hauptsächlich die Eier abgelegt werden. Nord-DE im Flachland, sonst Mittel- und Hochgebirge, bevorzugt zwischen 900–1600 m. Bekannt von Harz, Rhön, Hohes Venn, Schwarzwald, Vogesen, Bayerischer Wald, Erz- und Riesengebirge, Alpen und Alpenvorland. DE: *Vom Aussterben bedroht.*

Aeshna subarctica elisabethae Hochmoor-Mosaikjungfer

17' Nahtstreifen zwischen Stirn und Kopfschild in der Mitte verdickt, an den Seiten dünn (401). Augenhinterrand mit gelbem Fleck (403). Mittellappen der Unterlippe ohne dunkle Flecken, selten mit Bräunung (405, 406). S3–S4 von oben: vorderes Fleckenpaar deutlich kleiner als das hintere (412). Thorax mit zwei Seitenstreifen, zwischen denen nur kleine Flecken sind (409). ♂: Metathorax von unten meist ohne gelben Flecken (416).
♀: Anhänge von hinten in V-Stellung (417), wirken dadurch von oben schmal und am Ende spitz (418).

Jan	Feb	Mär	Apr	Mai	Jun	Jul	Aug	Sep	Okt	Nov	Dez

Abdomen 50–59 mm.
Moore und moorige Gewässer, nährstoffarme Heideweiher. Bevorzugt Schwingrasen und Seggenriede.
In Norddeutschland verbreitet. In Süddeutschland vor allem in den Mittelgebirgen und Alpen.
DE: *Vorwarnliste.*

Aeshna juncea Torf-Mosaikjungfer

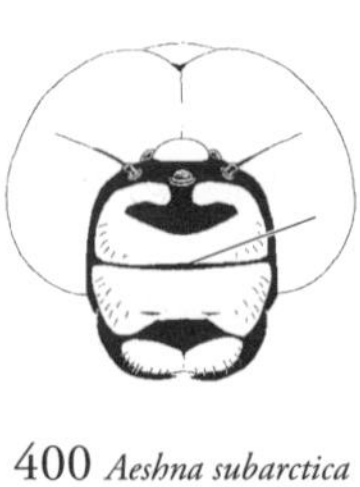

400 *Aeshna subarctica*

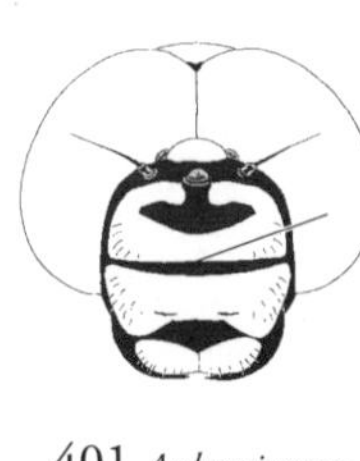

401 *Aeshna juncea*

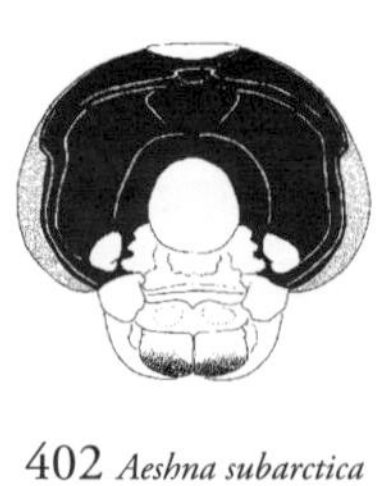

402 *Aeshna subarctica*

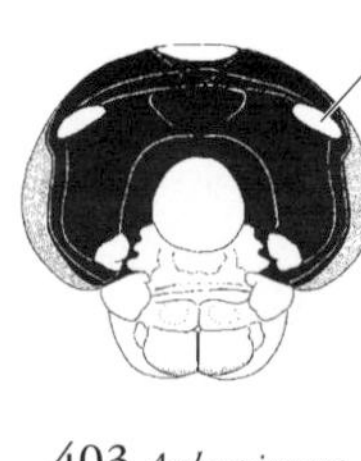

403 *Aeshna juncea*

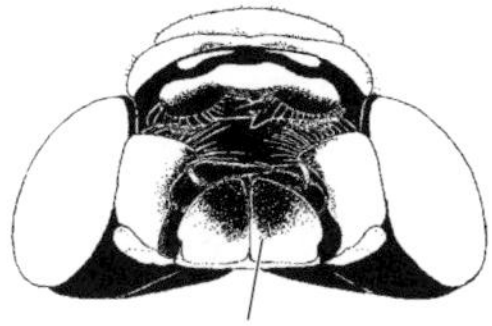
404 *Aeshna subarctica*

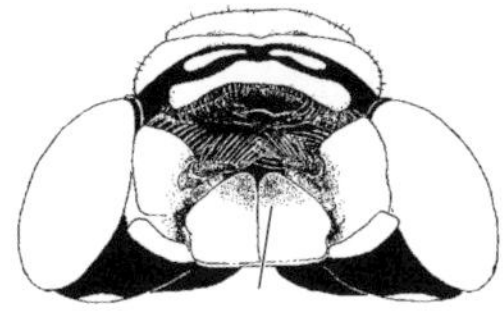
405 *Aeshna juncea*

406 *Aeshna juncea*

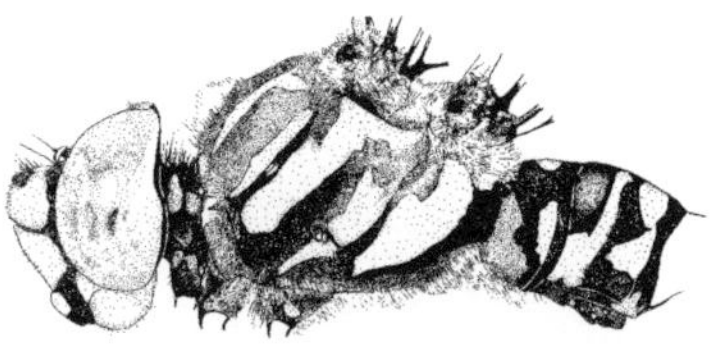
407 *A. subarctica elisabethae „f. interlineata“* ♂

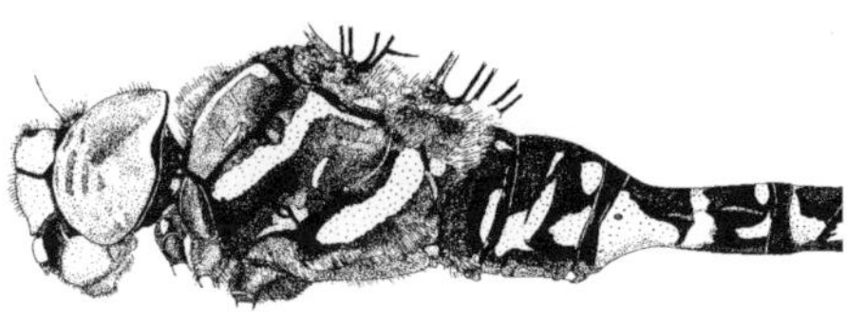
408 *A. subarctica elisabethae „f. elisabethae“* ♂

409 *Aeshna juncea*

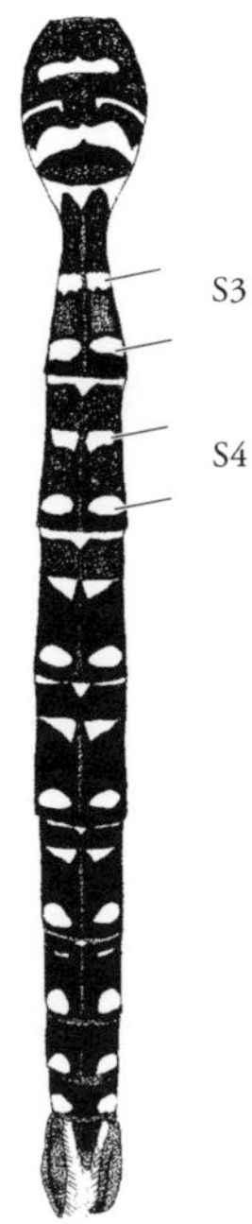

410 *A. s. elisab. „f. interlineata“* ♂

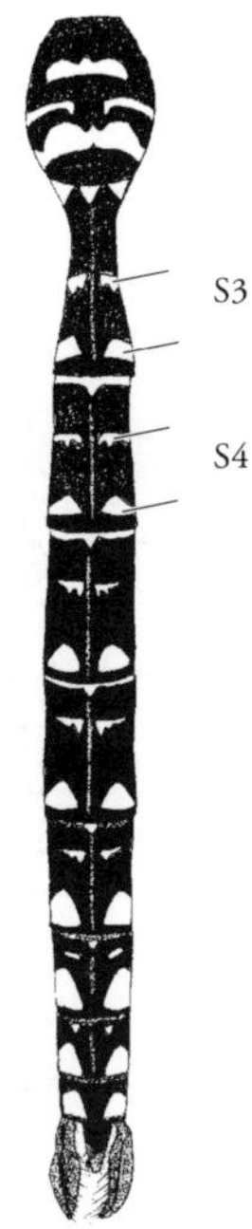

411 *A. s. elisab. „f. elisabethae“* ♂

412 *A. juncea* ♂

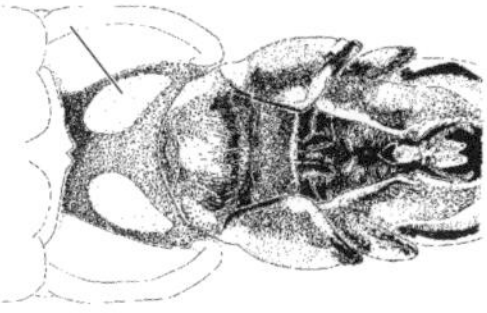
413 *Aeshna subarctica* ♂

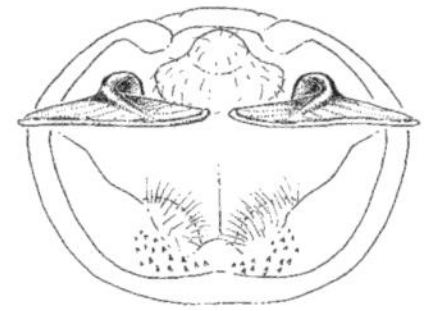
414 *Aeshna subarctica* ♀

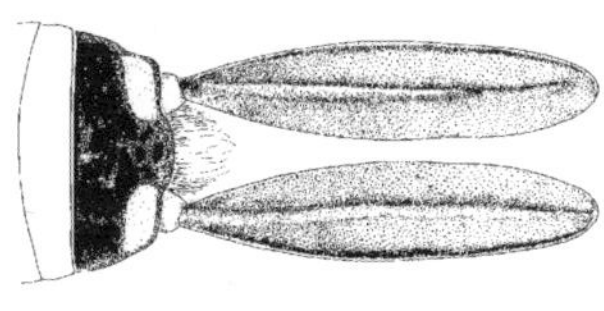
415 *Aeshna subarctica* ♀

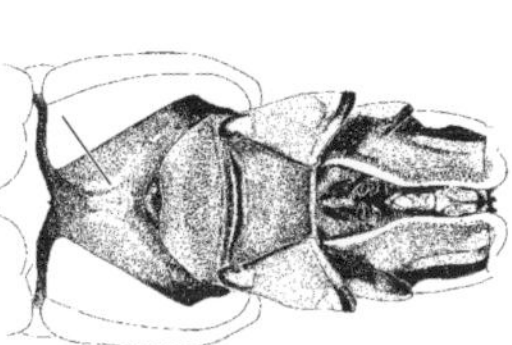
416 *Aeshna juncea* ♂

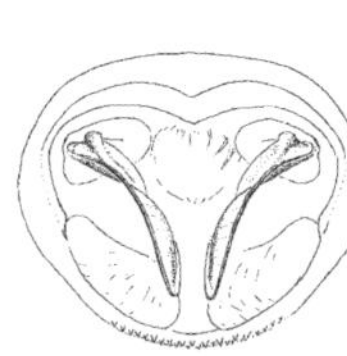
417 *Aeshna juncea* ♀

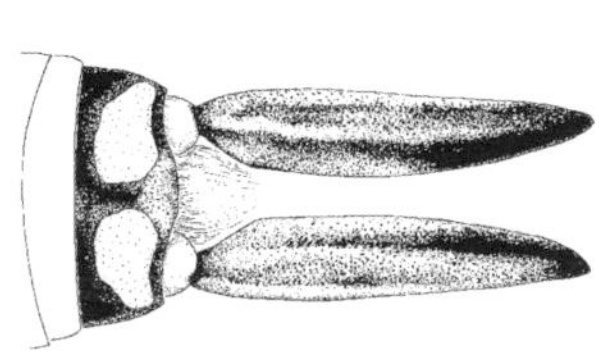
418 *Aeshna juncea* ♀

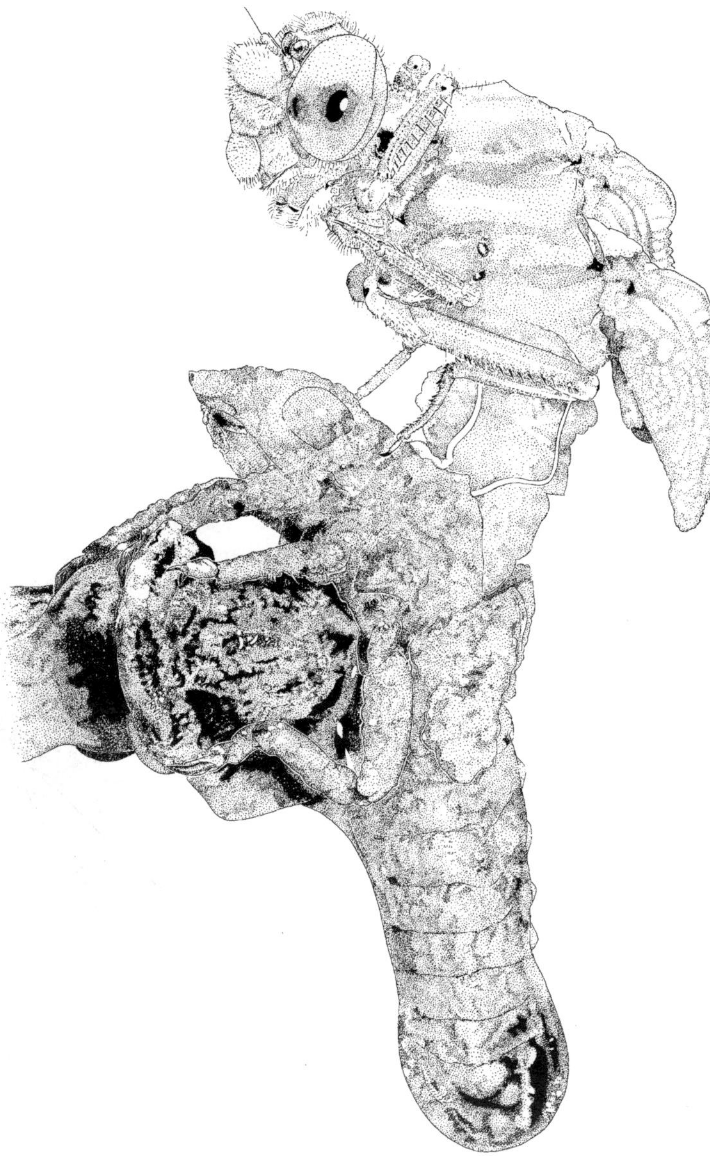

419 *Onychogomphus uncatus* Metamorphose

Die Gomphiden sind mittelgroße Anisoptera mit schlanken, meist schwarzen Körpern mit gelben bis grünen Flecken. Die Männchen haben an S2 zwei Öhrchen (425–432), die Weibchen einen reduzierten Legeapparat (444, 447/105, 454 … 466/108).

Die Eiablage erfolgt ins freie Wasser, wobei das Weibchen allein bleibt. Die Larven leben eingegraben im Sand oder Kies von sauberen, sauerstoffreichen Flüssen und Bächen, weshalb fast alle Arten durch Verschmutzung und Gewässerausbau in Mitteleuropa bedroht sind. Seit den Anfängen der Industrialisierung zeigen die meisten Arten einen starken Bestandsrückgang, in den letzten zwei Jahrzehnten aber eine merkliche Erholung. Eine Ausnahme bildet in DE *Gomphus pulchellus,* die sich auch in stehenden Gewässern entwickelt und sich, begünstigt durch Neuschaffung von Kiesgruben, von Südwesten her kommend ausbreitet (Suhling und Müller 1996).

1 Pterostigma lang, steht über sechs bis sieben Flügelzellen, gelblich (422). Triangulum mit Queradern (422). S7 und S8 von oben stark verbreitert, an den Seiten mit je zwei blattartigen Auswüchsen (420, 421, 425). Körper lang (über 70 mm). Grundfarbe sandfarben: Körper, Femur und Costa beige, reduzierte dunkle Zeichnung (420, 421, 425). ♀ mit breitem orangenen Band zwischen S2 und S3 (420). Selten ganze Tiere auch dunkel, fast schwarz.

Jan	Feb	Mär	Apr	Mai	Jun	Jul	Aug	Sep	Okt	Nov	Dez

Abdomen 47–54 mm. Sandige, flache Seen. Überflutungsgebiete großer Flüsse, ausnahmsweise Wassertanks. Tolerant gegen erhöhten Salzgehalt und Gewässertemperaturen. Wanderart. Vorderasien, arabische Halbinsel, selten Mittelmeerraum, nördlich bis Istrien. Verflogener Einzelfund SK.

Lindenia tetraphylla Seedrache

1' Pterostigma kürzer, steht über vier bis fünf Zellen (424, 423). Triangulum ohne Queradern (424, 423). S7 und S8 ohne blattartige Auswüchse (426–432).

… 2

2 Hinterflügel unter dem Triangulum mit Analschleife, Analseitenader 3 ist durch die Analschleife vom Triangulum getrennt (424). S3–S7 oben schwarz mit gelben oder grünen Flecken (426, 428) oder ganzer Körper hell bräunlich (427).

… 3

2' Hinterflügel unter dem Triangulum ohne Analschleife, Analseitenader 3 trifft direkt auf das Triangulum (423). S3–S7 von oben mit Längsstreifen (429–432).

Gattung *Gomphus* … 7

420 *Lindenia tetraphylla* ♀

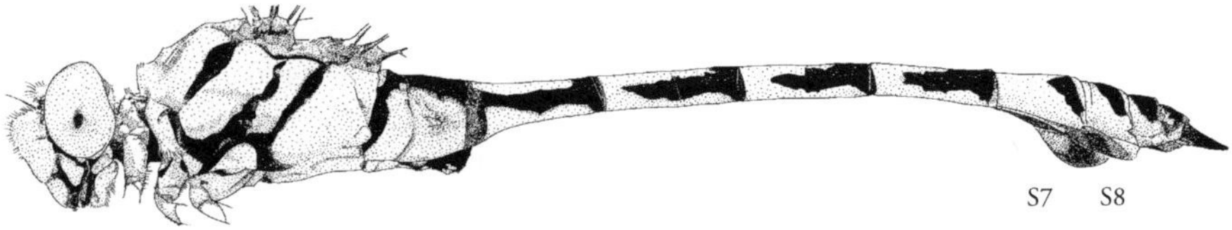

421 *Lindenia tetraphylla* ♂

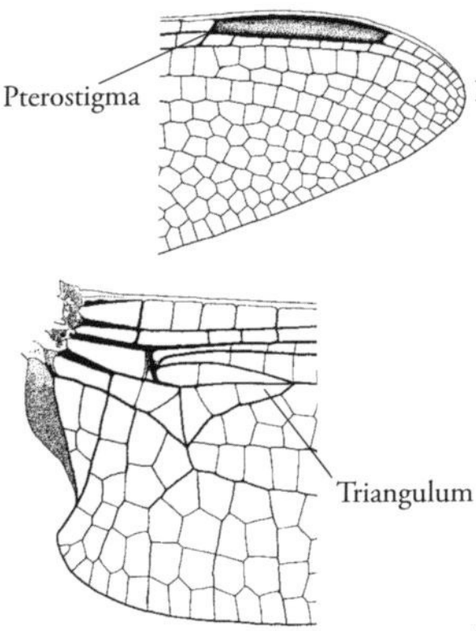

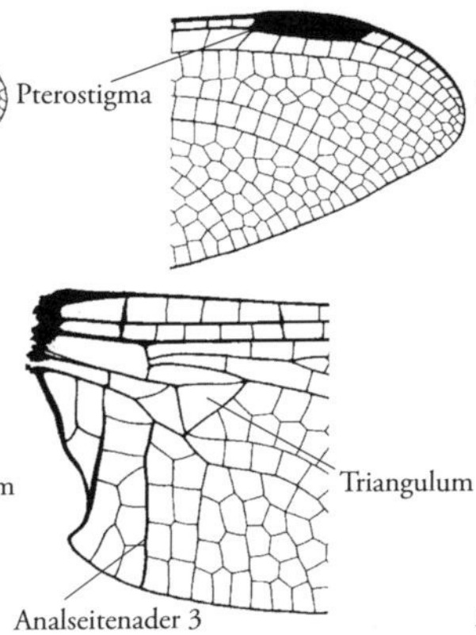

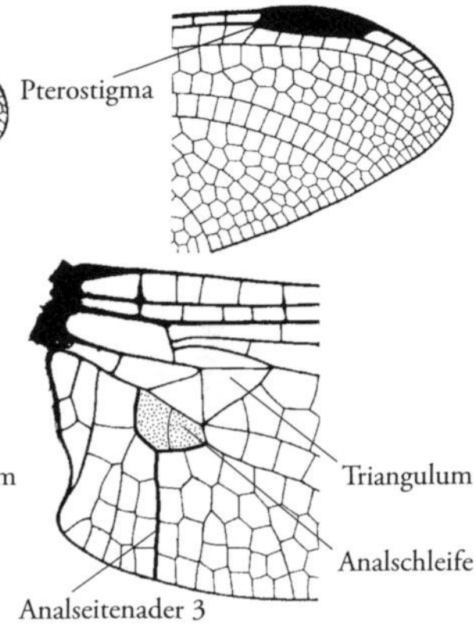

422 *Lindenia tetraphylla* ♂

423 *Gomphus*

424 *Ophiogomphus*

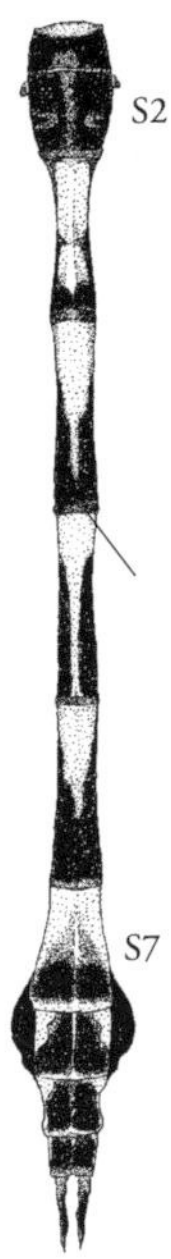

425 *Lindenia tetraphylla* ♂

426 *Ophiogomphus* ♂

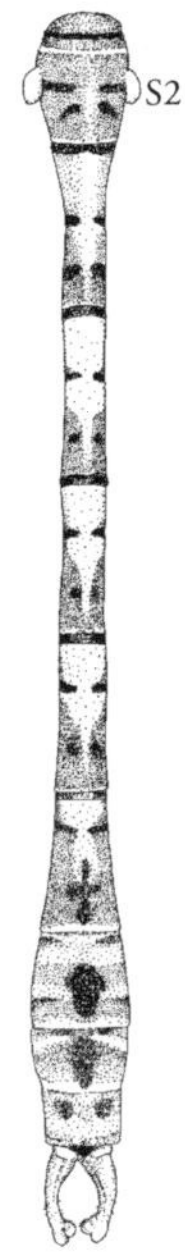

427 *Onycho. costae* ♂

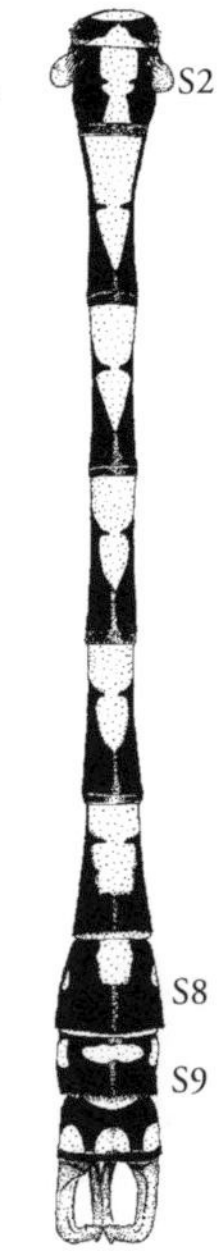

428 *Onycho. uncatus* ♂

429 *G. vulgatissimus* ♂

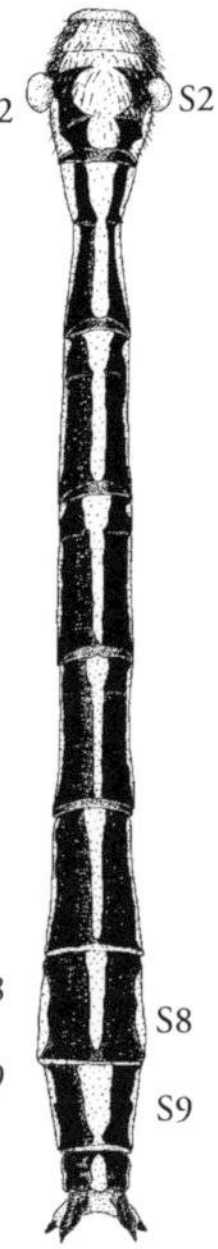

430 *G. pulchellus* ♂

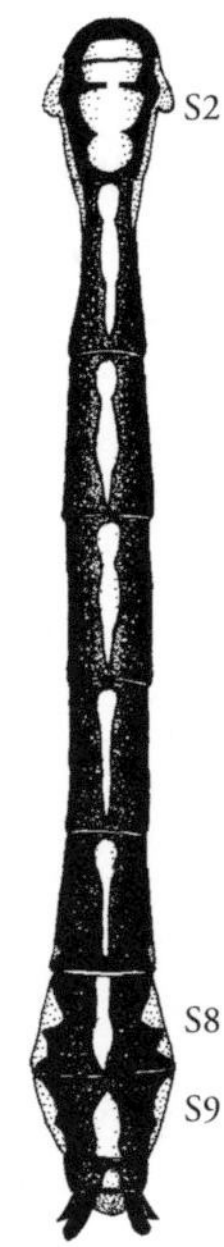

431 *G. simillimus* ♂

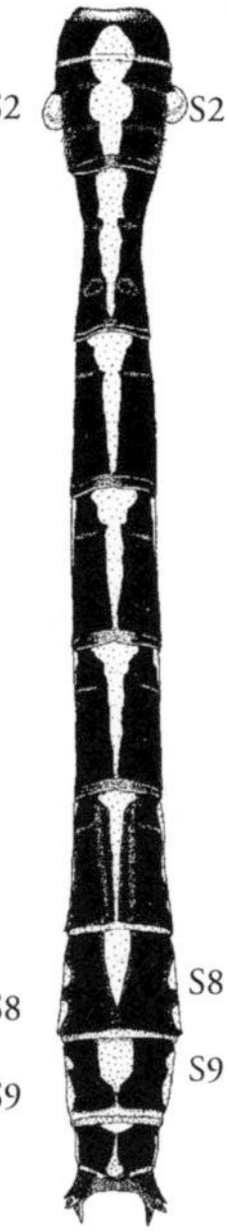

432 *G. graslinii* ♂

3 Thorax grün, von der Seite mit dünner, schwarzer Zeichnung (433).
♂: Anhänge so lang wie S10 (434, 435). Abdomen von oben (426/101).
♀: Hinterer Rand des Kopfes mit zwei gezähnten Warzen (437). Legeapparat (436).

Jan	Feb	Mär	Apr	Mai	Jun	Jul	Aug	Sep	Okt	Nov	Dez

Abdomen 35–37 mm.

Naturnahe Fließgewässer wie saubere Ströme, Flüsse und Bäche, oft von Gehölzen beschattet. Larven in Flachwasserzonen mit Sand und Kies. Vorkommen in DE besonders Lüneburger Heide, Südpfalz, Mark Brandenburg und Nordbayern. DE: *Ungefährdet,* FFH-Status: *II* und *IV.*

Ophiogomphus cecilia Grüne Flussjungfer

3' Thorax gelb, von der Seite mit ausgedehnter schwarzer Zeichnung (441) oder hell bräunlich mit weißlichen Streifen (440).
♂: Anhänge groß, viel länger als S10 (438, 439).
♀: Hinterer Rand des Kopfs ohne gezähnte Warzen.

Gattung *Onychogomphus* ... 4

4 Tiere am ganzen Körper hellbraun, mit ockerfarbenen und weißlichen Streifen (427/101, 440).
♂: Untere Anhänge bilden einen flachen Bogen, Spitze nicht nach oben abgewinkelt (438). Obere Anhänge mit einer gestreckten Spitze und einem Haken nach unten (438).

Jan	Feb	Mär	Apr	Mai	Jun	Jul	Aug	Sep	Okt	Nov	Dez

Abdomen 30–34 mm.

Sandige Bäche und Flüsse sowie temporäre Fließgewässer (Wadis). Sehr gut getarnte Tiere, die auf dem Boden oder niedriger Vegetation sitzen.

Nordafrika, Iberische Halbinsel, nördlich bis zum Ebro.

EUR: *Endangered.*

Onychogomphus costae Braune Zangenlibelle

4' Körper schwarz mit gelber bis grüner Zeichnung (441). Auge grünlich bis blau.
♂: Anhänge sind am Ende stark gekrümmt und bilden eine dreiteilige Zange (439).

... 5

433 *Ophiogomphus cecilia* ♂

434 *Ophiogomphus cecilia* ♂

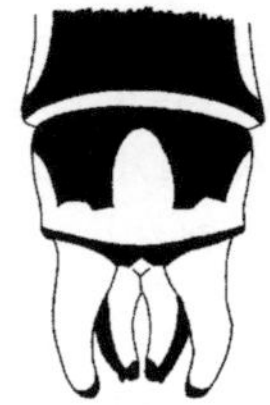

435 *Ophiogomphus cecilia* ♂

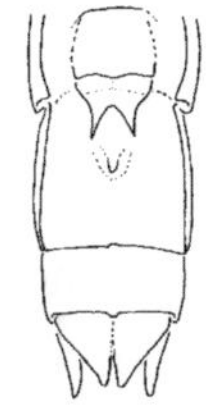

436 *Ophiogomphus cecilia* ♀

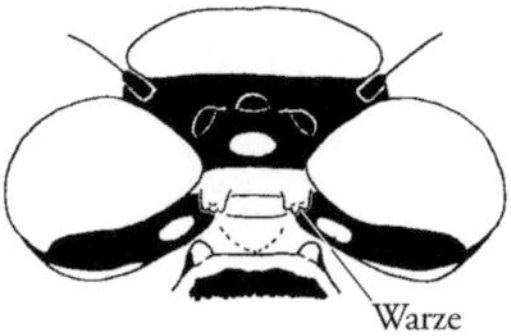

437 *Ophiogomphus cecilia* ♀

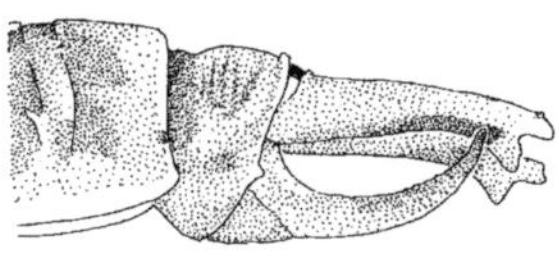

438 *Onychogomphus costae* ♂

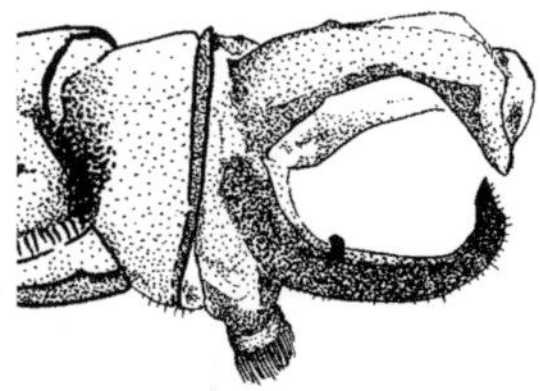

439 *Onychogomphus forcipatus* ♂

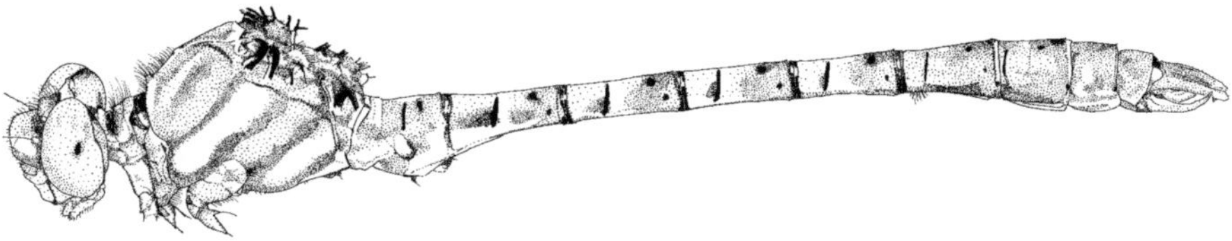

440 *Onychogomphus costae* ♂

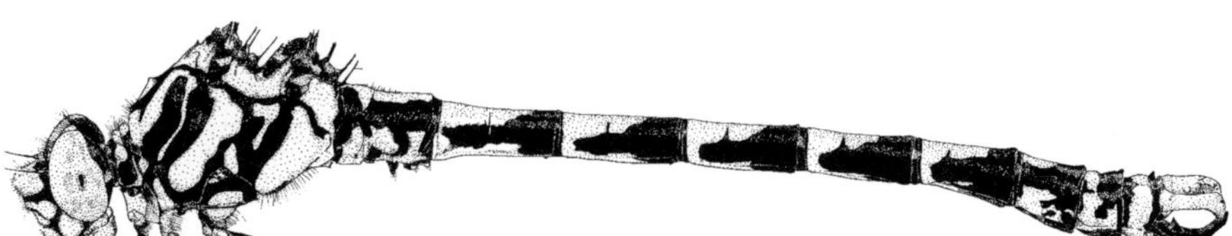

441 *Onychogomphus uncatus* ♂

5 Thorax von vorne: Seitliche und mittlere Streifen am oberen Ende voneinander getrennt (442). Kopf von oben zwischen den Augen ganz schwarz (442).
♂: Obere Anhänge am Ende ungekerbt (443).
♀: Legeapparat mit weit voneinander entfernten Griffeln, die zur Segmentmitte zeigen (444).

Jan	Feb	Mär	Apr	Mai	Jun	Jul	Aug	Sep	Okt	Nov	Dez

Abdomen 36–40 mm.

Westmediterran. Saubere, sandig- kiesige Bäche, Flüsse und Nebenarme, seltener Kanäle. In Mitteleuropa waren zwei isolierte Vorkommen bekannt; am Oberlauf der Rhône, CH, nur ein Tier Anfang 19. Jh. DE/CH am Hochrhein bei Schaffhausen, seit 1979 *ausgestorben.* DE: *Ausgestorben.*

Onychogomphus uncatus Große Zangenlibelle

5' Thorax von vorne: Mittlere Streifen treffen sich am oberen Ende (445). Kopf oben zwischen den Augen mit kleinem gelben Fleck (445). Augen grün, nur in Südwesteuropa auch blau.
♂: Obere Anhänge am Ende eingekerbt (446).
♀: Legeapparat mit breiten, dicht aneinander stehenden stumpfen Klappen (447).

... 6

6 Augen grün oder grünlich. Ausgedehnte Schwarzfärbung (vermutlich temperaturabhängig) nimmt von Süd nach Nord zu (448).
♂: Untere Anhänge: Spitze zeigt nach oben (450), von hinten schlank, meist dunkel.

Jan	Feb	Mär	Apr	Mai	Jun	Jul	Aug	Sep	Okt	Nov	Dez

Abdomen 31–39 mm.

Saubere Flüsse mit kiesig-sandigem Grund, selten Klarwasserseen.

Selten in Süddeutschland und Brandenburg.

DE: *Vorwarnliste.*

Onychogomphus forcipatus forcipatus Kleine Zangenlibelle

6' Augen blau. Meist Tiere mit weniger schwarz (449).
♂: Untere Anhänge: Spitze zeigt zum Kopf (451) von hinten verbreitert, meist gelb gefärbt.

Jan	Feb	Mär	Apr	Mai	Jun	Jul	Aug	Sep	Okt	Nov	Dez

Abdomen 31–38 mm.

Westmediterran. Kiesig-sandige Flüsse. CH: lokal im Tessin, dort *stark gefährdet.*

Onychogomphus forcipatus unguiculatus

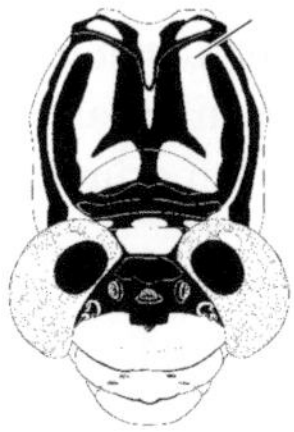

442 *Onychogomphus uncatus*

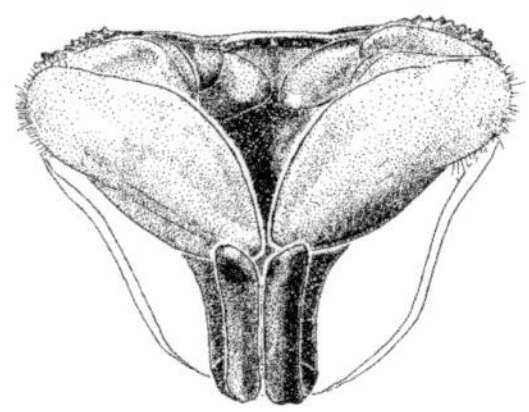

443 *Onychogomphus uncatus* ♂

444 *Onychogomphus uncatus* ♀

445 *Onychogomphus forcipatus*

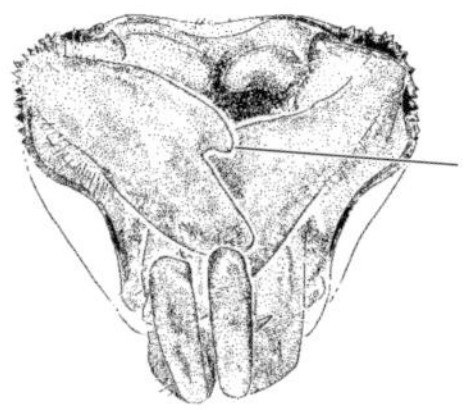

446 *Onychogomphus forcipatus* ♂

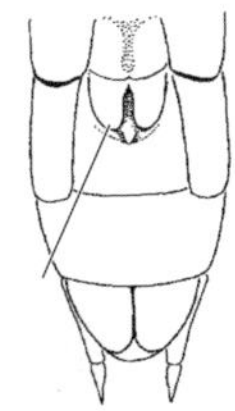

447 *Onychogomphus forcipatus* ♀

448 *Onychogomphus forcipatus forcipatus* ♂

449 *Onychogomphus forcipatus unguiculatus* ♀

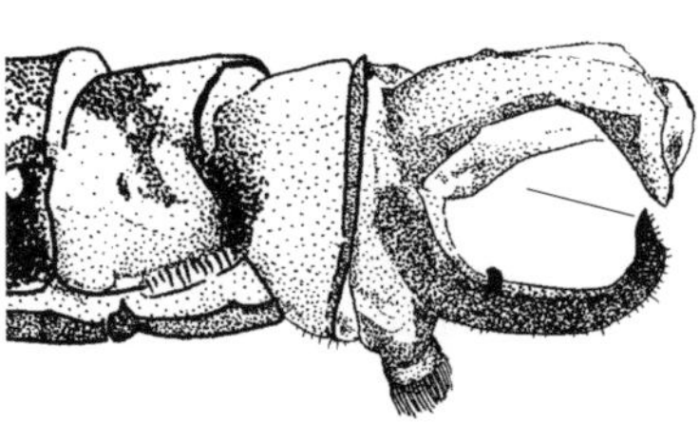

450 *Onychogomphus forcipatus forcipatus* ♂

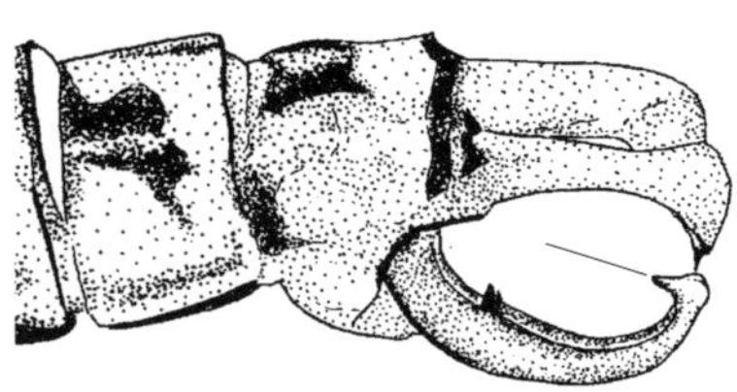

451 *Onychogomphus forcipatus unguiculatus* ♂

7 Beine schwarz. Abdomen: S8 und S9 von oben ohne helle Längsstreifen (429/101). S8 und S9 bei ♂ deutlich verbreitert, bei alten ♀ durch Anschwellen der anderen Abdominalsegmente undeutlich. Thorax von der Seite (467/109). Augen grün-blaugrün. Körpergrundfarbe grün-grüngelb.
♂: Anhänge (452, 453/108).
♀: Legeapparat mit relativ langen, an der Basis breiten Klappen (454/108).

Jan	Feb	Mär	Apr	Mai	Jun	Jul	Aug	Sep	Okt	Nov	Dez

Abdomen 33–39 mm.
An sauberen, sandigen Bächen und Flüssen, seltener an Seen mit sandigen Ufern und Schifffahrtswegen. Die Bestände haben sich in den letzten 30 Jahren sehr erholt, die Wiederausbreitung an ehemalig besiedelten Flussläufen hält an. DE: *Vorwarnliste.*

Gomphus vulgatissimus Gemeine Keiljungfer

7' Beine schwarz, außen gelb gestreift. Abdomen: S8 und S9 von oben mit hellen Längsstreifen (430–432/101). S8 und S9 nicht oder nur schwach verbreitert. Augen bläulich. Körpergrundfarbe gelb-grüngelb.
♂: Anhänge (455 … 465/108).
♀: Legeapparate (457 … 466/108).

… 8

8 Thorax von der Seite: Heller Humeralstreifen, breit, verläuft durchgehend bis zum vorderen Bein (468/109). Schwarzer Streifen entlang der Pleuralfurche am Ende ungegabelt (468/109).
♂: Anhänge (455, 456/108).
♀: Legeapparat klein (457/108).

Jan	Feb	Mär	Apr	Mai	Jun	Jul	Aug	Sep	Okt	Nov	Dez

Abdomen 37–41 mm. Mittelläufe von sauberen, sandigen Flüssen. Larven benötigen höhere Temperaturen, sie entwickeln sich in Sandablagerungen der Stillwasserzonen. In DE stabile Vorkommen im Mittellauf von Oder und Elbe, Einzelfunde am Rhein. Ehemals in Mitteleuropa eine der am stärksten bedrohten Arten.
DE: *Ungefährdet,* FFH-Status: *IV.*

Gomphus flavipes Asiatische Keiljungfer

8' Thorax von der Seite: Heller Humeralstreifen schmaler, zum vorderen Bein durch schwarze Zeichnung getrennt (469–471/109). Schwarzer Streifen entlang der Pleuralfurche am Ende gegabelt (470, 471/109), meist deutlich breiter (470, 471/109).

… 9

9 Streifen zwischen Mesothorax und Metathorax durchgehend (469/109).
♂: S10 von oben auf ganzer Länge mit hellem Streifen (458/108). Anhänge (458, 459/108). Abdomen von oben (430/101).
♀: Legeapparat mit großem Höcker auf S8 (460/108).

Jan	Feb	Mär	Apr	Mai	Jun	Jul	Aug	Sep	Okt	Nov	Dez

Abdomen 34–37 mm.

Westeuropa. In Südeuropa Bäche und Flüsse. In Mitteleuropa an stehenden und langsam fließenden, vegetationsarmen Gewässern mit Feinsand- oder Kiesgrund. Baggerseen, Ton- und Kiesgruben. Bestandstrend langfristig stabil. DE: *Ungefährdet.*

Gomphus pulchellus Westliche Keiljungfer

9' Streifen zwischen Mesothorax und Metathorax nur in der unteren Hälfte (470, 471/109).
♂: S10 von oben nur in der hinteren Hälfte mit Längsstreifen (461, 464/108).
♀: Legeapparat ohne Höcker auf S8 (463, 466/108).

... 10

10 Thorax von der Seite: Humeralstreifen so breit wie der darüber liegende schwarze Streifen (470/109). Beine auf ganzer Länge gelb gestreift.
♂: Obere Abdominalanhänge ohne äußeren Zahn (461, 462/108). Abdomen von oben (431/101).
♀: Legeapparat etwa halb so lang wie S9, nur schwach gekerbt (463/108).

Jan	Feb	Mär	Apr	Mai	Jun	Jul	Aug	Sep	Okt	Nov	Dez

Abdomen 33–38 mm.

Westmediterran, isoliert am Hoch- und Oberrhein zwischen Bodensee und Basel. Fließgewässer, besonders warme Flüsse des Tieflandes, daneben Bäche, Altarme und naturnahe Kanäle. EUR: Near threatened. DE: *R, extrem selten.*

Gomphus simillimus Gelbe Keiljungfer

10' Thorax von der Seite: Humeralstreifen schmaler oder höchstens so breit wie der darüber liegende schwarze Streifen (471/109). Beine im unteren Drittel schwarz, sonst gelb gestreift.
♂: Obere Anhänge außen mit Zahn (464, 465/108). Abdomen von oben (432/101).
♀: Legeapparat etwa ein Drittel so lang wie S9, tief gekerbt (466/108).

Jan	Feb	Mär	Apr	Mai	Jun	Jul	Aug	Sep	Okt	Nov	Dez

Abdomen 34–38 mm.

Größere, saubere Flüsse mit sandig-schlammigen Substrat. FR: besonders Flüsse des Zentralmassivs (Dordogne, Lot, Tarn, Herault), SP und PO nur lokal. EUR: *Near threatened.*

Gomphus graslinii Französische Keiljungfer

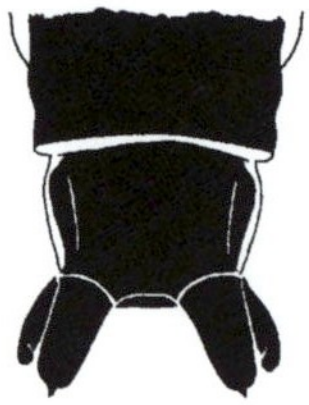

452 *Gomphus vulgatissimus* ♂

453 *Gomphus vulgatissimus* ♂

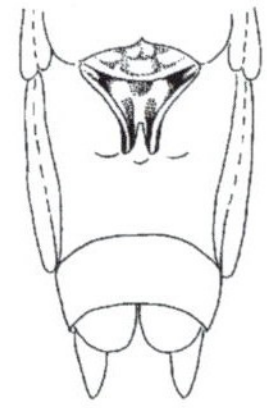

454 *Gomphus vulgatissimus* ♀

455 *Gomphus flavipes* ♂

456 *Gomphus flavipes* ♂

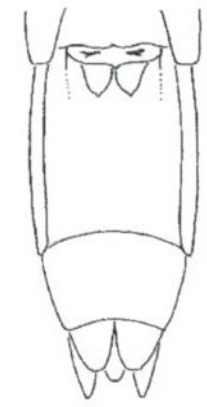

457 *Gomphus flavipes* ♀

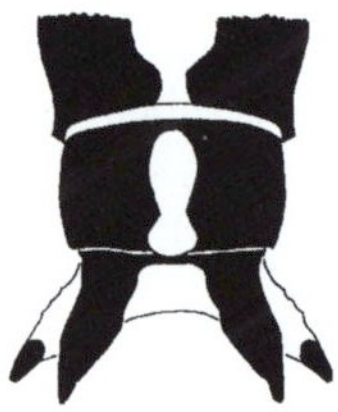

458 *Gomphus pulchellus* ♂

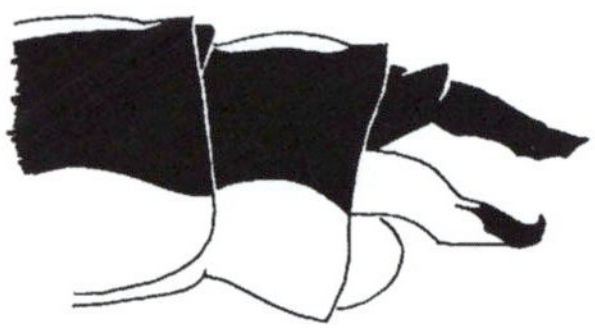

459 *Gomphus pulchellus* ♂

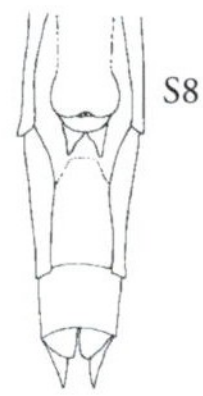

460 *Gomphus pulchellus* ♀

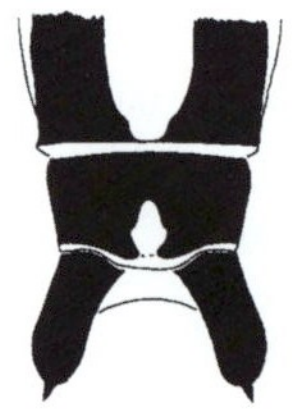

461 *Gomphus simillimus* ♂

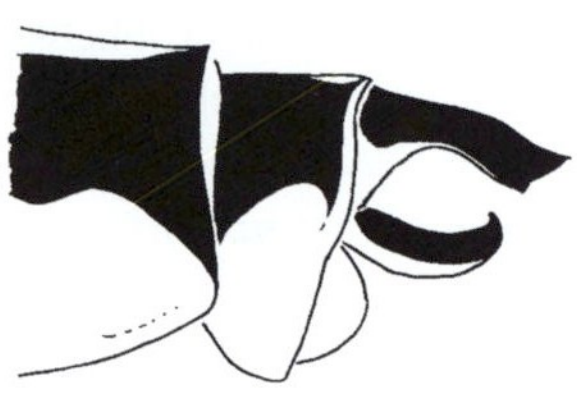

462 *Gomphus simillimus* ♂

463 *Gomphus simillimus* ♀

464 *Gomphus graslinii* ♂

465 *Gomphus graslinii* ♂

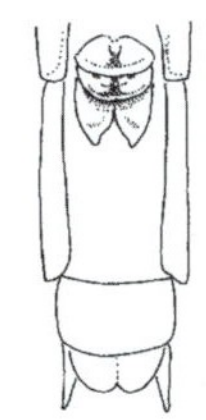

466 *Gomphus graslinii* ♀

467 *Gomphus vulgatissimus* ♀

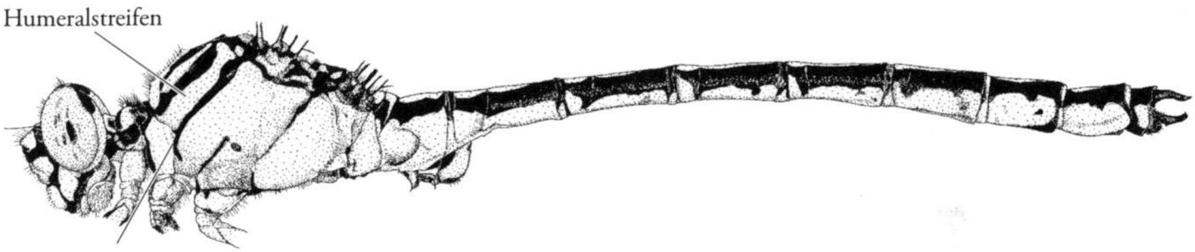

468 *Gomphus flavipes* ♂

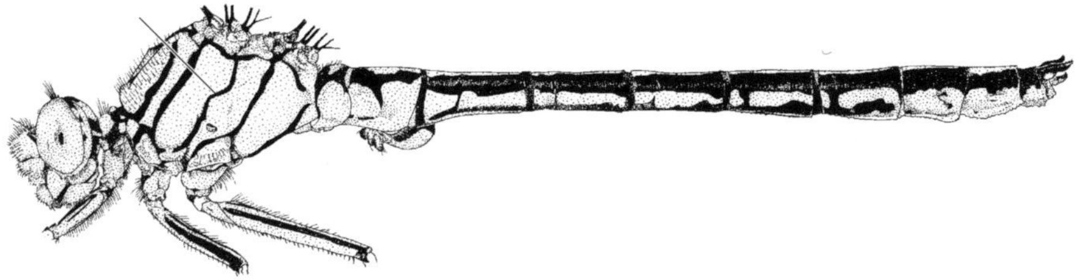

469 *Gomphus pulchellus* ♂

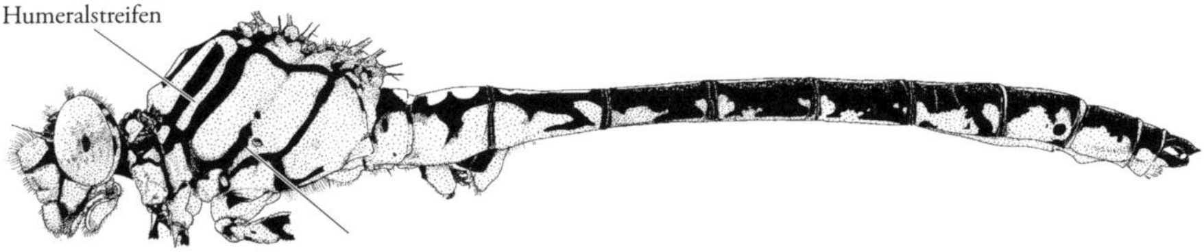

470 *Gomphus simillimus* ♂

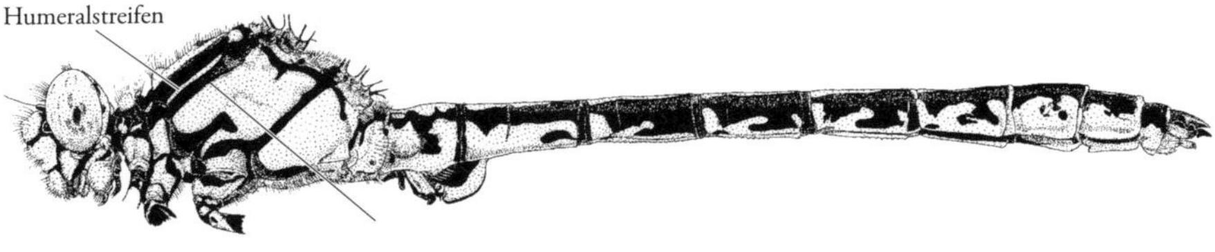

471 *Gomphus graslinii* ♂

Cordulegastridae Quelljungfern

472 *Cordulegaster boltonii* ♀ Eiablage

Sehr große Arten, Körper schwarz mit gelben Flecken und Streifen. Männchen am S2 mit Öhrchen. Legebohrer der Weibchen zu einem Stilett umgebildet, welches das Abdomen horizontal weit überragt (480–482).

Bei der Eiablage fliegt das Weibchen senkrecht auf und nieder und stößt dabei die Eier mit dem Legestilett an flachen Stellen in den Bachsand (472/111). Die Larven entwickeln sich, vergraben, im Sand von Quellsümpfen sowie von Hoch- und Mittelgebirgsbächen (27/14). Die Entwicklung verläuft sehr langsam und es vergehen drei bis vier Jahre, bis aus ihnen Imagines schlüpfen.

Während in Deutschland nur zwei Arten vorkommen, ist die Familie in Südeuropa und Nordafrika mit vielen Arten vertreten. Sie lassen sich, wie in 1 und 1' beschrieben, in zwei Gruppen *boltonii* (als Gattung sensu stricto) und *bidentata* (Gattung *Thecagaster* sensu Lohmann, 1992) einteilen (Lohmann 1992, 1993, Boudot 2001, van Pelt 2006, Froufe et al. 2014). Viele Unterarten, im Gebiet *C. b. immaculifrons,* sind aufgrund der Verteilung der Gelbfärbung nur schwach definiert (Waterston 1976, Lohmann 1993). Eine temperaturabhängige Ausprägung erscheint möglich, während die genetische Differenzierung traditioneller Unterarten gering ist (Froufe et al. 2014).

1 S4–S7 mit je nur einem gelben Fleckenpaar (476). S1 von der Seite mit gelbem Fleck in der Mitte, unterer hinterer Rand schwarz (483/115). Occipitaldreieck von oben schwarz (473), Stirn mit breitem, schwarzem Strich (473).

♂: Obere Anhänge von oben nahezu parallel, an der Basis deutlich getrennt (487/115), von der Seite mit zwei sichtbaren Zähnen (488/115). Untere Anhänge von unten zum Ende schmaler werdend (489/115).

♀: Legescheide durchgehend ganz schwarz (480).

Jan	Feb	Mär	Apr	Mai	Jun	Jul	Aug	Sep	Okt	Nov	Dez

Abdomen ♂: 50–59 mm, ♀: 55–63 mm.

Auf Mittelgebirge und Alpenvorland beschränkt. An Waldrinnsalen, Quellsümpfen, Hangriedern und Bachoberläufen. Kleinflächige Entwicklungsgewässer.

EUR: *Near threatened,* DE: *Gefährdet.*

Cordulegaster bidentata Gestreifte Quelljungfer

1' S5–S7 in DE mit je einem großen und einem kleinen gelben Fleckenpaar (478, 479), in Südosteuropa meist nur ein größeres Fleckenpaar (477). S1 von der Seite am unteren hinteren Rand gelb (484–486/115). Occipitaldreieck in DE von oben gelb (474), sonst auch schwarz oder schwarz mit gelben Flecken. Stirn nur mit schwachem (474) oder ohne dunklen Strich (475).

♂: Obere Anhänge von oben nach außen weisend (490, 493/115), von der Seite mit nur einem sichtbaren Zahn (491, 494/115), der zweite liegt unter S10 verborgen. Untere Anhänge parallelseitig (492, 495/115).

♀: Legescheide an der Basis mit gelbem oder rotbraunem Fleck (481, 482).

Cordulegaster boltonii-Gruppe ... 2

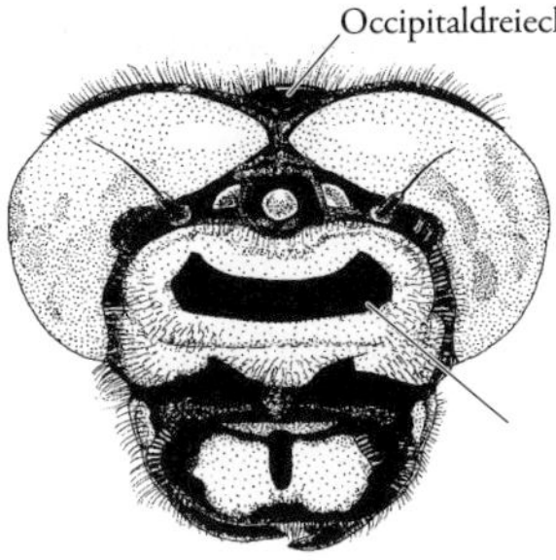

473 *Cordulegaster bidentata*

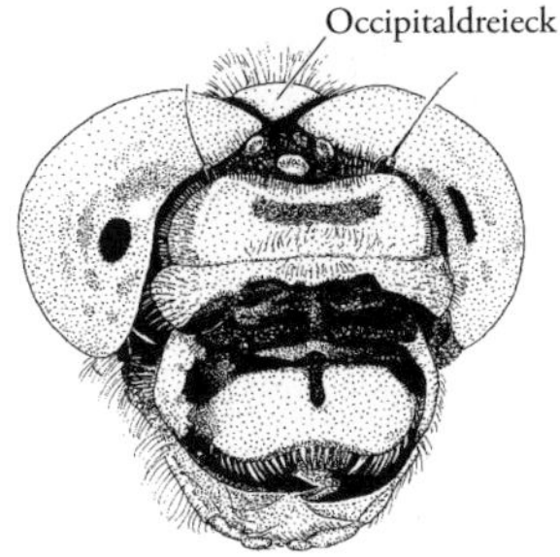

474 *Cordulegaster boltonii boltonii*

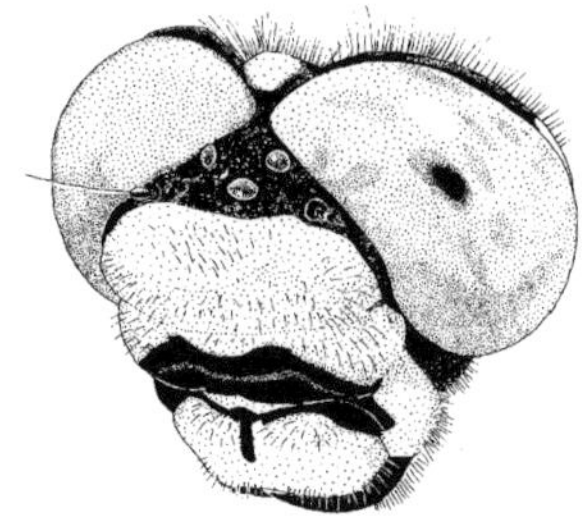

475 *Cordulegaster b. immaculifrons*

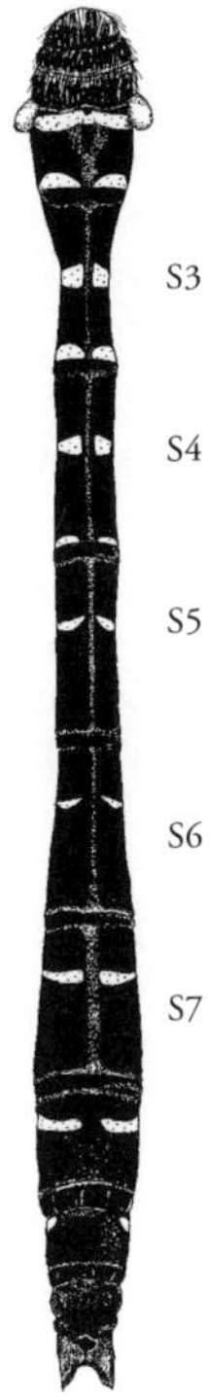

476 *C. bidentata*

477 *C. heros*

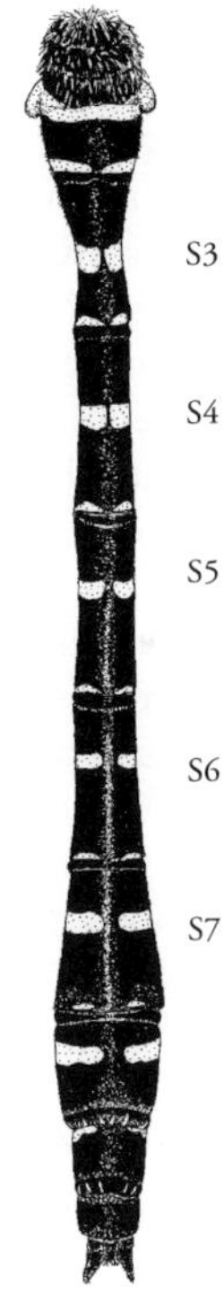

478 *C. b. boltonii*

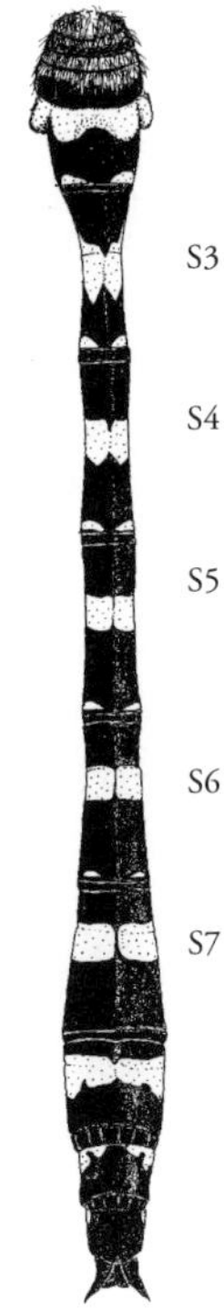

479 *C. b. immaculifrons*

480 *Cordulegaster bidentata* ♀

481 *Cordulegaster heros* ♀

482 *Cordulegaster boltonii* ♀

2 Thorax von der Seite: vorderster Streifen mit deutlichem Knick am hinteren Rand (484). S1 von der Seite am unteren hinteren Rand ausgedehnt gelb gefärbt (484). Occipitaldreieck von oben schwarz (vgl. 473/113). Abdominalzeichnung (477/113).
♂: Obere Abdominalanhänge an der Basis mit kräftigem Zahn: von der Seite (491), von oben (490). Untere Anhänge breiter als die oberen Anhänge (492).
♀: Legescheide am Grunde mit rotbraunem Fleck (481/113).

Jan	Feb	Mär	Apr	Mai	Jun	Jul	Aug	Sep	Okt	Nov	Dez

Abdomen ♂: 58–65 mm, ♀: 73–76 mm.
Südosteuropa, nördlich bis A, CH und SK. Nur schmale Überlappungszone mit der ökologisch ähnlichen, aber kleineren *C. boltonii.* Waldbäche, überwiegend im Mittelgebirge.
EUR: *Near threatened.*

Cordulegaster heros Große Quelljungfer

2' Thorax von der Seite: vorderster Streifen ohne Knick (485, 486). S1 von der Seite am unteren hinteren Rand nur schmal gelb gezeichnet (485, 486). Occipitaldreieck in DE (474/113) gelb, in Südwest-FR und Nord-IT auch schwarz oder schwarz mit gelben Flecken. Abdominalzeichnung (478, 479/113).
♂: Obere Abdominalanhänge an der Basis mit deutlich schwächerem Zahn: von der Seite (494), von oben (493). Untere Anhänge nicht breiter als die oberen Anhänge (495).
♀: Legescheide am Grunde mit gelbem Fleck (482/113).

Cordulegaster boltonii ... 3

3 Stirn von vorne mit dunklem Strich (474/113). S1 von der Seite: gelbe Zeichnung auf den hinteren Rand beschränkt (485). Abdominalzeichnung von oben (478/113), von der Seite (485). Färbung des Occipitaldreiecks variabel: in SW-FR schwarz, N-IT schwarz mit kleinen gelben Flecken (Boudot 2001, Boudot et al. 2009).

Jan	Feb	Mär	Apr	Mai	Jun	Jul	Aug	Sep	Okt	Nov	Dez

Abdomen ♂: 54–61 mm, ♀: 55–64 mm.
Saubere, schmale Waldbäche mit Seichtwasserstellen, bevorzugt im Mittelgebirge. Schnellfließende Bäche der Ebene mit Sandgrund. Seltener Quellsümpfe und schmale Rinnsale.
DE: *Ungefährdet.*

Cordulegaster boltonii boltonii Zweigestreifte Quelljungfer

3' Stirn ohne oder nur mit angedeutetem Strich (475/113). S1 von der Seite: gelbe Zeichnung mit einem Bogen in die Mitte (486). Abdomen von oben ausgedehnter gelb gezeichnet (479/113), von der Seite (486).

Jan	Feb	Mär	Apr	Mai	Jun	Jul	Aug	Sep	Okt	Nov	Dez

Eventuell nur temperaturabhängige hellere Form in S-FR und NW-IT. Hellere Populationen in ES und PO werden traditionell als *C. b. iberica* klassifiziert. In S-ES und N-Afrika die gut differenzierte *C. b. algerica.*

Cordulegaster boltonii immaculifrons

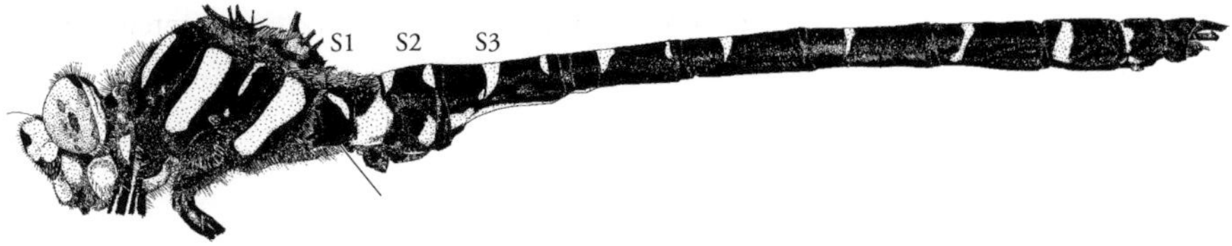

483 *Cordulegaster bidentata*

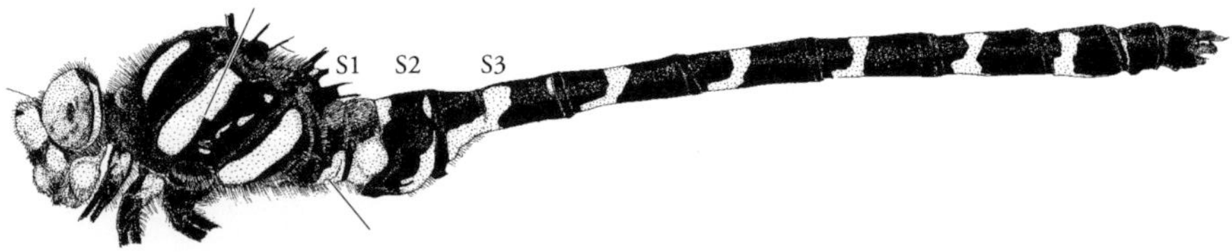

484 *Cordulegaster heros*

485 *Cordulegaster boltonii boltonii*

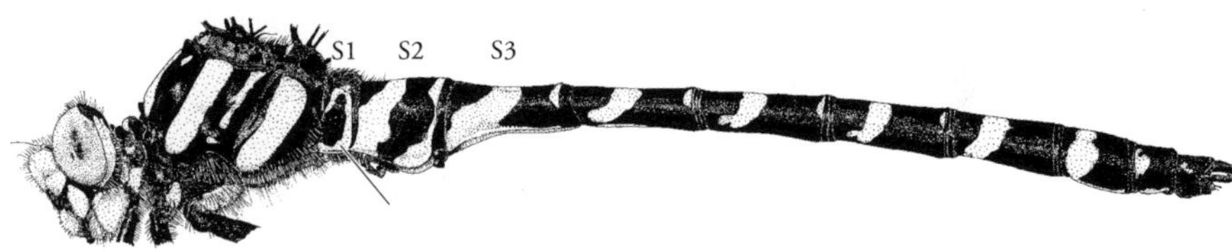

486 *Cordulegaster boltonii immaculifrons*

487

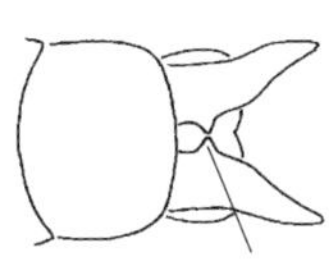
490

493

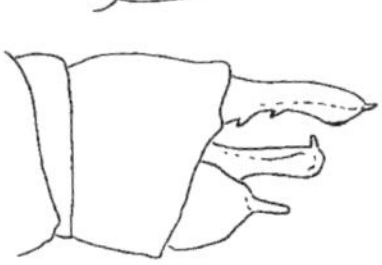
488

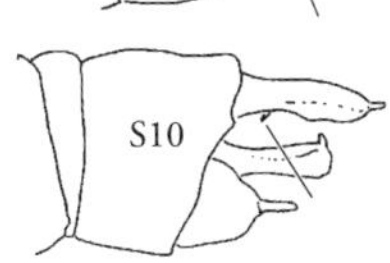

491

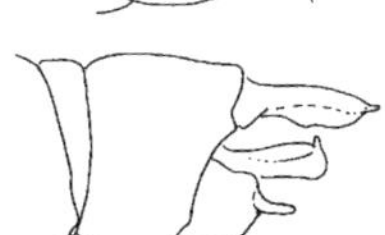
494

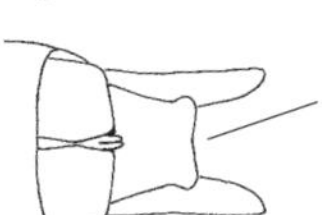
489

492

495

Cordulegaster bidentata ♂

Cordulegaster heros ♂

Cordulegaster boltonii ♂

Familie Macromiidae Flussherrscher

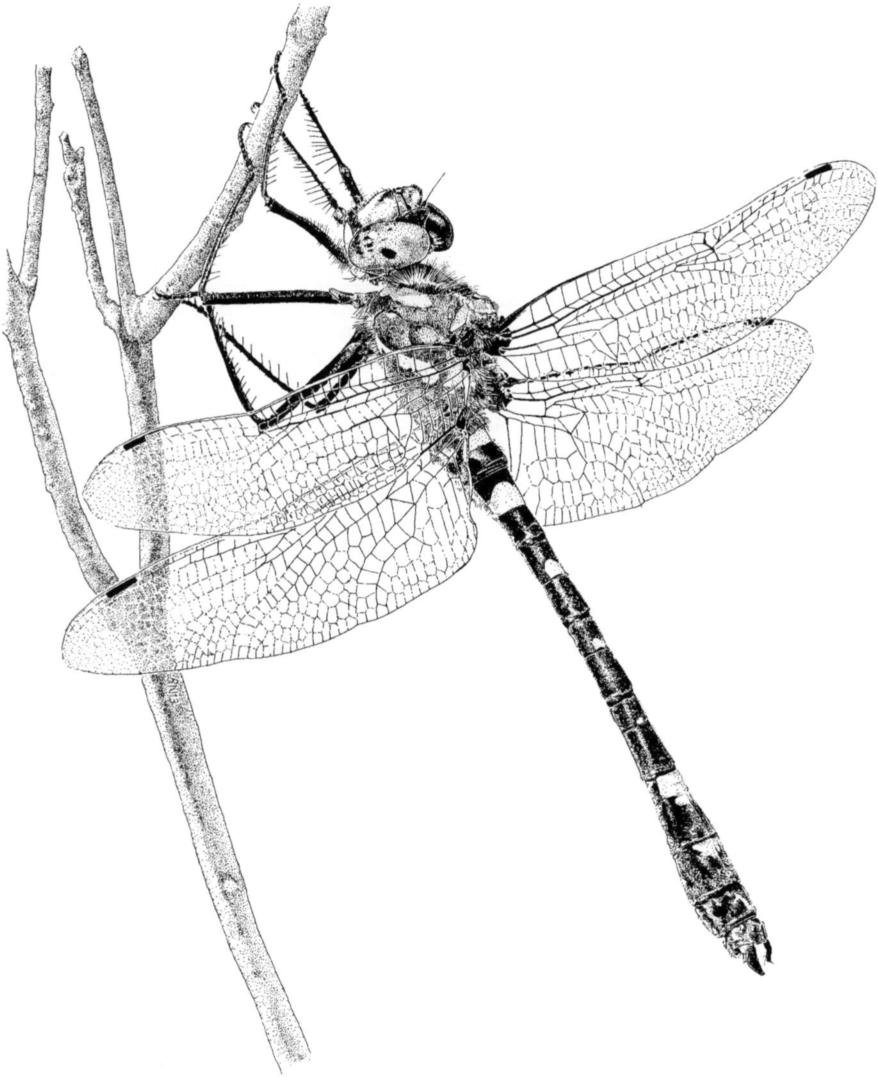

496 *Macromia splendens* ♂

Artenreiche Familie, besonders in den Tropen Afrikas und Asiens. In Europa nur eine Art im Südwesten. Die einzige Art ist als Besiedler der sauberen und großen Flüsse eine der europaweit am stärksten bedrohten Arten. Die zentralasiatische Art *M. amphigena* (Sélys, 1871) wird manchmal im Südural vermutet, bisher liegen aber keine Funde vor (Wildermuth 2008). Der schwarze Körper mit gelber Zeichnung ähnelt dem der *Cordulegaster*-Arten. Larven und Imagines sind auffallend langbeinig (498). Typisch ist ein langsamer, geradliniger Flug in der Gewässermitte.

Augen grün, berühren sich nur auf kurzer Strecke (500); Hinterer Rand an den Seiten mit deutlicher Ausbuchtung (501). Abdomen glänzend, schwarz mit charakteristischer gelber Zeichnung (499, 504), Beine sehr lang (498). Thorax von der Seite mit zwei gelben Bändern (497, 498). Vorderflügel: 12 bis15 Antenodalqueradern. Hinterflügel: Meistens drei Cubitoanalqueradern, keine Ader im Triangulum (503).
♂: Anhänge (505, 506). ♀: Legeapparat (502).

Jan	Feb	Mär	Apr	Mai	Jun	Jul	Aug	Sep	Okt	Nov	Dez

Abdomen 48–55 mm. Sehr selten. Flüsse des Flachlandes und der Mittelgebirge. Hohe Habitatsansprüche, die Flüsse müssen sauber, breit (4–100 m), tief (bis 6 m) und langsamfließend sein. Sekundär in langgestreckten Stauseen. Wenig Fundorte in den Mittelgebirgen S-FR, in Galizien (N-PO und ES) und S-ES. EUR: *Vulnerable.*

Macromia splendens Europäischer Flussherrscher

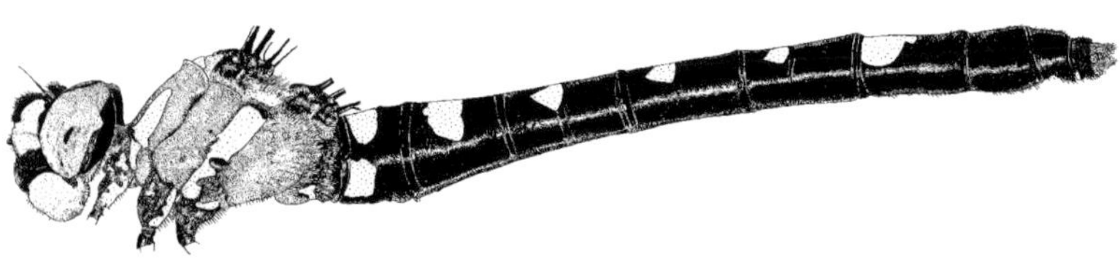

497 *Macromia splendens* ♀

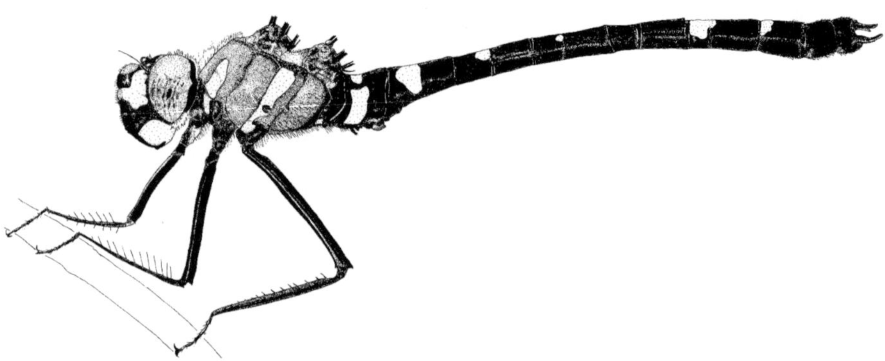

498 *Macromia splendens* ♂

499 *M. splendens* ♀

500 *Macromia splendens*

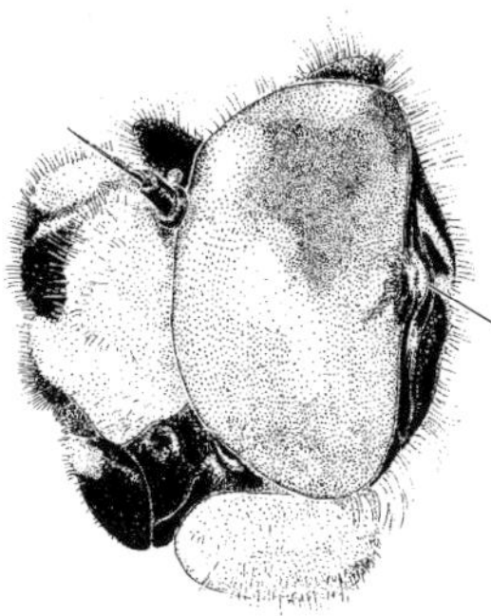

501 *Macromia splendens*

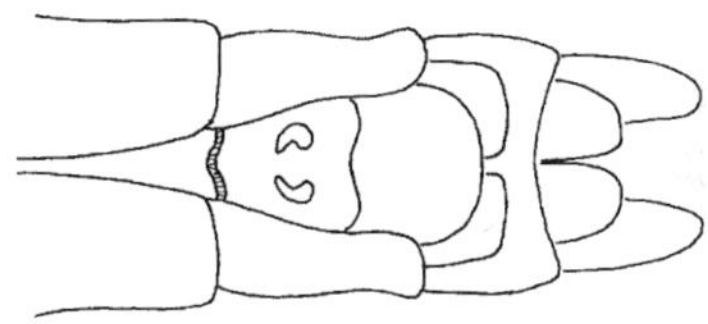

502 *Macromia splendens* ♀

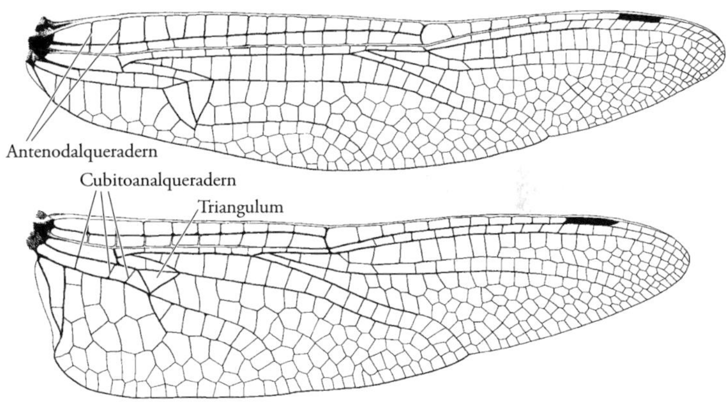

503 *Macromia splendens* ♂

504 *M. splendens* ♂

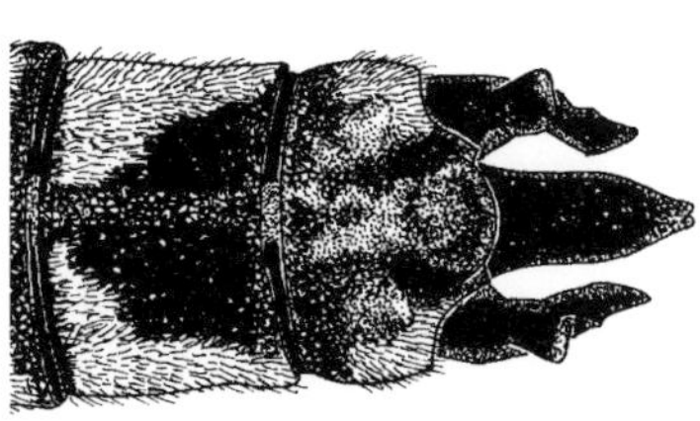

505 *Macromia splendens* ♂

506 *Macromia splendens* ♂

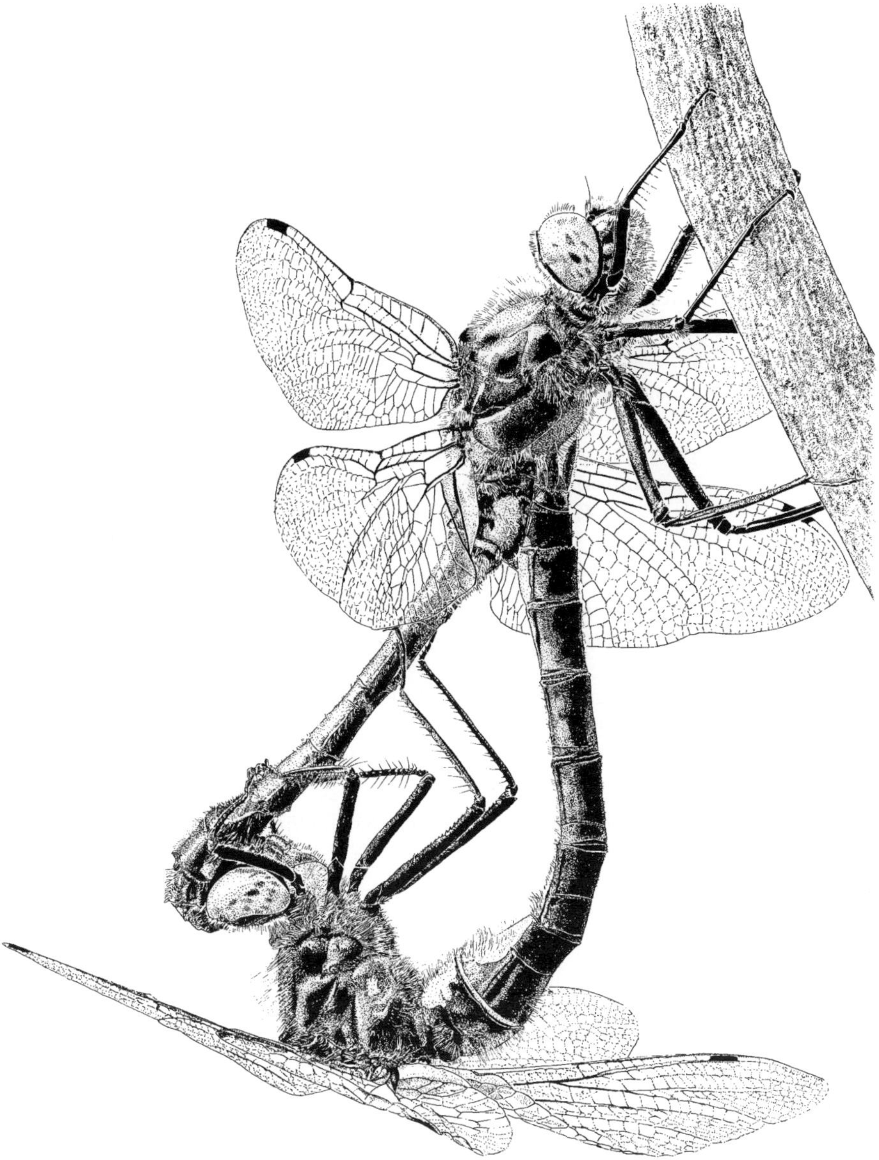

507 *Cordulia aenea* Kopula

Mittelgroße, meist dunkel metallisch-grüne Arten. Ausnahme *Epitheca bimaculata:* brauner Körper ohne Metallglanz.

Männchen mit Öhrchen an S2. Der Legeapparat der Weibchen mehr oder weniger reduziert, manchmal als Rinne senkrecht abstehend (Wildermuth 2008).

Die Eiablage erfolgt aus dem Flug frei ins Wasser oder auf das feuchte Ufer, die Weibchen sind dabei allein; das Weibchen von *Epitheca bimaculata* legt bläuliche, gallertige Laichschnüre in der Schwimmblattzone von Seen ab.

Meist Arten stehender oder langsam fließender Gewässer. Arten der Fließgewässer in Südwesteuropa (*Oxygastra curtisii* (vgl. Ott et al. 2007)) und in den Bächen Südosteuropas (*Somatochlora borisi* und *S. meridionalis*). Hauptverbreitung der Gattung *Somatochlora* ist Nordeuropa, *Somatochlora sahlbergi* ist weltweit die am weitesten nördlich bodenständige Libellenart (Walker 1925, Schröter 2011).

1 Basis des Hinterflügels mit großem schwarzen Fleck (509). Thorax dunkelbraun, Abdomen orangebraun mit breiter, schwarzer Mittelzeichnung (508).
♂: Anhänge (510).
♀: Legeapparat lang, orange-braun (511).

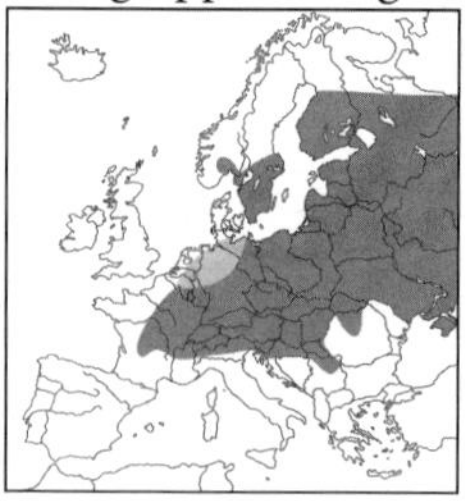

Jan	Feb	Mär	Apr	Mai	Jun	Jul	Aug	Sep	Okt	Nov	Dez

Abdomen 39–43 mm.
Eurosibirisch. Mesotrophe Seen des Flachlandes mit Schwimm- und Tauchblattvegetation, bevorzugt im Laubwald. Seltener Altarme, flache Buchten großer Seen, Kies- und Fischteiche. In DE in NO-Brandenburg und im Saarland, sonst in Mitteleuropa extrem selten. DE: *Ungefährdet.*
Epitheca bimaculata Zweifleck

1' Basis des Hinterflügels ohne schwarzen Fleck (517/124, 528/125). Körper größtenteils metallisch-grün, alte Tiere auch schwarz.

... 2

2 Stirnseiten vor den Augen ohne gelbe Flecken (512). Untere Anhänge der ♂ v-förmig eingeschnitten, am Ende zweigeteilt (515).

... 3

2' Stirnseiten vor den Augen mit gelben Flecken (513, 514). Untere Anhänge der ♂ einteilig, enden in einer Spitze (516).
Gattung *Somatochlora* ... 4

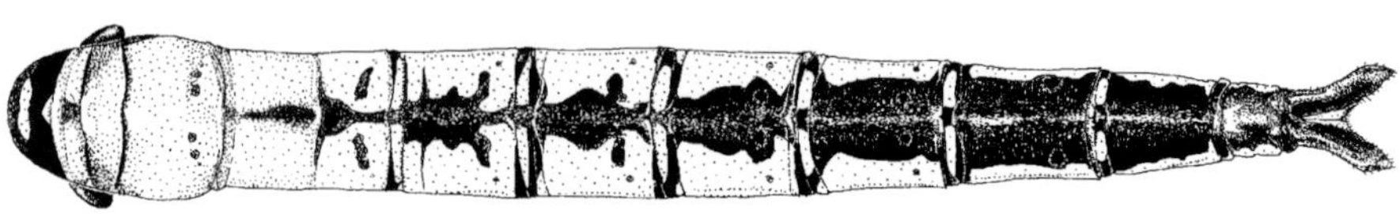

508 *Epitheca bimaculata* ♂

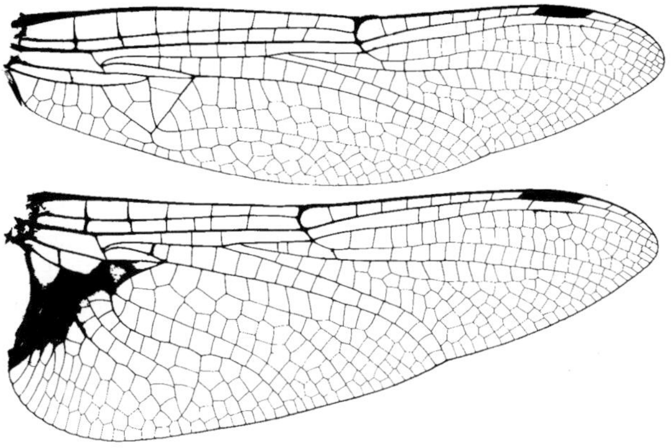

509 *Epitheca bimaculata*

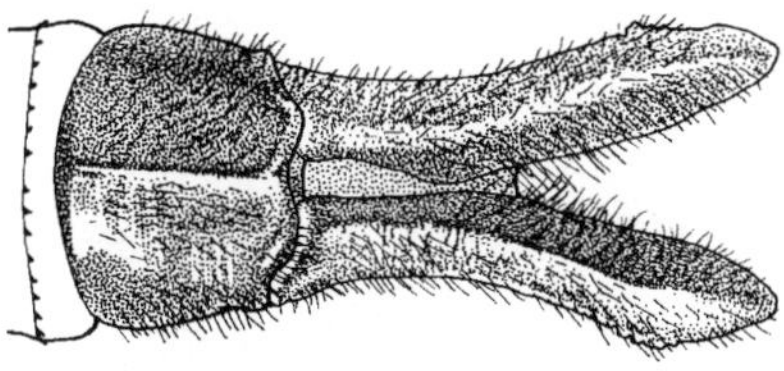

510 *Epitheca bimaculata* ♂

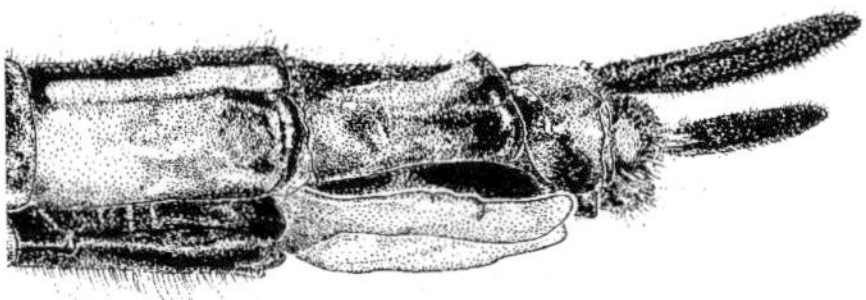

511 *Epitheca bimaculata* ♀

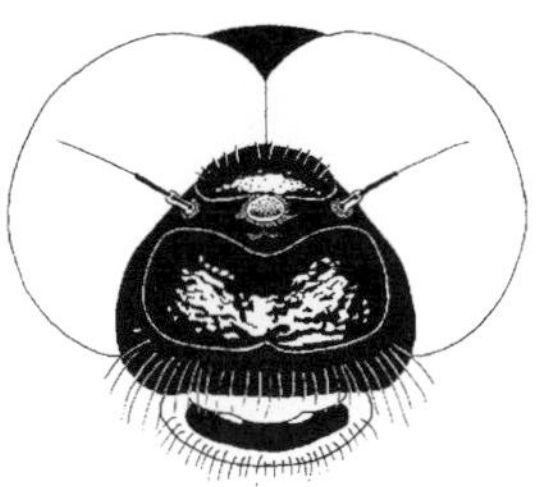

512 *Cordulia aenea*

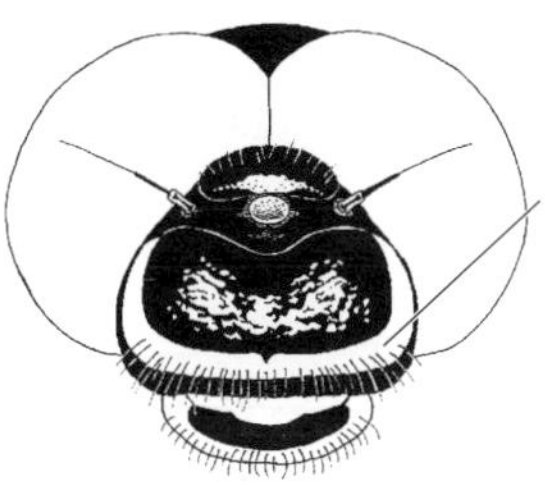

513 *Somatochlora metallica*

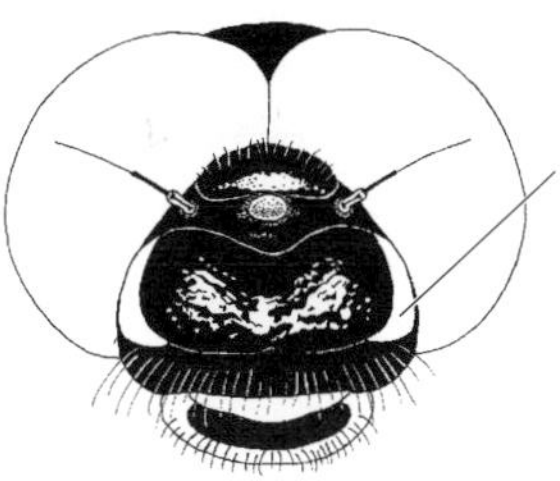

514 *Somatochlora flavomaculata*

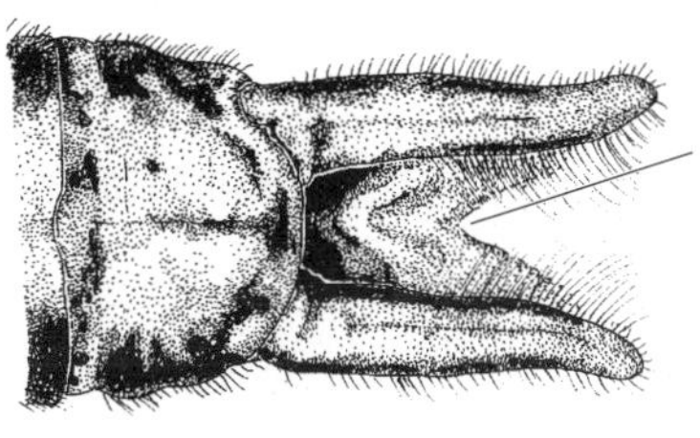

515 *Cordulia aenea* ♂

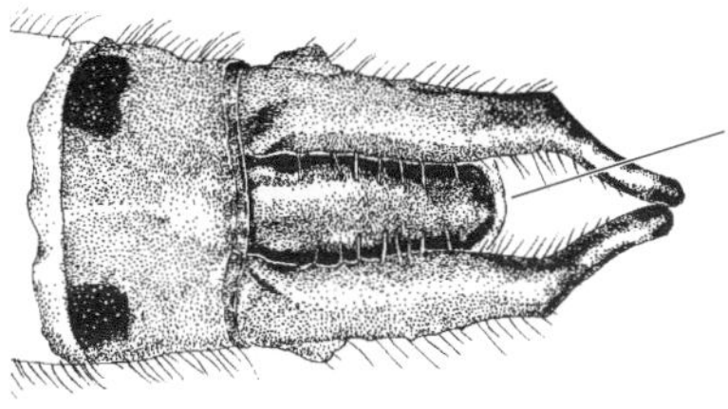

516 Somatochlora ♂

3 Abdomen von oben mit gelblichen Längsflecken, schlank, nur die letzten Segmente etwas verbreitert (518, 519). Triangulum im Vorderflügel ohne Längsader, im Hinterflügel zwei Cubitoanalqueradern (Cut) (517).
♂: Abdominalanhänge oben mit gelbem Längskiel (522, 523).
♀: Legeapparat (524).

Jan	Feb	Mär	Apr	Mai	Jun	Jul	Aug	Sep	Okt	Nov	Dez

Abdomen 34–39 mm. Atlantomediterran. Ruhig strömende Fließgewässer mit lückigem Ufergehölz. Seltener Bäche und Seen. Randvork. CH (Tessin: Luganer See, Orgliosee) sowie DE-BE-LU-Grenzgebiet (Our (Ott et al. 2007)). EUR: *Near threatened.* DE: *R, extrem selten,* FFH-Status: *II, IV.* Verwandschaftlich isolierte Stellung außerhalb der Corduliidae. Hier in die eigenständige Familie Oxygastridae (Bechly 1996, Dumont et al. 2010) gestellt.

Oxygastra curtisii Gekielter Flussfalke

3' Abdomen metallisch dunkelgrün-kupfern, ohne gelbe Flecken. Abdomen breiter als bei *O. curtisii* (521), bei ♂ nach hinten keulenförmig verdickt (520). Triangulum im Vorderflügel mit einer Längsader, im Hinterflügel eine Cubitoanalquerader (528).
♂: Abdominalanhänge (525, 526).
♀: Legeapparat (527).

Jan	Feb	Mär	Apr	Mai	Jun	Jul	Aug	Sep	Okt	Nov	Dez

Abdomen 33–39 mm.
Eurosibirisch. Fliegt im Flachland im Frühling, in höheren Lagen bis in den Sommer. Stehende Gewässer, besonders Moorgewässer, Waldweiher, Teiche und Altwasser, selten auch an langsam fließenden Gewässern. ♂ patrouillieren parallel zur wasserseitigen Vegetationskante. Verbreitet. DE: *Ungefährdet.*

Cordulia aenea Falkenlibelle

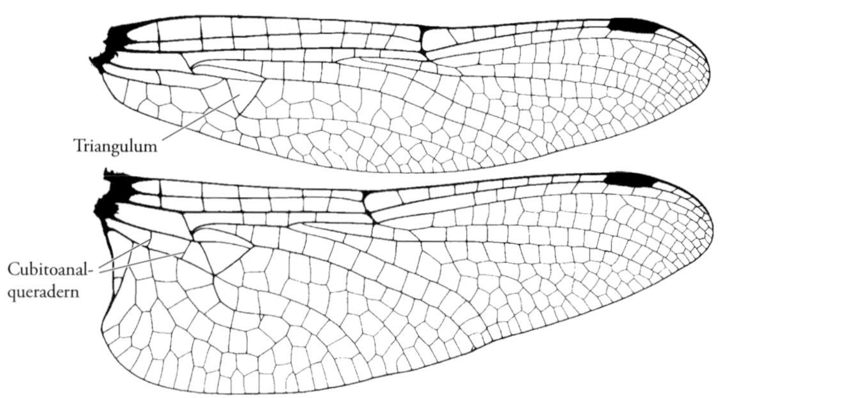

517 *Oxygastra curtisii* ♂

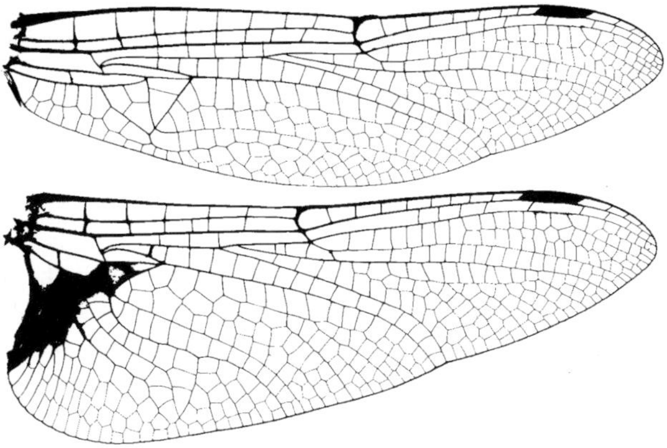

509 *Epitheca bimaculata*

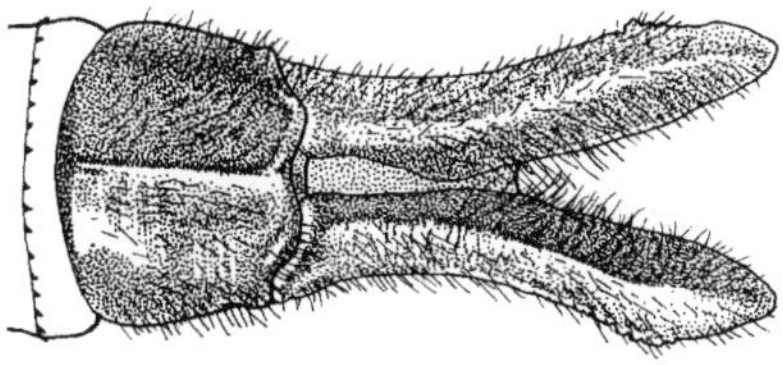

510 *Epitheca bimaculata* ♂

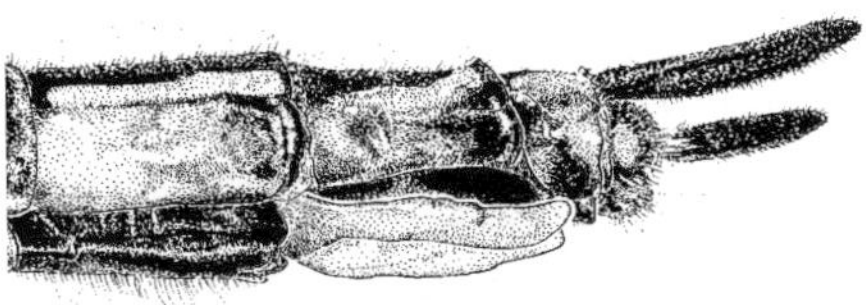

511 *Epitheca bimaculata* ♀

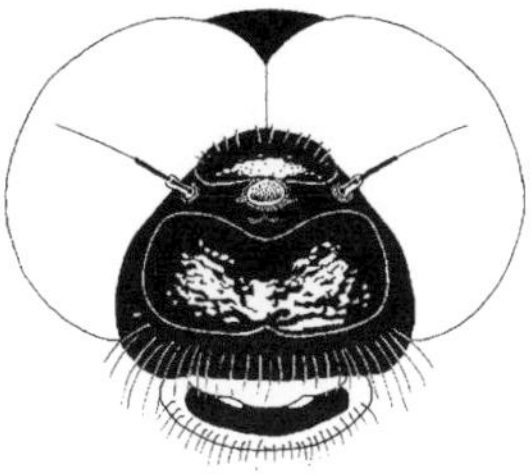

512 *Cordulia aenea*

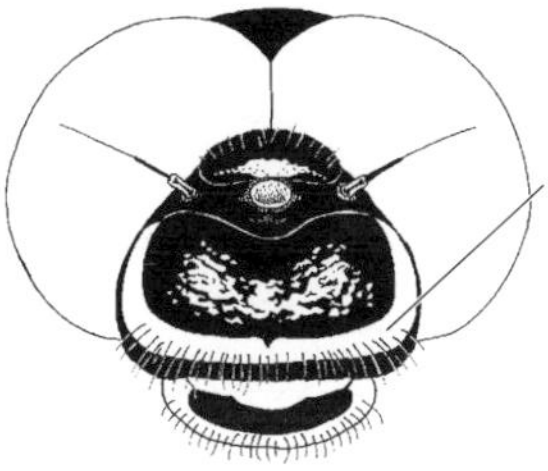

513 *Somatochlora metallica*

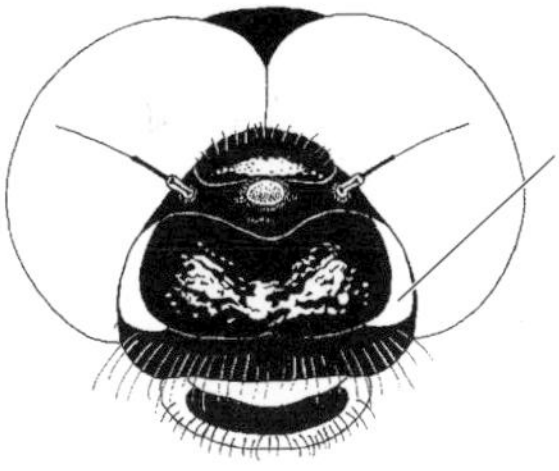

514 *Somatochlora flavomaculata*

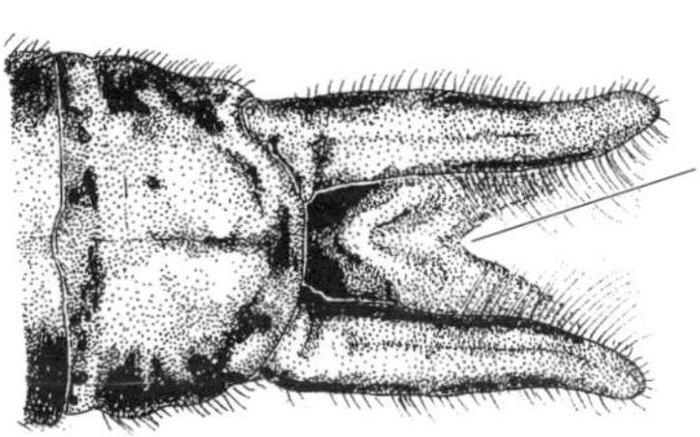

515 *Cordulia aenea* ♂

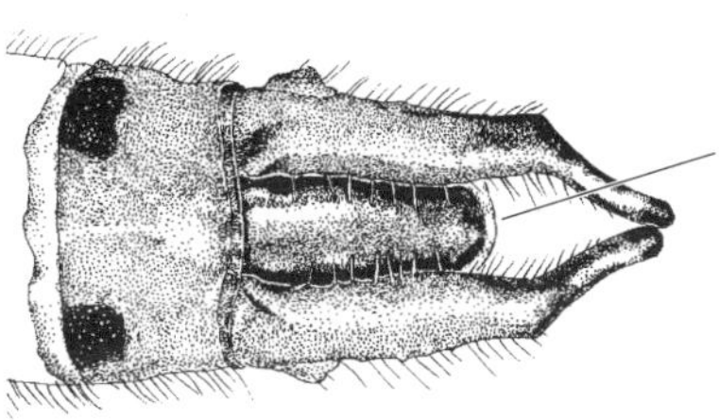

516 Somatochlora ♂

3 Abdomen von oben mit gelblichen Längsflecken, schlank, nur die letzten Segmente etwas verbreitert (518, 519). Triangulum im Vorderflügel ohne Längsader, im Hinterflügel zwei Cubitoanalqueradern (Cut) (517).
♂: Abdominalanhänge oben mit gelbem Längskiel (522, 523).
♀: Legeapparat (524).

Jan	Feb	Mär	Apr	Mai	Jun	Jul	Aug	Sep	Okt	Nov	Dez

Abdomen 34–39 mm. Atlantomediterran. Ruhig strömende Fließgewässer mit lückigem Ufergehölz. Seltener Bäche und Seen. Randvork. CH (Tessin: Luganer See, Orgliosee) sowie DE-BE-LU-Grenzgebiet (Our (Ott et al. 2007)). EUR: *Near threatened.* DE: *R, extrem selten,* FFH-Status: *II, IV.* Verwandschaftlich isolierte Stellung außerhalb der Corduliidae. Hier in die eigenständige Familie Oxygastridae (Bechly 1996, Dumont et al. 2010) gestellt.

Oxygastra curtisii Gekielter Flussfalke

3' Abdomen metallisch dunkelgrün-kupfern, ohne gelbe Flecken. Abdomen breiter als bei *O. curtisii* (521), bei ♂ nach hinten keulenförmig verdickt (520). Triangulum im Vorderflügel mit einer Längsader, im Hinterflügel eine Cubitoanalquerader (528).
♂: Abdominalanhänge (525, 526).
♀: Legeapparat (527).

Jan	Feb	Mär	Apr	Mai	Jun	Jul	Aug	Sep	Okt	Nov	Dez

Abdomen 33–39 mm.
Eurosibirisch. Fliegt im Flachland im Frühling, in höheren Lagen bis in den Sommer. Stehende Gewässer, besonders Moorgewässer, Waldweiher, Teiche und Altwasser, selten auch an langsam fließenden Gewässern. ♂ patrouillieren parallel zur wasserseitigen Vegetationskante. Verbreitet. DE: *Ungefährdet.*

Cordulia aenea Falkenlibelle

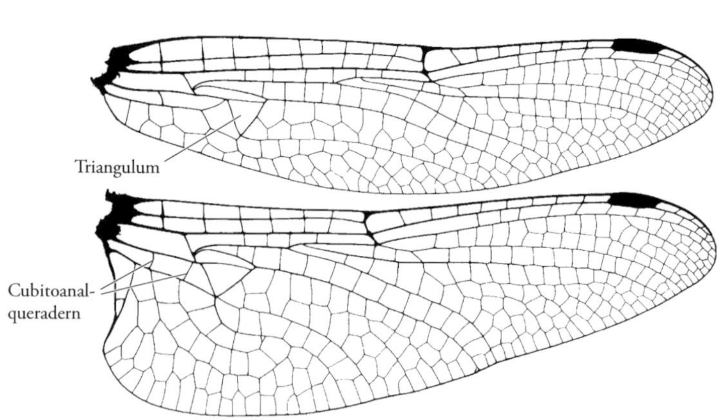

517 *Oxygastra curtisii* ♂

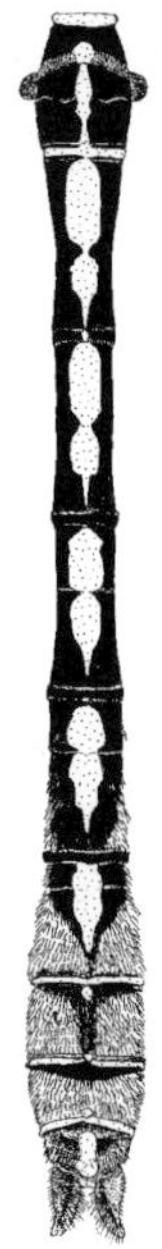

518 *O. curtisii* ♂

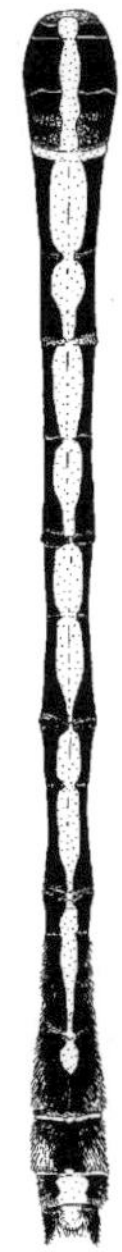

519 *O. curtisii* ♀

520 *C. aenea* ♂

521 *C. aenea* ♀

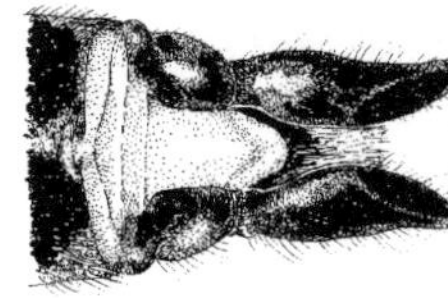

522 *Oxygastra curtisii* ♂

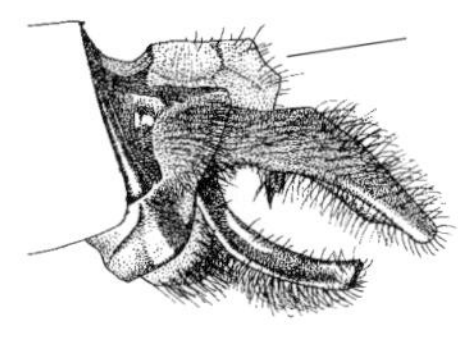

523 *Oxygastra curtisii* ♂

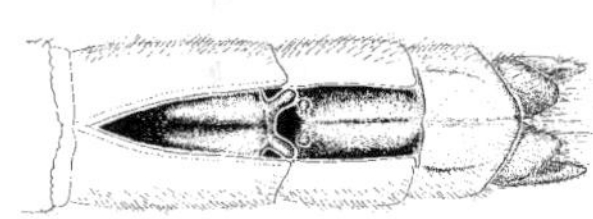

524 *Oxygastra curtisii* ♀

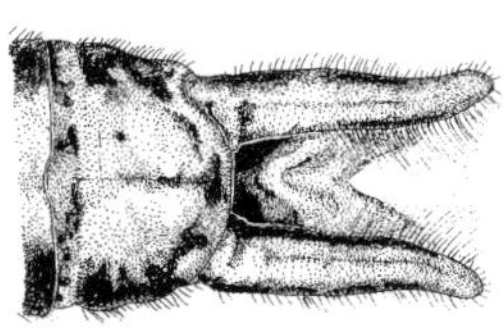

525 *Cordulia aenea* ♂

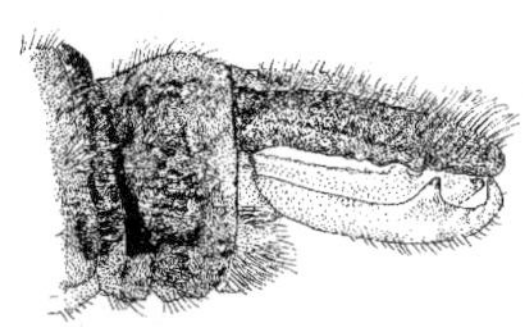

526 *Cordulia aenea* ♂

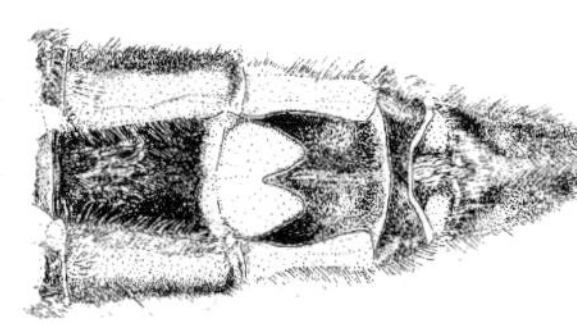

527 *Cordulia aenea* ♀

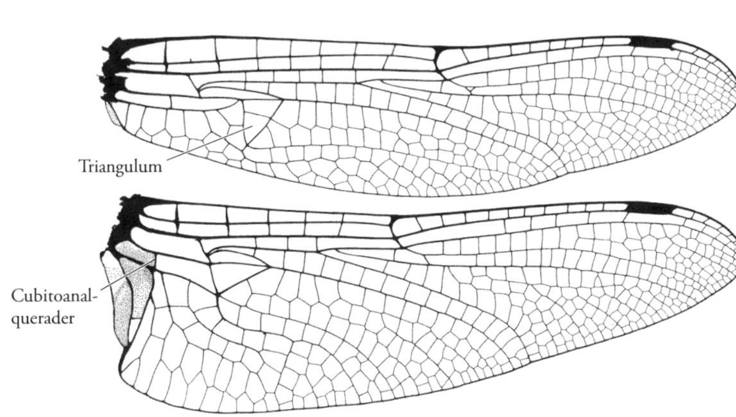

528 *Cordulia aenea* ♂

4 Gelbe Stirnseitenflecken sind durch eine Querbinde verbunden (540).
♂: Abdomen S6–S7 leicht verbreitert (541, 543).
♀: Mit abstehender, spitz zulaufender Legescheide (531, 537).

... 5

4' Gelbe Stirnseitenflecken getrennt (538, 540).
♂: Abdomen ohne Verbreiterung oder S7–S9 leicht verbreitert (539).
♀: Mit abgerundeter Legescheide (534, 546, 549, 552, 555, 558).

... 6

5 Thorax glänzend grün (536). Pterostigma hell bis dunkelbraun.
♂: Untere Anhänge tendenziell kürzer (529, 530, 541).

Jan	Feb	Mär	Apr	Mai	Jun	Jul	Aug	Sep	Okt	Nov	Dez

Abdomen 35–44 mm. Eurosibirisch. An stehenden und langsam fließenden Gewässern. Vor allem in waldreichen Gegenden und an Torfgewässern. Eiablage in feuchten Uferschlamm mit Hilfe der langabstehenden Legescheide. Verbreitet. In Südosteuropa im Gebirge. DE: *Ungefährdet.* In Sibirien und, selten in Osteuropa Pterostigma dunkel, manchmal als *ssp. abocanica* Belyshev, 1955 geführt.

Somatochlora metallica Glänzende Smaragdlibelle

5' Thorax seitlich mit ein bis zwei gelben Flecken (537). Pterostigma schwarz.
♂: Untere Anhänge tendenziell länger (543). Unterschiede zu *S. metallica* minimal, der Status als Art ist umstritten, bei gemeinsamen Vorkommen treten intermediäre Individuen auf, die eventuell Hybride sein könnten.

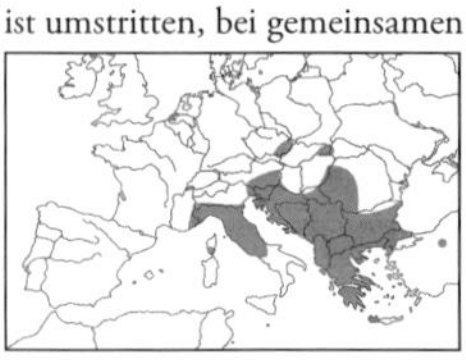

Jan	Feb	Mär	Apr	Mai	Jun	Jul	Aug	Sep	Okt	Nov	Dez

Abdomen 35–44 mm.
Balkanhalbinsel, IT und SO-FR. Einzelfunde bis AU, CZ, SK.
An fließenden, meist schattigen Bächen und Flüssen.

Somatochlora meridionalis Balkan-Smaragdlibelle

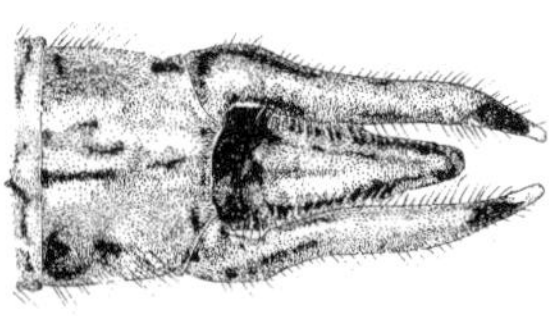

529 *Somatochlora metallica* ♂

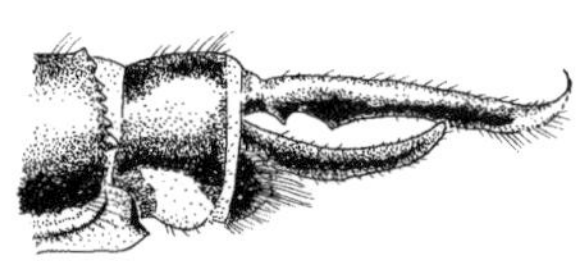

530 *Somatochlora metallica* ♂

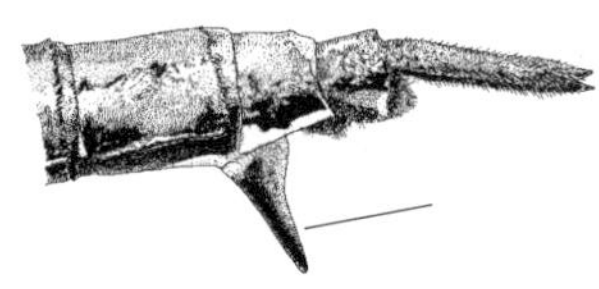

531 *Somatochlora metallica* ♀

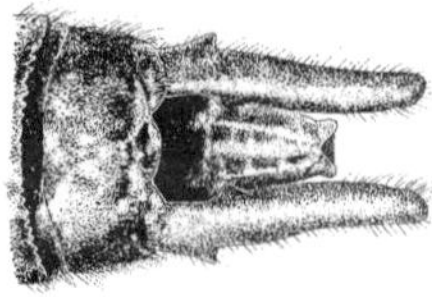

532 *Somatochlora borisi* ♂

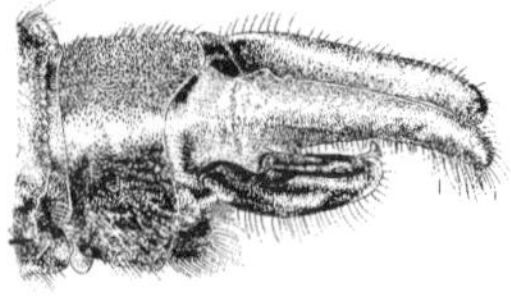

533 *Somatochlora borisi* ♂

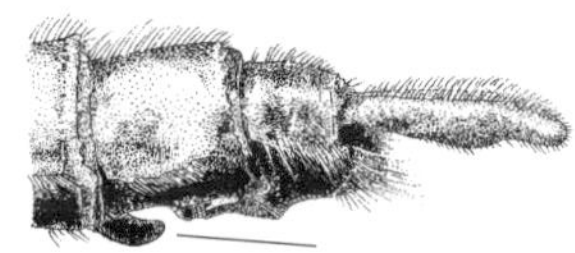

534 *Somatochlora borisi* ♀

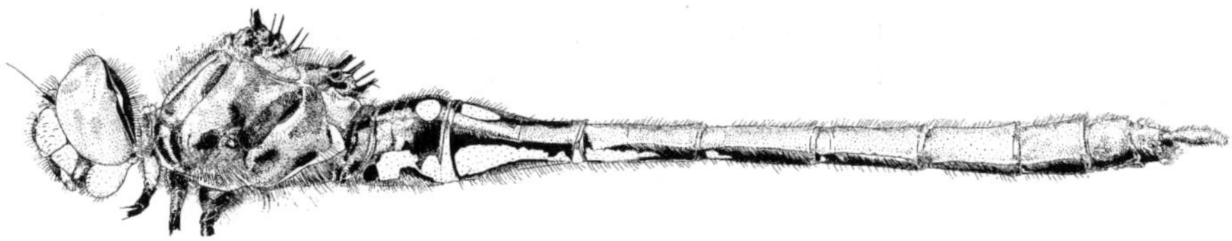

535 *Somatochlora borisi* ♀

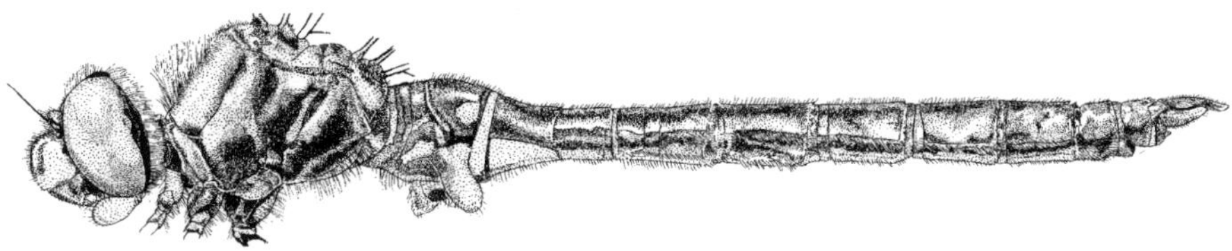

536 *Somatochlora metallica* ♂

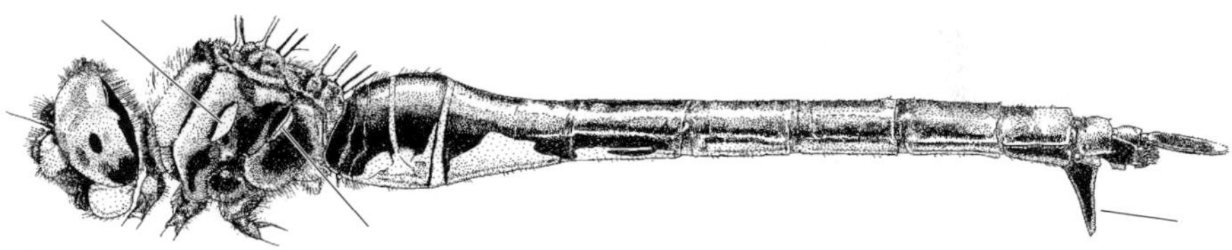

537 *Somatochlora meridionalis* ♀

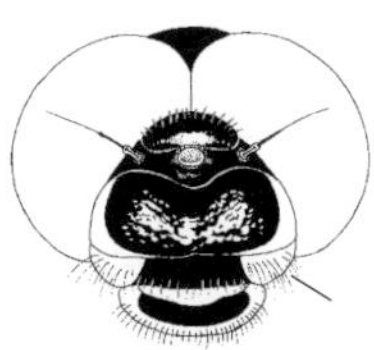

538 *Somatochlora borisi*

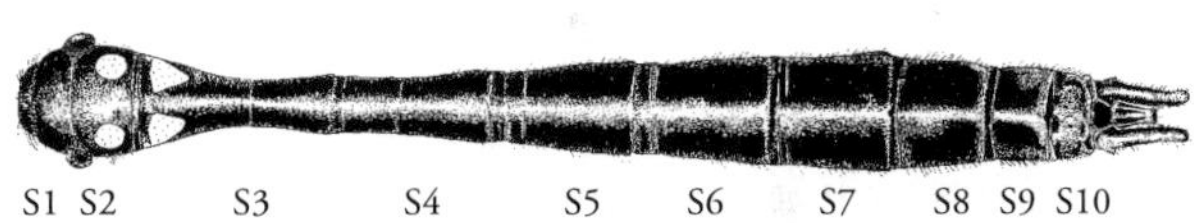

539 *Somatochlora borisi* ♂

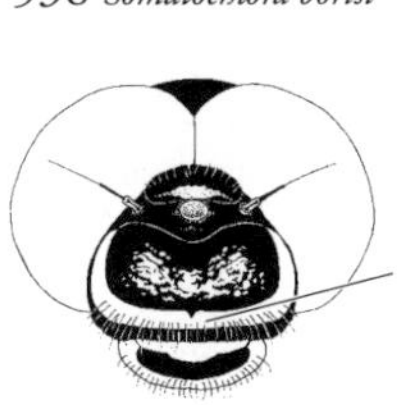

540 *Somatochlora metallica*

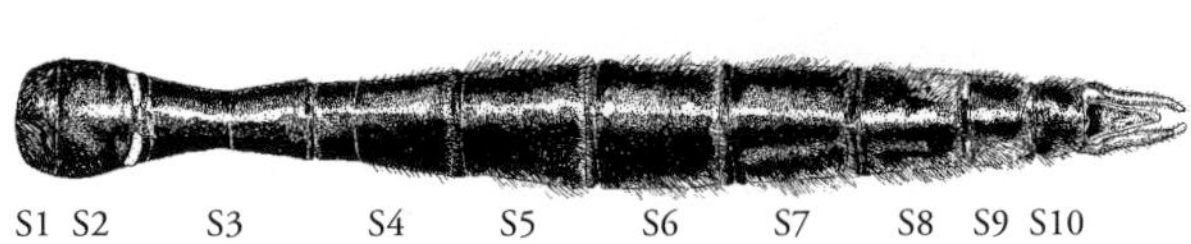

541 *Somatochlora metallica* ♂

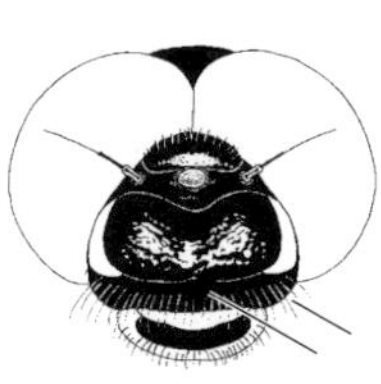

542 *Somatochlora flavomaculata*

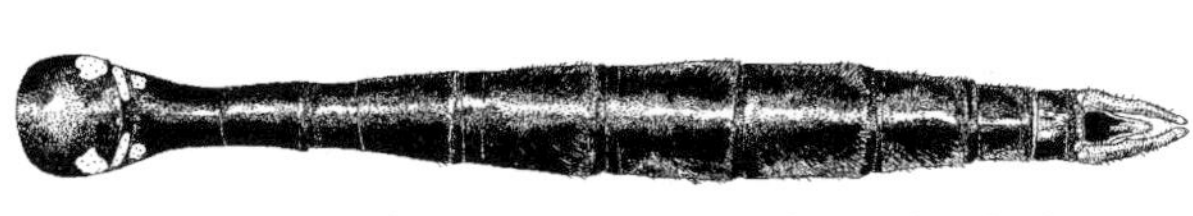

543 *Somatochlora meridionalis* ♂

6 Seiten des Kopfschildes unter den Stirnflecken ebenfalls gelb (538/127).
♂: Abdomen hinten schwach verbreitert, größte Breite S7–S8 (535, 539/127). Obere Anhänge von der Seite: nach unten weisende, abgerundete Enden (533/126). Untere Anhänge von oben: enden in einer abgeplatteten, eingekerbten Spitze (532/126).
♀: Mit abgerundeter, kurzer Legeklappe, weniger als halb so lang wie S9 (534/126) und von unten in der Mitte geschlitzt.

Jan	Feb	Mär	Apr	Mai	Jun	Jul	Aug	Sep	Okt	Nov	Dez

Abdomen 34–37 mm. Balkan-Endemit, vereinzelte Vorkommen in den Rhodopen (SO-BG, NO-GR) sowie W-TR. 2001 neu entdeckt (Marinov 2001, Boudot et al. 2004, Marinov & Seidenbusch 2007). Bewaldete Gebiete mit feuchtwarmen Klima. Schattige Bereiche langsam fließender Gewässer mit 1–5 m Breite. ♂ patrouillieren, sonnige Abschnitte meidend, dicht über dem Wasser in Ufernähe. EUR: *Vulnerable.*

Somatochlora borisi Thrakische Smaragdlibelle

6' Seiten des Kopfschildes schwarz (542/127).
♂: Abdomen: S5–S10 so gut wie gleichbreit. Obere Anhänge von der Seite gerade (554) oder mit nach oben geschwungenem Ende (545, 548, 551, 557). Untere Anhänge von oben: laufen spitz oder stumpf aus (544, 547, 550, 553, 556).
♀: Legeklappen meist breit und kräftig (549, 555, 558), selten rund abstehend (546) oder klein (552).

… 7

7 S4–S8 mit gelben, im Alter braunen Seitenflecken, bei ♂ klein (559/131), bei ♀ groß (560/131). Grüne Augen kontrastieren wenig gegen grün-bronzefarbenden Thorax und Abdomen.
♂: Abdominalanhänge schlank (544, 545).
♀: Legeapparat mit runder, abstehender Legeklappe (546).

Jan	Feb	Mär	Apr	Mai	Jun	Jul	Aug	Sep	Okt	Nov	Dez

Abdomen 34–40 mm.
Eurosibirisch. Kleinflächige Gewässer wie Moortümpel, Seggenriede mit offenen Wasserstellen, Schlenken an verlandeten Gewässern. Im Alpenvorland stellenweise verbreitet, sonst zerstreut. DE: *Gefährdet.*

Somatochlora flavomaculata Gefleckte Smaragdlibelle

7' S4–S8 matt schwarz, ohne Seitenflecken. Augen kontrastreich glänzend grün. Nördliche Arten der arktischen und alpinen Gebiete. In Mitteleuropa nur in Mooren.
♂: Abdominalanhänge kräftig (547) oder am Ende auffällig gestaltet (550, 553, 556).
♀: Legeklappen kürzer, schlank (552) oder kräftig breit (549, 555, 558).

… 8

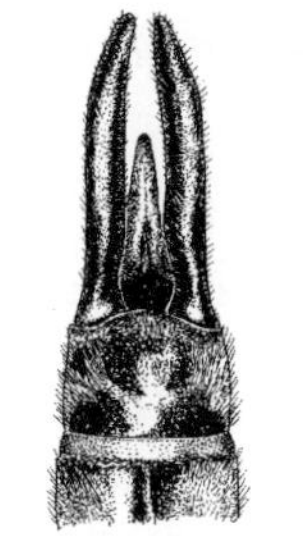

544 *Somatochlora flavomaculata* ♂

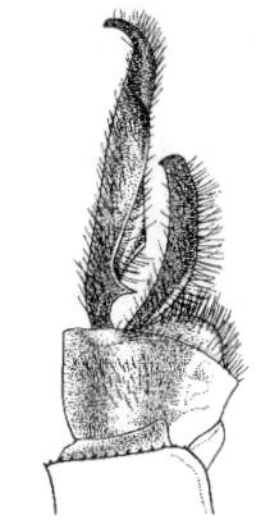

545 *Somatochlora flavomaculata* ♂

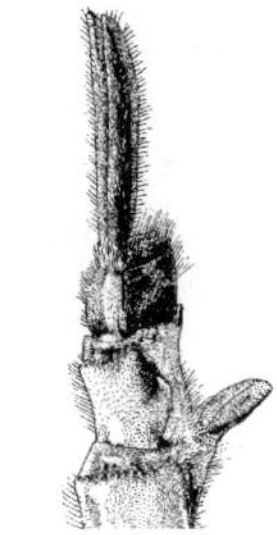

546 *Somatochlora flavomaculata* ♀

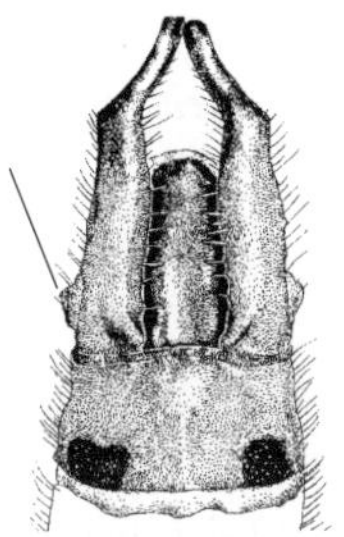

547 *Somatochlora alpestris* ♂

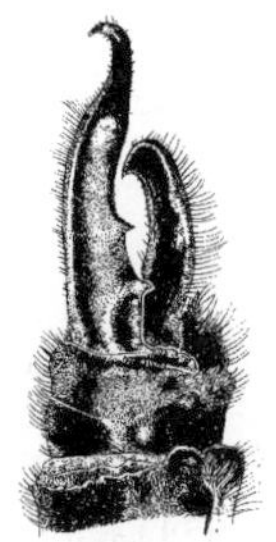

548 *Somatochlora alpestris* ♂

549 *Somatochlora alpestris* ♀

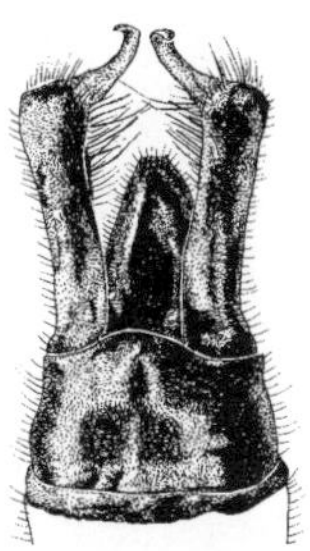

550 *Somatochlora sahlbergi* ♂

551 *Somatochlora sahlbergi* ♂

552 *Somatochlora sahlbergi* ♀

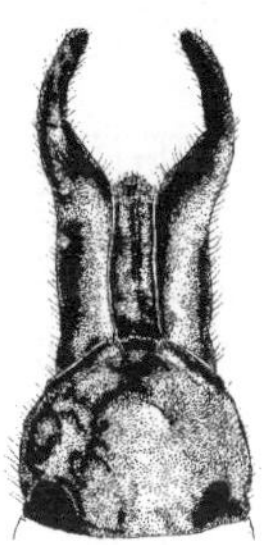

553 *Somatochlora arctica* ♂

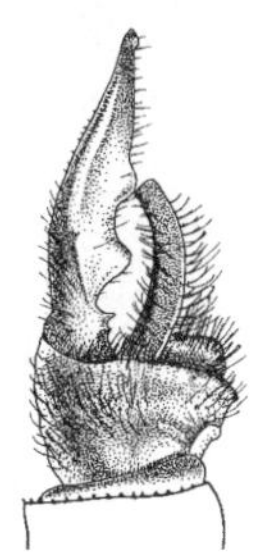

554 *Somatochlora arctica* ♂

555 *Somatochlora arctica* ♀

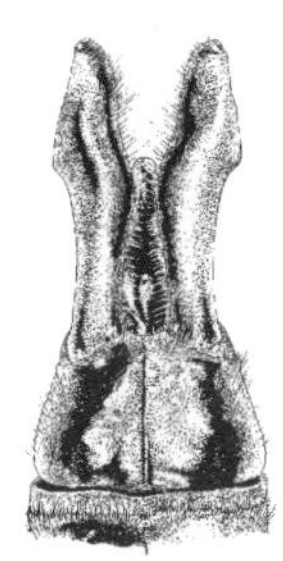

556 *Somatochlora graeseri* ♂

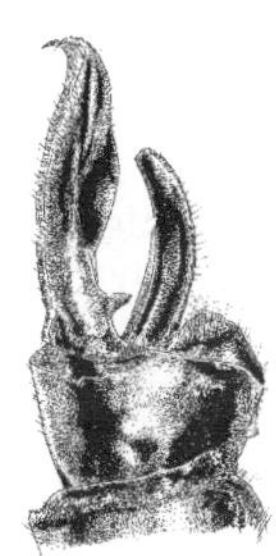

557 *Somatochlora graeseri* ♂

558 *Somatochlora graeseri* ♀

8 Vorderflügel: In mindestens einem Flügel zwei Cubitoanalqueradern (561). *Beide Vorderflügel beachten!*
♂: Basale Zähne an den oberen Anhängen von oben sichtbar (547, 548/129).
♀: Legeapparat kräftig, mit runder Legeklappe (549/129).

Jan	Feb	Mär	Apr	Mai	Jun	Jul	Aug	Sep	Okt	Nov	Dez

Abdomen 32–35 mm. Arktisch-alpin. Oberhalb der Waldgrenze der Alpen und in Fennoskandien in Kleingewässern. In Zentraleuropa nur in Zwischen- und Hochmooren oberhalb 900 m: Bayrische Alpen, Schwarzwald, Vogesen, Karpaten, Erz- und Riesengebirge selten bis zerstreut. Harz, Fichtelgebirge, Vogtland und Thüringer Wald sehr selten. DE: *Vom Aussterben bedroht.*

Somatochlora alpestris Alpen-Smaragdlibelle

8' Vorderflügel: beide Vorderflügel mit nur einer Cubitoanalquerader (562).
♂: Obere Anhänge ohne Zähne (550, 551) oder diese von oben nicht sichtbar (553, 556/129).
♀: Legeapparat ebenfalls kräftig (555, 558/129) oder klein (552/129).

... 9

9 ♂: Obere Anhänge von der Seite ohne Basalzahn (551/129), schlankes, nach oben verdrehtes Ende (550/129).
♀: S3 von oben ohne gelbe Flecken (563), mit weißem Ring am vorderen Rand (563). Legeapparat klein, ungefähr ein Drittel der Länge von S9 (552/129).

Jan	Feb	Mär	Apr	Mai	Jun	Jul	Aug	Sep	Okt	Nov	Dez

Abdomen 29–33 mm.
Zirkumpolar, nördlichste Libelle der Welt. Moore und Weiher der Waldtundra. In Europa im äußersten Norden, selten.
EUR: *Data deficient.*

Somatochlora sahlbergi Polar-Smaragdlibelle

9' ♂: Obere Anhänge von der Seite mit kräftigem Zahn nach unten (554, 557/129), von oben an der Basis breit (553, 556/129).
♀: S3 von oben meist mit gelben Flecken (564, 565), manchmal auch mit gelben Ring wie (563). Legeapparat kräftig (565, 558/129).

... 10

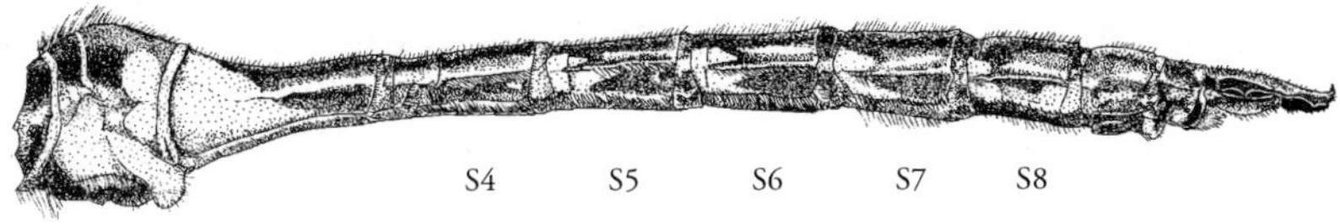

559 *Somatochlora flavomaculata* ♂

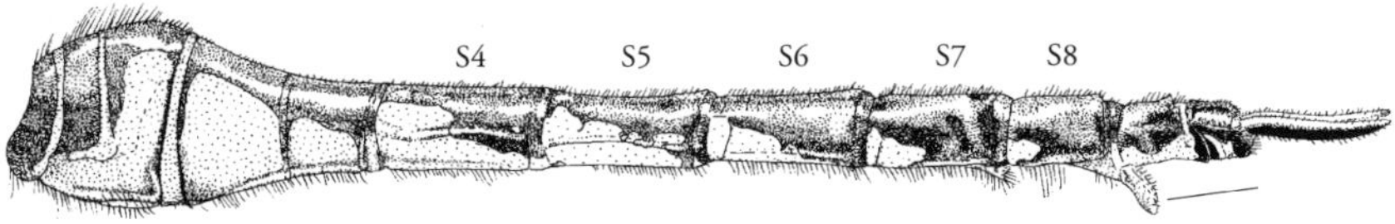

560 *Somatochlora flavomaculata* ♀

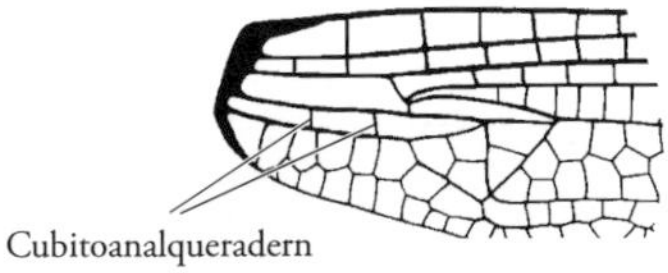

561 *Somatochlora alpestris*

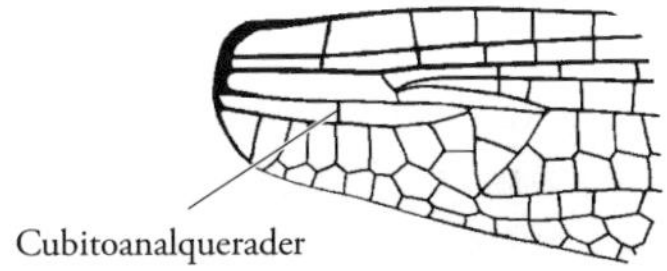

562 *Somatochlora arctica*

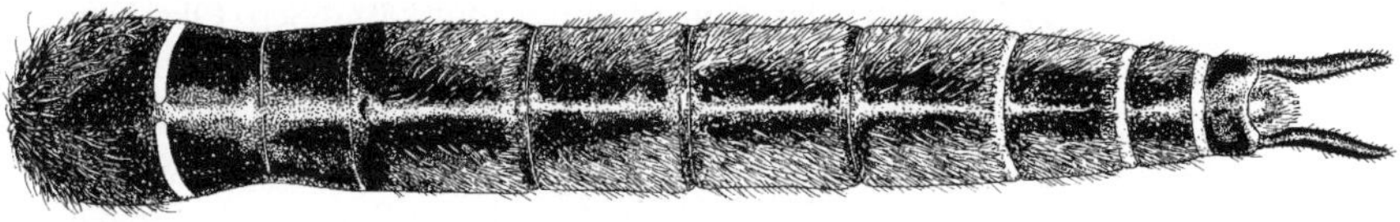

563 *Somatochlora sahlbergi* ♀

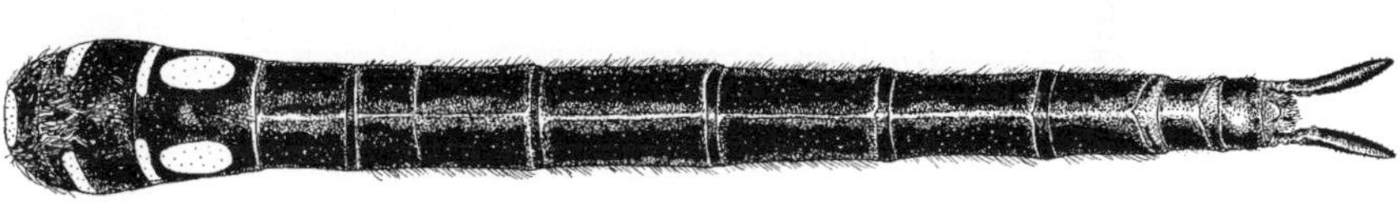

564 *Somatochlora arctica* ♀

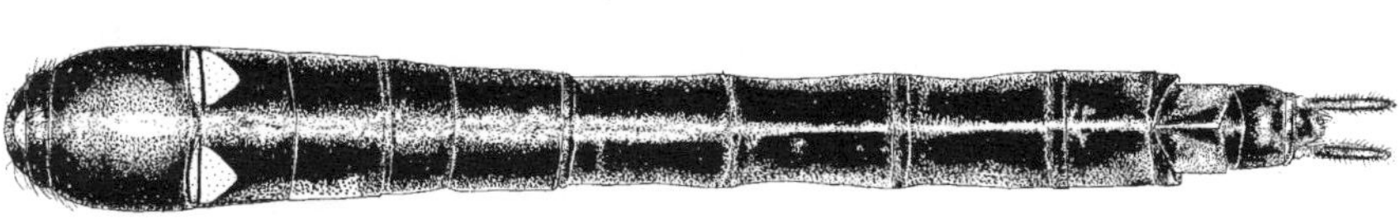

565 *Somatochlora graeseri* ♀

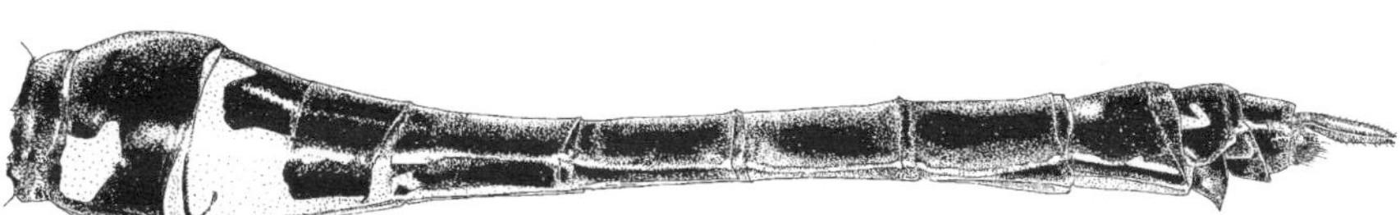

566 *Somatochlora graeseri* ♀

10 ♂: Obere Anhänge von oben zum Ende zangenartig nach außen gebogen (553/129), von der Seite: runder Zahn nach unten zur Mitte versetzt (554/129).
♀: S3 von oben mit zwei großen, gelben, runden Flecken (564/131). Legeapparat groß, so lang wie S9 (555/129).

Jan	Feb	Mär	Apr	Mai	Jun	Jul	Aug	Sep	Okt	Nov	Dez

Abdomen 30–37 mm.
Eurosibirisch. Kleinste Schlenken in Hoch- und Übergangsmooren, seltener Niedermoore, Torfstiche und vermoorte Gräben. Typische Larvengewässer kleiner 1 m^2, seicht, 10–30 cm tief, oft mit flutenden Torfmoosen. In Nord-DE in Wald- und Kesselmooren, im Süden Mittelgebirge und Alpen. DE: *Stark gefährdet.*

Somatochlora arctica Arktische Smaragdlibelle

10' ♂: Obere Anhänge mit verbreiterten Enden (556/129), von der Seite spitzer Zahn nahe der Basis (557/129).
♀: S3 von oben mit zwei gelben Dreiecken (565/131). Legeapparat halb so lang wie S9 (558/129), von unten zweilappig. Flügel oft mit gelben, im Alter braunen Basalflecken (567).

Jan	Feb	Mär	Apr	Mai	Jun	Jul	Aug	Sep	Okt	Nov	Dez

Abdomen 33–38 mm. Ostsibirisch, eiszeitlichen Reliktvorkommen in NO-RU. Kalte Stillgewässer, besonders Waldmoore und Klarwasserseen, die monatelang zugefroren sind. Wenige Vorkommen in NO-RU im Bereich der Pinega nahe Archangelsk (Bernard 2012) und im südlichem Ural (Yanybaeva et al. 2006, Haritonov und Eremina 2010).

Somatochlora graeseri Sibirische Smaragdlibelle

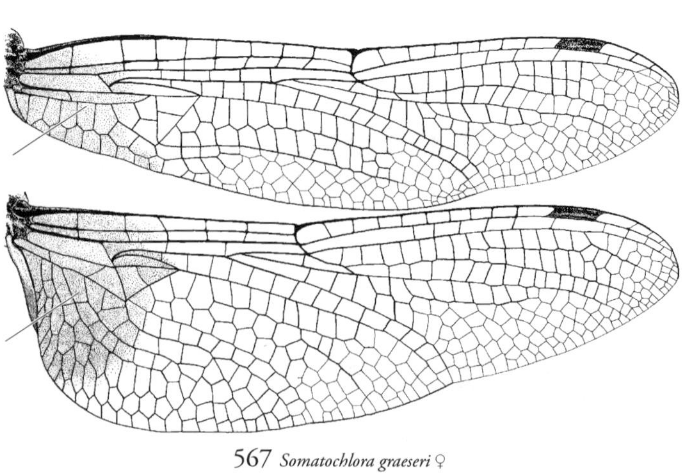

567 *Somatochlora graeseri* ♀

568 *Orthetrum cancellatum* ♂ und *Merops apister*

Kleine bis mittelgroße Anisoptera, Körper teils kräftig gedrungen, meist schlank. Männchen ohne Öhrchen an S2, bei den Arten von *Orthetrum* und einigen *Libellula*- und *Leucorrhinia*-Arten ist das Abdomen bei geschlechtsreifen Männchen blau bereift. Legeapparat der Weibchen reduziert. Männchen sind *Sitzer* (percher) und fliegen immer wieder zu ihren Sitzwarten zurück. Artspzifisch sind diese Sitzwarten am Boden oder in der Vegetation. Eiablage im Flug frei auf das Wasser, auf Pflanzenteile (z. B. Torfmoose) oder das feuchte Ufer. Art- und situationsabhängig legt das Weibchen allein, wird vom Männchen bewacht oder ist dabei mit dem Männchen im Tandem.

Weltweit artenreichste Libellenfamilie; im Gebiet mit 29 Arten vertreten. Darunter die sehr häufige, tropische Wanderlibelle *(Pantala flavescens)*, die das Gebiet am Rande erreicht, sowie ein amerikanischer Irrgast *(Pachydiplax longipennis)*.

Fast alle Arten besiedeln stehende Gewässer. Sie stellen einen großen Teil der häufigsten und bekanntesten Libellenarten.

1 Basis des Hinterflügels mit einem dunkelbraunen bis schwarzen Fleck, der mindestens ein Drittel der Flügelbreite einnimmt (569, 570).

... 2

1' Basis des Hinterflügels farblos oder mit gelbem Fleck (571, 572).

... 3

2 Hinterflügel mit hellen Adern im dunklen Fleck (569). Zwischen Flügelbasis und Nodus zehn oder mehr Antenodalqueradern. 2. Medianast geschwungen (569).

Gattung *Libellula* Segellibellen ... 9 (Seite 140)

2' Hinterflügel ohne helle Adern im kleinen dunklen Fleck. Zwischen Flügelbasis und Nodus acht oder weniger Antenodalqueradern. 2. Medianast nicht geschwungen (570). Stirn komplett weiß.

Gattung *Leucorrhinia* Moosjungfern ... 34 (Seite 160)

3 Zwischen Flügelbasis und Nodus im Vorderflügel sechs bis acht, im hinteren Flügel fünf bis sechs Antenodalqueradern (571).

... 4

3' Zwischen Flügelbasis und Nodus im Vorderflügel neun oder mehr, im hinteren Flügel sieben oder mehr Antenodalqueradern (572).

... 6

4 Triangulum im vorderen Flügel mit einer Querader (571). Pterostigma nie weiß.

... 5

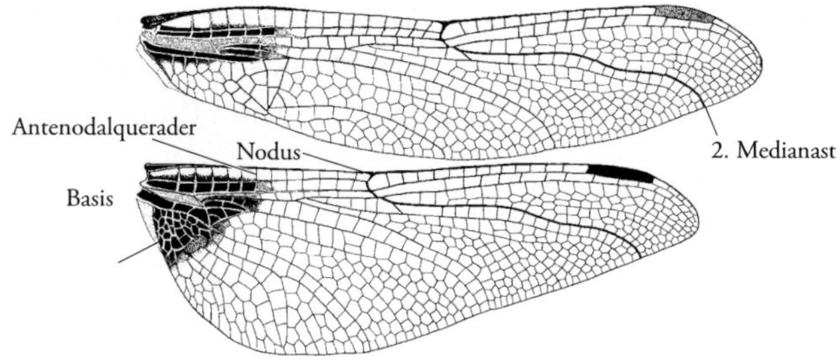

569 *Libellula depressa* ♂

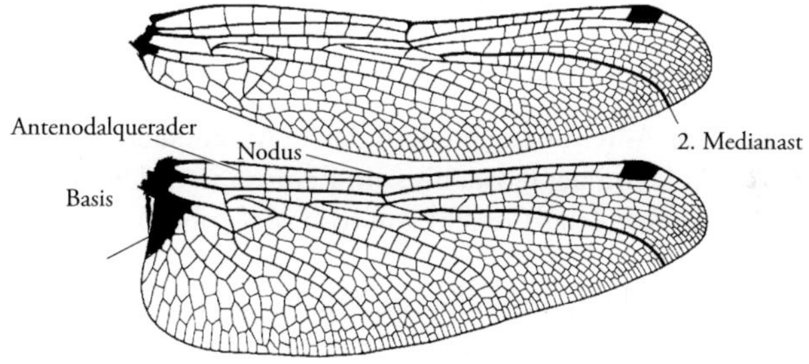

570 *Leucorrhinia rubicunda* ♂

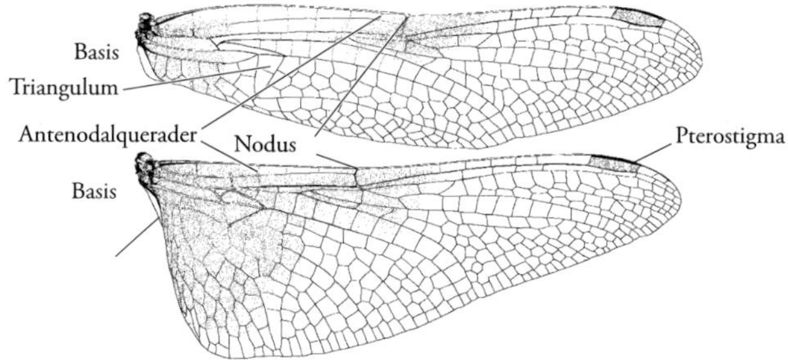

571 *Sympetrum flaveolum* ♂

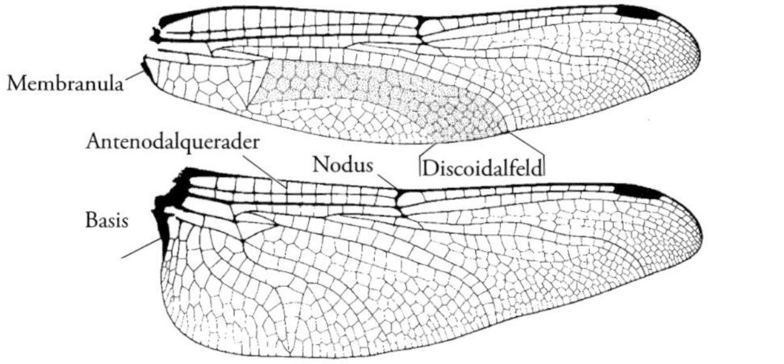

572 *Orthetrum cancellatum* ♂

4' Triangulum im Vorderflügel ohne Querader (573). Kurzes (ca. 2 mm) sehr helles Pterostigma, verdunkelt sich im Alter beige bis hellbraun. Flügeläderung sehr hell, weißlich bis sandfarben. Auffallend wenige, große Flügelzellen (573). Körper und Beine braun, alte ♂ schwarz.

Jan	Feb	Mär	Apr	Mai	Jun	Jul	Aug	Sep	Okt	Nov	Dez

Abdomen 18–25 mm.

Stehende Küstengewässer, Brackwasser-Lagunen, Salzwiesen und Teiche bis 1000 m Höhe.

Zentralasien, westlich bis zum Mittelmeerraum. Nördlichste Populationen in Istrien und der Balkanwestküste, Irrgast in SK.

Selysiothemis nigra Teufelchen

5 Vorderflügel mit sechs Antenodalqueradern; letzte Antenodalquerader vor dem Nodus *vollständig*, verläuft von der Costa bis zum Radius (575). Unter dem Pterostigma nur eine große, langgestreckte Zelle. Gesicht von vorn weiß, oben vor den Augen grünlich glänzend (574).

♂: Hinterflügel mit gelblich-bräunlichem Basisfleck mit zwei schwarzen Strichen. Abdomen und manchmal auch der Thorax blau bereift, Spitze des Abdomen oft dunkel bis schwarz. Augen grün-blau, ähnelt *Orthetrum* (Blaupfeil).

♀: Abdomen schwarz-gelb gemustert, im Alter auch blau bereift. Augen oben rot-braun, unten grau.

Irrgast aus Nordamerika; Flugzeit je nach Klima Ende Juni bis Oktober (Kanada) bis ganzjährig (Texas, Arizona) (Abbott 2005, Needham et al. 2000).

Pachydiplax longipennis Amerikanischer Teichpfeil

5' Im Vorderflügel mit sieben bis acht Antenodalqueradern; letzte Antenodalquerader vor dem Nodus *unvollständig*, verläuft nur zwischen Costa und Subcosta (571/135). Pterostigma steht im vorderen Flügel über ein bis zwei Adern (571/135).

Gattung *Sympetrum* Heidelibellen ... 17(Seite 148)

6 Vorderfügel: Discoidalfeld am hinteren Rand schlank mit drei bis vier Zellen (576)

... 7

6' Vorderflügel: Discoidalfeld am hinteren Rand breit mit sieben bis zehn Zellen (572/135).

... 8

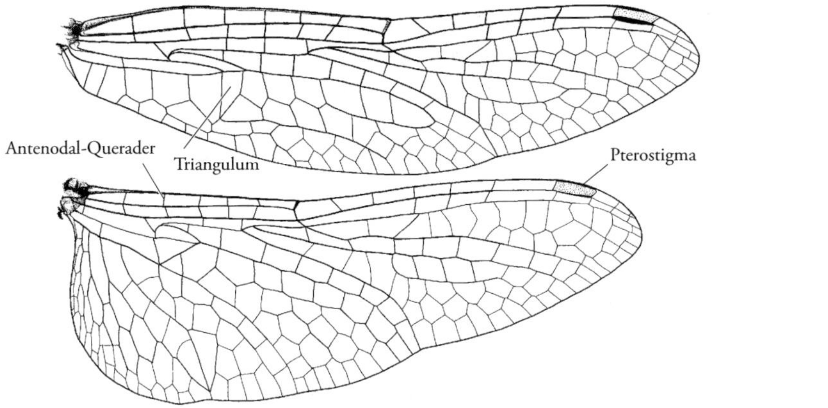

573 *Selysiothemis nigra* ♀

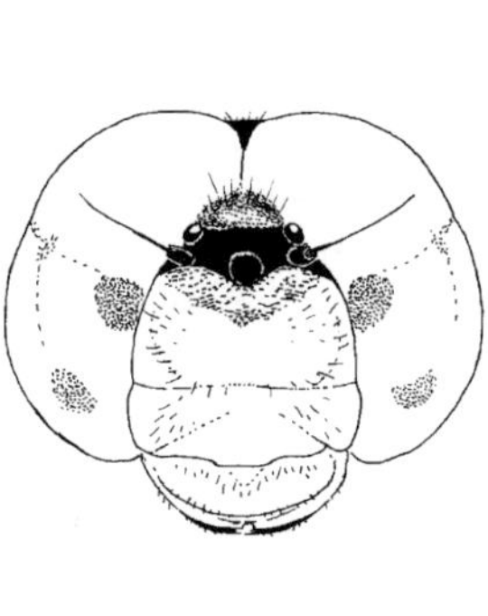

574 *Pachydiplax longipennis* ♂

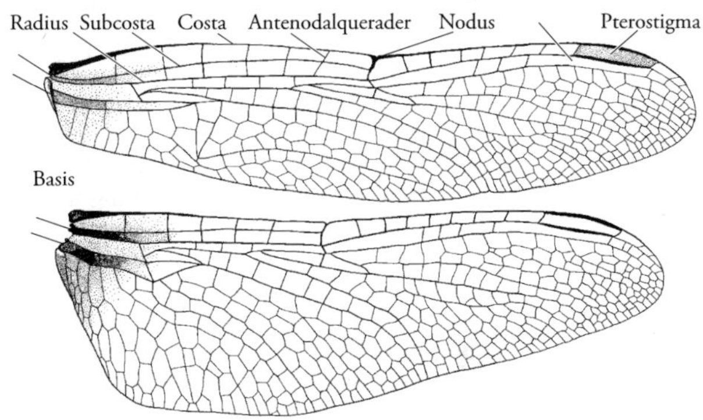

575 *Pachydiplax longipennis* ♂

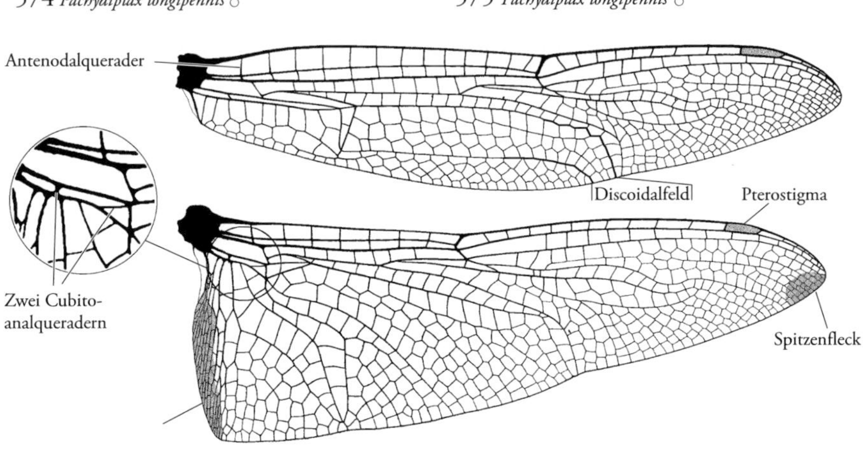

576 *Pantala flavescens* ♂

7 Hinterflügel sehr breit, besonders an der Basis (Gleitflieger) (576/137). Pterostigma im Vorderflügel länger als im hinteren (576/137). Vorderflügel mit 11½–13½ Antenodalqueradern. Hinterflügel mit zwei Cubitoanalqueradern (576/137). Flügelspitzen bei ♂ manchmal mit gelben Flecken (576/137). Körper hellbraun.

Jan	Feb	Mär	Apr	Mai	Jun	Jul	Aug	Sep	Okt	Nov	Dez

Abdomen 26–32 mm. In den Tropen sehr häufige Wanderlibelle. Ausdauernder Flieger, meist in 2–4 m Höhe. Regelmäßig im südöstlichen Mittelmeerraum, bevorzugt im Winterhalbjahr. Sehr selten in Europa (GR, BG). Als Schiffsirrgast oder verflogen auch in GB (FR und ES fraglich).

Pantala flavescens Wanderlibelle

7' Hinterflügel nicht auffällig verbreitert (577). Pterostigma im vorderen und im Hinterflügel gleichlang (577). Vorderflügel mit 9½–10½ Antenodalqueradern. Hinterflügel mit nur einer Cubitoanalquerader (577).

♂: Körper rot-violett, metallisch violette Stirn, Flügeladern rötlich.

♀ und junge ♂: gelblich, Thorax weißlich mit brauner Zeichnung (579). Flügeladern gelblich.

Jan	Feb	Mär	Apr	Mai	Jun	Jul	Aug	Sep	Okt	Nov	Dez

Abdomen 22–24 mm. Vegetationsarme, stehende oder langsam fließende Gewässer. Auch Wassertanks, Betonbecken und Hotelpools. Männchen bei Hitze oft in Obeliskenhaltung. Afrika: häufige Art der Savanne. Rasche Ausbreitung im Mittelmeerraum: 1978 ES, 1994 FR, IT nördlich bis Poebene, Balkan bisher nur GR und AL.

Trithemis annulata Violetter Sonnenzeiger

8 2. Medianast nicht geschwungen (578). Flügelbasis mit großem gelben Fleck (578). Körper fast völlig ohne schwarze Zeichnung.

♂: Ganzer Körper leuchtend rot, Beine rötlich. Junge ♂ gelblich wie ♀.

♀: (und junge ♂) am ganzen Körper gelb bis gelborange, selten im Alter ebenfalls rot. Mit abstehender Legescheide (580).

Jan	Feb	Mär	Apr	Mai	Jun	Jul	Aug	Sep	Okt	Nov	Dez

Abdomen 26–28 mm.

In Afrika weit verbreitete Savannenart. Hat als Klimagewinner seit den 70er-Jahren zunehmend Mitteleuropa besiedelt. Ausbreitung in DE vom Rheintal über SW-DE nach NO-DE. In heißen Sommern rasch verbreitende Art, starker Flieger. Stehende, sommerwarme Gewässer aller Art. DE: *Ungefährdet.*

Crocothemis erythraea Feuerlibelle

8' 2. Medianast geschwungen (572/135). Flügelbasis nicht oder nur schwach gelblich. Junge ♀ manchmal mit gelb getönten Bereichen im vorderen Teil der Flügel, jedoch nicht auf die Basis beschränkt.

♂: Körper niemals rot, bei erwachsenen ♂ blau bereift.

♀: Ohne abstehende Legescheide (581).

Gattung *Orthetrum* Blaupfeile ... 11

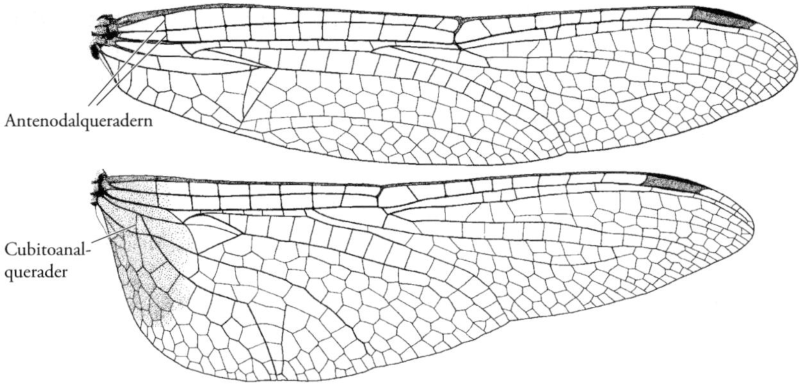

577 *Trithemis annulata* ♂

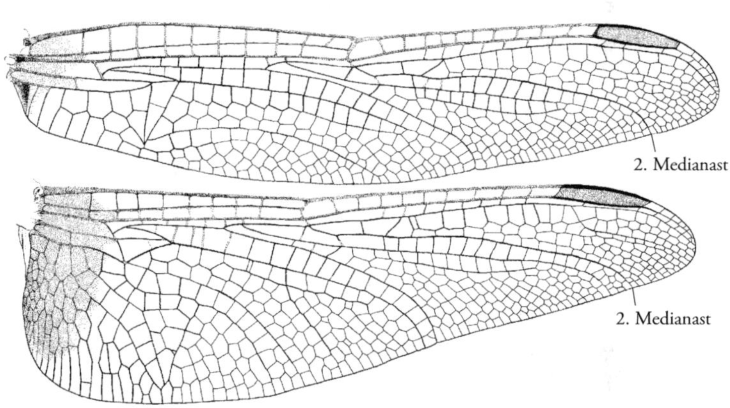

578 *Crocothemis erythraea* ♂

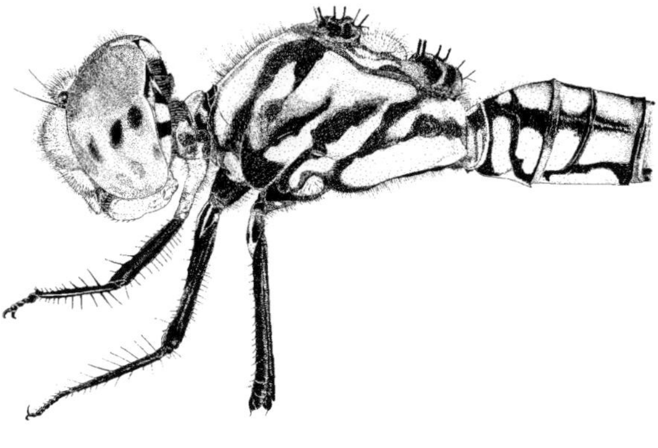

579 *Trithemis annulata* ♀

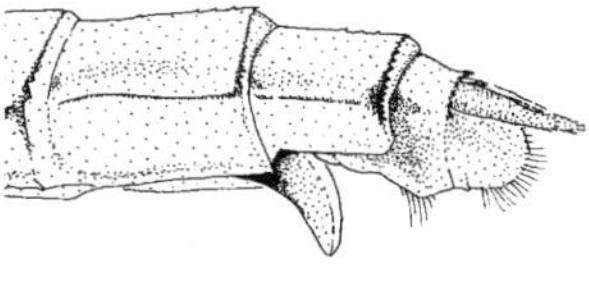

580 *Crocothemis* ♀

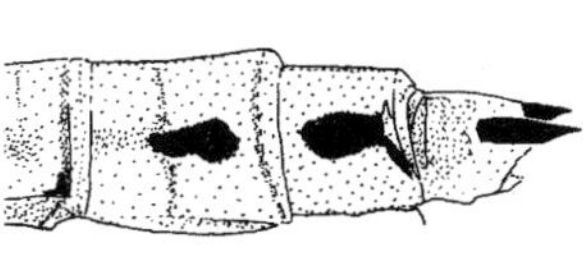

581 *Orthetrum* ♀

9 Am Nodus aller Flügel je ein schwarzer Fleck, dessen Größe variabel ist[1] (583). Basis des Vorderflügels ohne dunklen Fleck, meist gelb getönt (583). Abdomen vorne braun, hinten schwarz, seitlich kleine gelbe Flecken, auch bei ♂ nicht oder nur unauffällig blau bereift. (582).

Jan	Feb	Mär	Apr	Mai	Jun	Jul	Aug	Sep	Okt	Nov	Dez

Abdomen 27–32 mm. An stehenden Gewässern mit mittlerer bis reicher Vegetation verbreitet. Sehr häufig in Mooren und moorigen Gewässern, dort große Individuenzahlen. DE: *Ungefährdet.*

[1] Die Ausdehnung der schwarzen Flecken am Nodus und unter dem Pterostigma ist abhängig von der Wassertemperatur. Bei höheren Temperaturen nimmt die Ausdehnung zu. Die beschriebenen Farbformen (z.B. die *f. praenubila* NEWMAN 1833) sollten deshalb keine Verwendung finden, da sie subjektive Punkte einer kontinuierlichen Variationsbreite darstellen (BEUTLER 1986).

Libellula quadrimaculata Vierfleck

9' Am Nodus aller Flügel kein schwarzer Fleck (585, 587).
Alte ♂: Abdomen auffällig blau bereift.

... 10

10 Im Hinterflügel liegt das Triangulum im schwarzen Fleck. Vorderflügel an der Basis mit großem schwarzem Fleck (585). Flügelspitze nie mit Fleck (585). Abdomen sehr breit (6–8 mm) und plump, mittlere Abdominalsegmente dreimal so breit wie lang (584). Augen braun.

Jan	Feb	Mär	Apr	Mai	Jun	Jul	Aug	Sep	Okt	Nov	Dez

Abdomen 22–28 mm.

Pionierart in vegetationsarmen, flachuferigen Gewässern. Besonders in Lehmgewässern, Kiesgruben und neu angelegten Gartenteichen. Verbreitet.

DE: *Ungefährdet.*

Libellula depressa Plattbauch

10' Im Hinterflügel ist das Triangulum durchsichtig (587). Flecken an der Basis des Vorderflügels klein und strichförmig (587). Flügelspitze meistens mit Fleck (587). Abdomen schmaler (4–5 mm breit), mittlere Abdominalsegmente etwa zweimal so breit wie lang (586). Augen, besonders bei ausgefärbten ♂, blau.

Jan	Feb	Mär	Apr	Mai	Jun	Jul	Aug	Sep	Okt	Nov	Dez

Abdomen 26–29 mm.

Lokal an Waldseen, Altwassern, Wiesenbächen, Kanälen und Flüssen mit gut entwickelter Ufervegetation, vornehmlich Schilfröhricht und Großseggenrieder. Im Norden z. T. an Waldseen individuenreich.

DE: *Ungefährdet.*

Libellula fulva Spitzenfleck

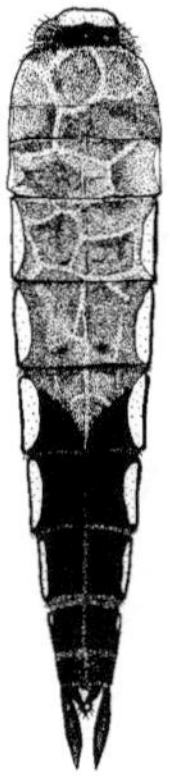

582 *L. quadrimaculata* ♂

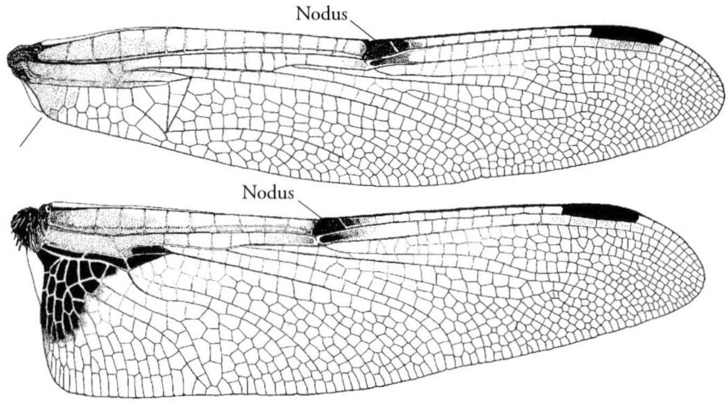

583 *Libellula quadrimaculata*

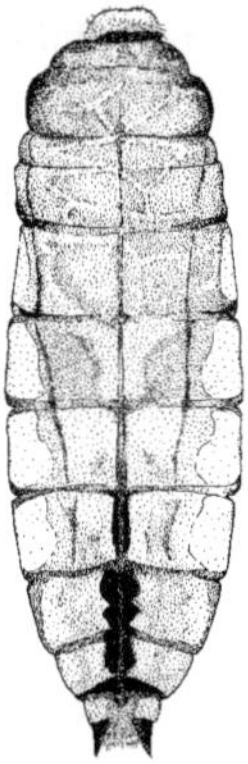

584 *L. depressa* ♀

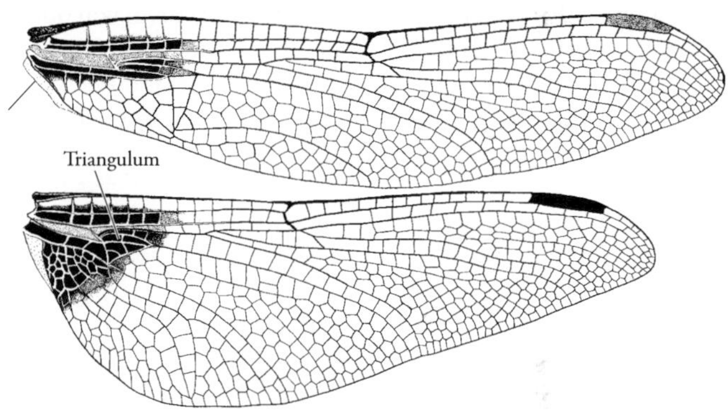

585 *Libellula depressa*

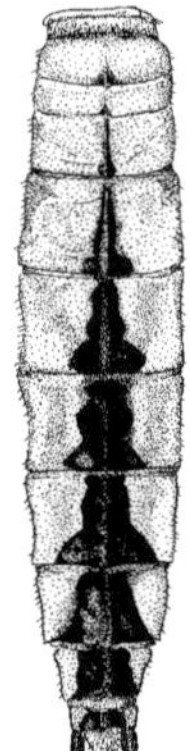

586 *L. fulva* ♀

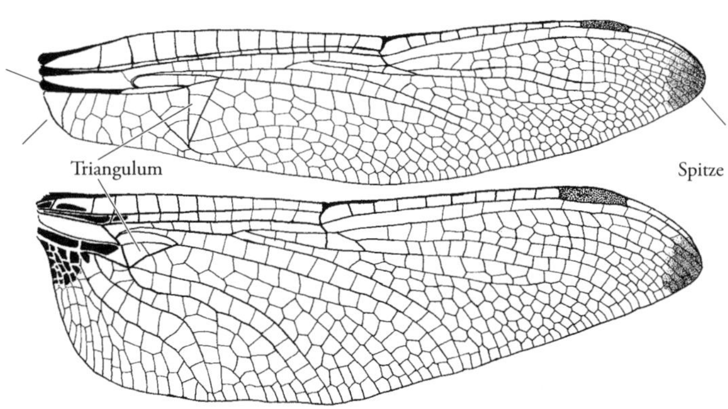

587 *Libellula fulva*

11 Pterostigma hell: gelb, orange bis hellbraun. Membranula der Vorderflügel hell, selten auch verwaschen dunkel.
Ausgefärbte ♂: Abdomen über die ganze Länge bis zur Spitze blau bereift (589).
♀ und junge ♂: Abdomen entweder ganz einfarbig gelblich (590) oder schwarze Zeichnung nur seitlich (595).

... 12

11' Pterostigma dunkel: schwarz oder dunkelbraun. Membranula der Vorderflügel immer dunkel (572/135).
Blau bereifte, ausgefärbte ♂: Abdominalsegmente hinten schwarz (591) oder mit schwarzer Spitze (592).
♀ und junge ♂: Abdomen links und rechts mit kräftiger Zeichnung in Längsrichtung (593, 594).

... 16

12 Thorax seitlich einfarbig, kein heller Rahmstreifen, von oben zwischen den Flügelansätzen kein (607, 608/147) oder nur ein angedeuteter heller Streifen. Abdomen gerade, nach hinten verjüngt (590). ♀ und junge ♂: Abdomen einheitlich hell (590).
♀: Entweder S8 gerade (599/145) oder S8 und S9 ausgebuchtet (600/145).

... 13

12' Thorax seitlich mit breitem und hellem Streifen, (Name!) (588), bei stark blau-bereiften, alten ♂ manchmal überdeckt. Oben, zwischen den Flügelansätzen ein weiterer heller Streifen (588). Abdomen an S3–S4 leicht tailliert(589, 595). ♀ und junge ♂: Abdomen seitlich mit schwarzer Zeichnung (595).
♀: S8 unten ausgebuchtet (588).

Jan	Feb	Mär	Apr	Mai	Jun	Jul	Aug	Sep	Okt	Nov	Dez

Abdomen 26–30 mm.
Fließende und langsam fließende, kleine Gewässer mit Stein- oder Sandgrund.
Ganz Afrika, häufig in Nordafrika, in ES nördlich bis zum Ebro, in Südosteuropa bisher nur Ägäis.

Orthetrum chrysostigma Rahmstreif-Blaupfeil

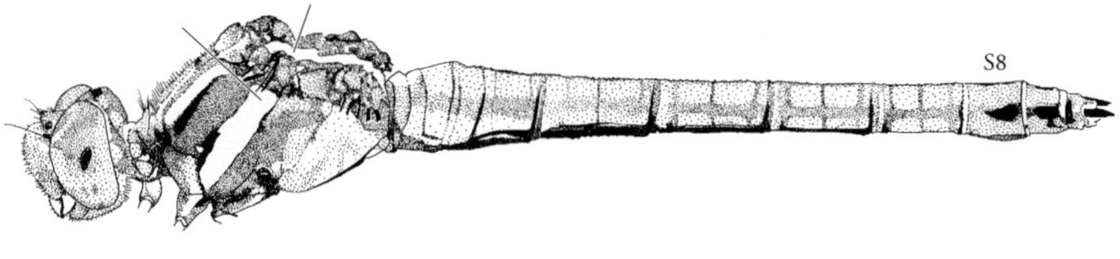

588 *Orthetrum chrysostigma* ♀

589 *O. chrysostigma* ♂

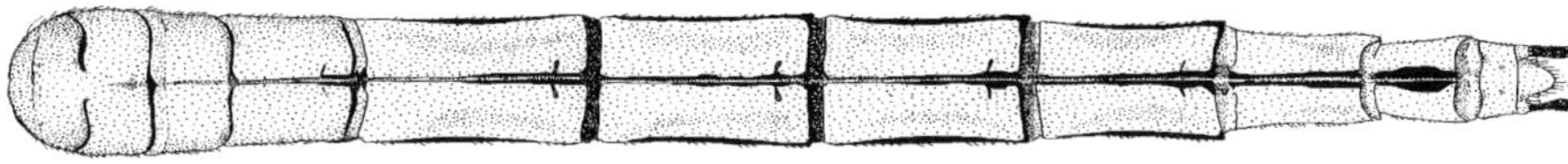

590 *O. coerulescens* ♀

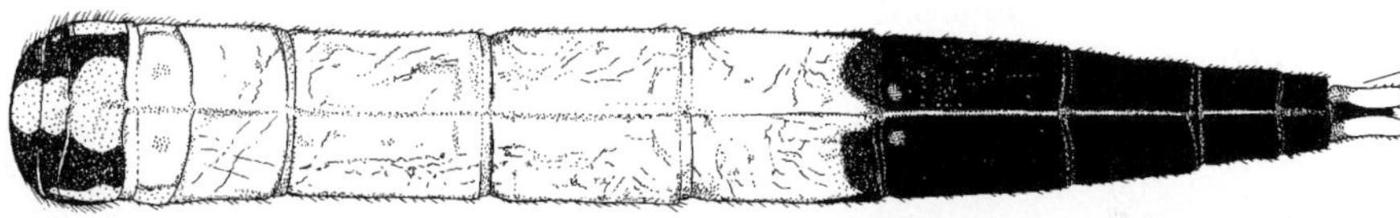

591 *O. albistylum* ♂

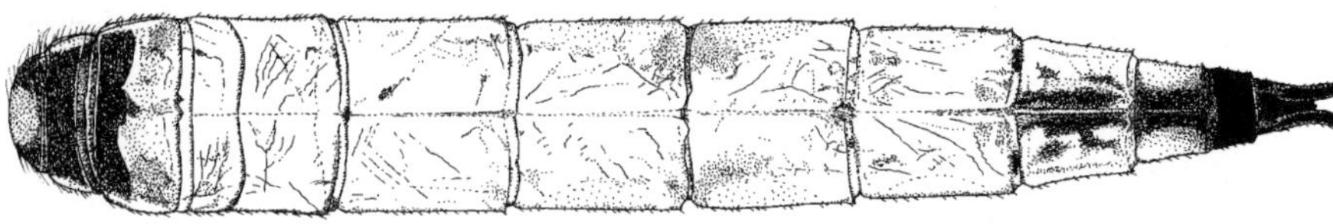

592 *O. cancellatum* ♂

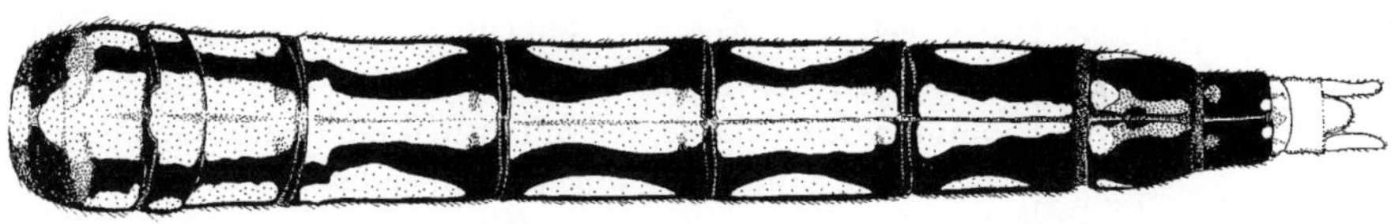

593 *O. albistylum* ♀

594 *O. cancellatum* ♀

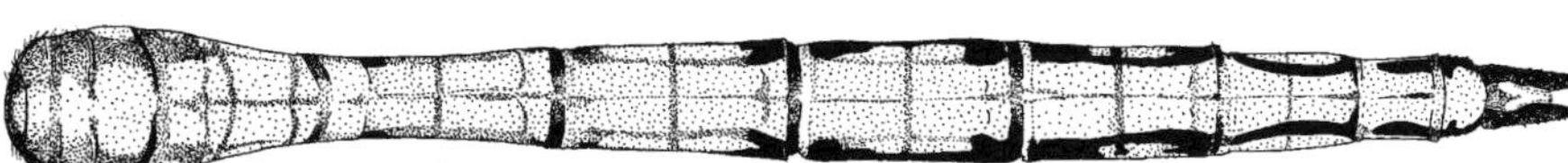

595 *O. chrysostigma* ♀

13 Radius zwischen Flügelbasis und Nodus gelb (596), ebenfalls Costa zwischen Nodus und Pterostigma gelb (Name!) (596).
♀: S8 und S9 unten gerade, nicht ausgebuchtet (599).

Jan	Feb	Mär	Apr	Mai	Jun	Jul	Aug	Sep	Okt	Nov	Dez

Abdomen 29–33 mm.
Stehende, vegetationsarme Gewässer, bis 2300 m. Tiere wandern weit umher. Paarung im Flug, im Tandem zum Eiablageort, Eiablage vom ♂ bewacht (Khelifa et al. 2013). Nordafrika und Südwesteuropa, nördlich bis N-ES. EUR: *Vulnerable.*
Orthetrum nitidinerve Gelbader-Blaupfeil

13’ Alle Flügeladern dunkel (597, 598), besonders Radius zwischen Flügelbasis und Nodus. Costa auf ganzer Länge unauffällig gelb-braun (597, 598).
♀: S8 und S9 unten ausgebuchtet (600).
… 14

14 Pterostigma im Vorderflügel 2–3 mm, rotbraun (597). Zwischen der Radiusseitenader und der Radiusschaltader meist vier bis sechs Zellverdoppelungen, selten weniger, zumindest in einem der Flügel mehr als drei Zellverdoppelungen. Hierbei *alle* Flügel betrachten (597).
♂: Stirn hellblau bis weißlich. Der vordere Lappen des Kopulationsapparates ist klein und steht weniger vor als die Genitalhöcker (601). Augen grünlich.
Alte ♂: Körper komplett blau bereift.
♀: Stirn weiß.
Sitzwarten und Paarungen meist am Boden, bevorzugt auf hellen Steinen.

Jan	Feb	Mär	Apr	Mai	Jun	Jul	Aug	Sep	Okt	Nov	Dez

Abdomen 29–31 mm.
Sommerwarme, flache, vegetationsfreie oder -arme Gewässer. In Mitteleuropa meist in Pionierstadien an künstlichen Gewässern wie Kies- und Lehmgruben, Braunkohletagebau, renaturierte Rinnsale und Bäche sowie Moorpfützen. In Ausbreitung nach Norden. DE: *Ungefährdet.*
Orthetrum brunneum Südlicher Blaupfeil

14’ Pterostigma im Vorderflügel 3–4 mm, ockergelb (598). Zwischen der Radiusseitenader und der Radiusschaltader keine oder selten ein bis zwei Zellverdoppelungen (598).
♂: Stirn dunkelbraun. Vorderer Lappen des Kopulationsapparates groß (602- 606). Die Unterarten *O. c. coerulescens* und *O. c. anceps* können nur mittels der Genitalhöcker (602, 603) sicher unterschieden oder einem Hybridtyp zugeordnet werden: vermutlich reiner F1-Hybrid (604), Rückkreuzungen des F1-Hybrid mit *O. c. coerulescens* (605) und mit *O. c. anceps* (606).
♀: Stirn gelb bis gelb-braun. Augen grünlich. Unterart bei ♀ nicht sicher bestimmbar.
Sitzwarten und Paarungen meist in der Vegetation.
Orthetrum coerulescens Kleiner Blaupfeil … 15

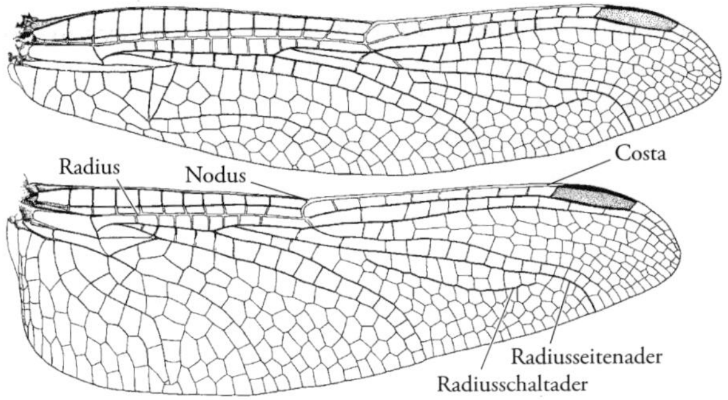

596 *Orthetrum nitidinerve* ♂

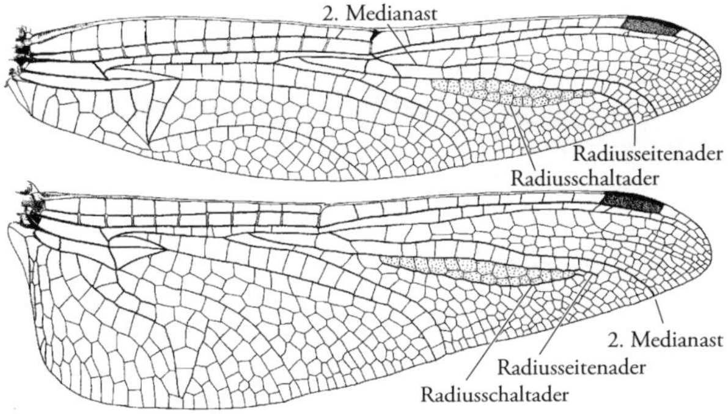

597 *Orthetrum brunneum* ♂

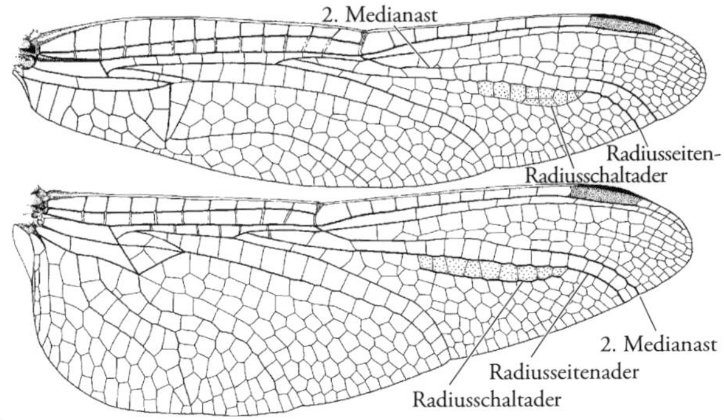

598 *Orthetrum coerulescens* ♂

599 *Orthetrum nitidinerve* ♀

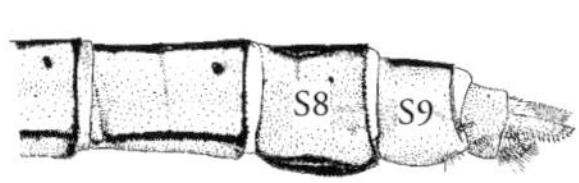

600 *Orthetrum brunneum* ♀

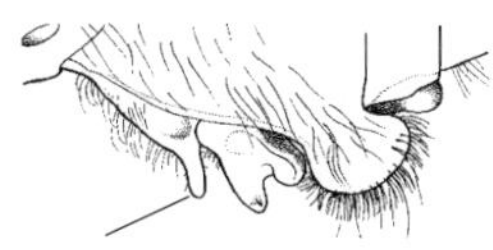

601 *Orthetrum brunneum* ♂

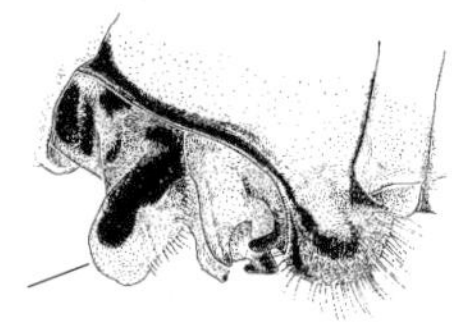

602 *Orthetrum c. coerulescens* ♂

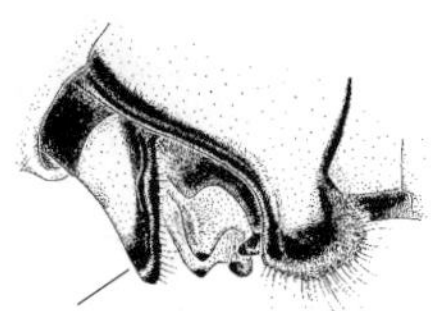

603 *Orthetrum c. anceps* ♂

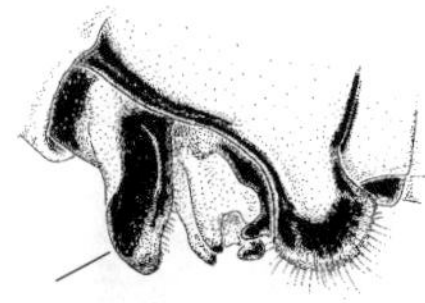

604 *O. c. coerulescens x anceps (F1)* ♂

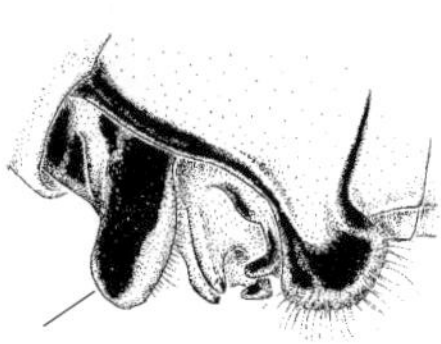

605 *O. c. F1 x O. c. c.* ♂

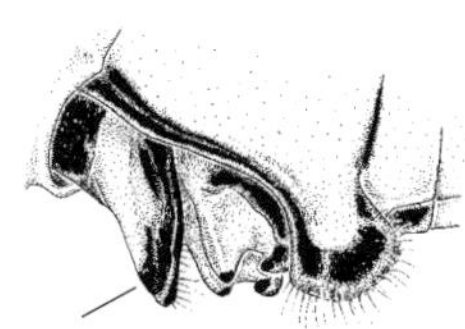

606 *O. c. F1 x O. c. a.* ♂

15 ♂: Vorderer Genitalhöcker groß und rund (602). Pterostigma länger, meist über 3,5 mm lang. Flügel relativ zum Abdomen länger (JACQUEMIN & BOUDOT 1999).
Alte ♂: Meist nur Abdomen blau bereift (607), Thorax stets bräunlich.
Breite Hybridzone auf den Balearen, Sardinien, Sizilien und im westlichen Balkan mit *O. c. anceps*. Kleiner Anteil der Hybriden in ES und Mitteleuropa (MAUERSBERGER 1994). ♂ lässt sich anhand der Genitalhöcker zuordnen (602-606/145), ♀ nicht unterscheidbar.

Jan	Feb	Mär	Apr	Mai	Jun	Jul	Aug	Sep	Okt	Nov	Dez

Abdomen 25–31 mm. Sommerwarme, flache Gewässer. Gerne flache Gräben. DE: *Vorwarnliste.*

Orthetrum coerulescens coerulescens

15' ♂: Vorderer Genitalhöcker zugespitzt, schlanker (603). Pterostigma kürzer, meist unter 3,0 mm lang. Flügel relativ zum Abdomen kürzer (JACQUEMIN & BOUDOT 1999).
Alte ♂: Meist Abdomen und Thorax blau bereift (608).

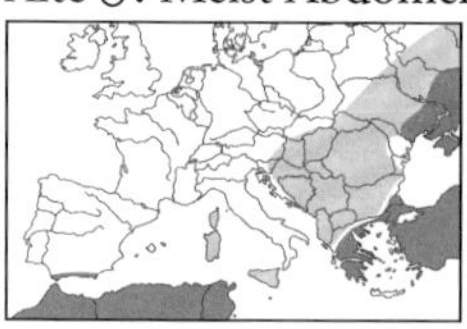

Jan	Feb	Mär	Apr	Mai	Jun	Jul	Aug	Sep	Okt	Nov	Dez

Abdomen 24–30 mm.
Sommerwarme, flache Gewässer. Flache Gräben und Kleingewässer.

Orthetrum coerulescens anceps

16 Obere Anhänge schwarz (611).
♂: Stirn und Thorax dunkel. Kopulationsapparat (609).
♀ und junge ♂: Schwarze Zeichnung auf S4–S8 fast gerade (612).

Jan	Feb	Mär	Apr	Mai	Jun	Jul	Aug	Sep	Okt	Nov	Dez

Abdomen 29–35 mm.
An stehenden, zumeist größeren und vegetationsarmen Gewässern. Besonders an Kiesgruben und Baggerseen. Profitiert von der Zerstörung der Ufervegetation, z. B. durch Freizeitnutzung wie Baden und Angeln. Verbreitet.
DE: *Ungefährdet.*

Orthetrum cancellatum Großer Blaupfeil

16' Anhänge weiß, bei ♂ nur die oberen Anhänge (613), bei ♀ zusätzlich S10 (614).
♂: Stirn weißlich oder hellblau, helle Thoraxseitenstreifen. Kopulationsapparat (610).
♀ und junge ♂: Schwarze Zeichnung auf S4–S8 nach außen gebogen (614).

Jan	Feb	Mär	Apr	Mai	Jun	Jul	Aug	Sep	Okt	Nov	Dez

Abdomen: 31–34 mm.
An gut besonnten Stillgewässern mit spärlich bewachsenem Lehm- oder Sandufer. Besonders Lehm- und Kiesgruben sowie Fischteiche. In Mitteleuropa zeitweise bodenständig im südlichen und mittleren Oberrheintal, lokal in PL.
DE: *R, extrem selten.*

Orthetrum albistylum Östlicher Blaupfeil

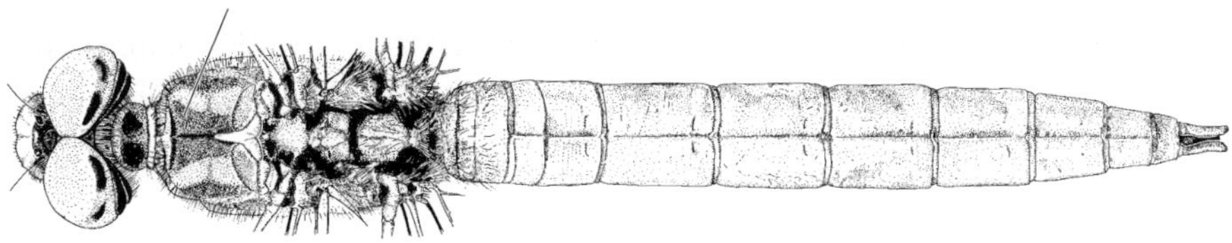

607 *Orthetrum coerulescens coerulescens* ♂

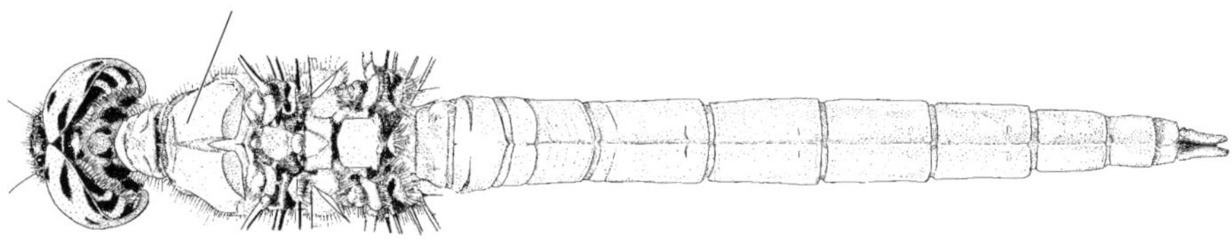

608 *Orthetrum coerulescens anceps* ♂

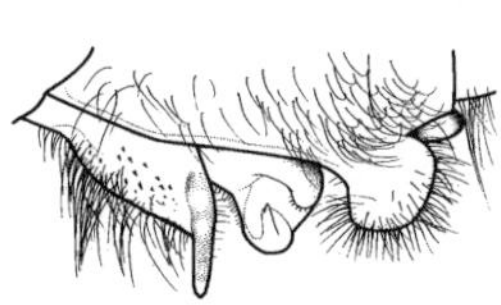

609 *Orthetrum cancellatum* ♂

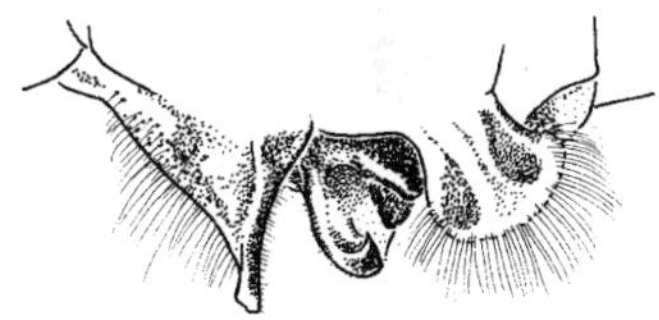

610 *Orthetrum albistylum* ♂

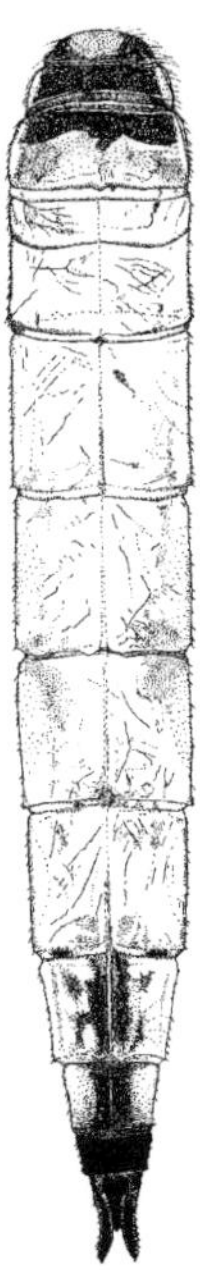

611 *O. cancellatum* ♂

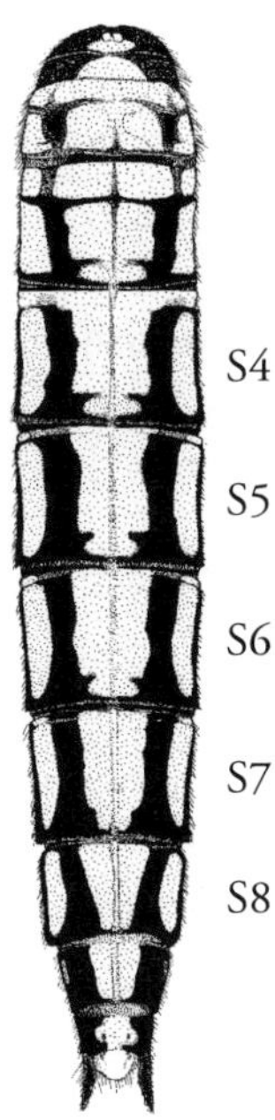

612 *O. cancellatum* ♀

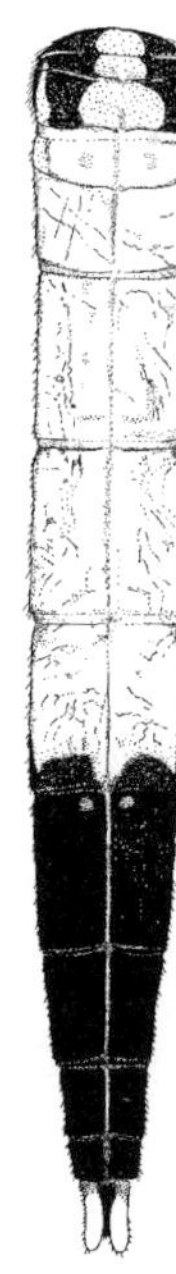

613 *O. albistylum* ♂

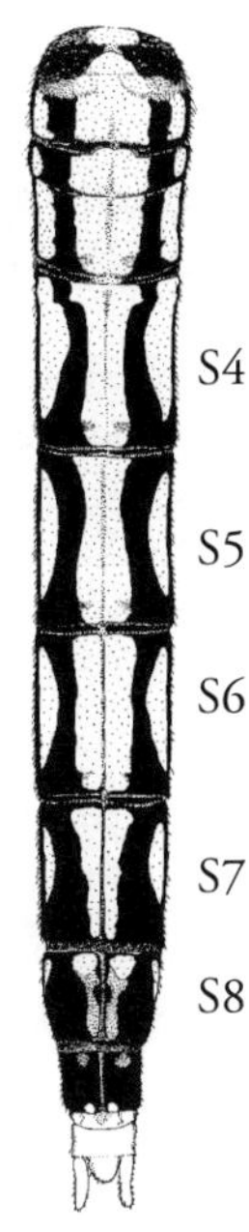

614 *O. albistylum* ♀

17 Alle Flügel mit dunkelbrauner Binde (615). Pterostigma und Flügeladern im Bereich der Binde bei ausgefärbten ♂ rot, bei ♀ und jungen ♂ Pterostigma und Flügeladern gelbweiß.
♂: Kopulationsapparat (616).
♀: Legescheide (617).

Jan	Feb	Mär	Apr	Mai	Jun	Jul	Aug	Sep	Okt	Nov	Dez

Abdomen 18–23 mm. Asiatisch-europäisch. Breitet sich in DE nach Westen aus. Erstnachweise für HH und SH 1981; für HE 1983. Im Westen hauptsächlich im Rheintal und Moselraum. Sonnige, vegetationsarme, oft durchströmte Gewässer in Steppenlandschaft: flache Flussarme, Sümpfe, sekundär mäßig verbreitet in Meliorationsgräben. DE: *Stark gefährdet.*

Sympetrum pedemontanum Gebänderte Heidelibelle

17' Flügel ohne dunkle Binden, höchstens mit gelben Flecken wie z. B. in (619)
... 18

18 Beine hell (gelb bis braun) gestreift (631/153) oder überwiegend hell (622/151).
... 19

18' Beine ganz schwarz. (Vgl. auch *S. striolatum* am nördlichen Verbreitungsrand in Irland, Schottland, Südnorwegen und Südfinnland, S. 152.)
... 32 (Seite 156)

19 ♂: Abdomen an S2-S3 verdickt, S2 mit Genitalhöcker (z. B. 629–631/153), ausgefärbte ♂ mit rotem Abdomen.
... 20

19' ♀: Abdomen gleichmäßig breit (z. B. 654–656/157), Legeapparat an S8–S9. Abdomen gelblich. Verbreitung etc. siehe ♂.
... 26

20 ♂: Basis der Hinterflügel mit großem gelben Fleck, der die ganze Breite der Flügel einnimmt (619). Kopulationsapparat (618).

Jan	Feb	Mär	Apr	Mai	Jun	Jul	Aug	Sep	Okt	Nov	Dez

Abdomen 22–26 mm.
An sumpfigen oder verlandeten Gewässern, die meistens im Sommer, zumindest teilweise, austrocknen. In Nord-DE lückenhaft verbreitet, in Süd-DE selten bis fehlend.
DE: *Gefährdet.*

Sympetrum flaveolum Gefleckte Heidelibelle

20' ♂: Basis der Hinterflügel höchstens mit kleinem Fleck.
... 21

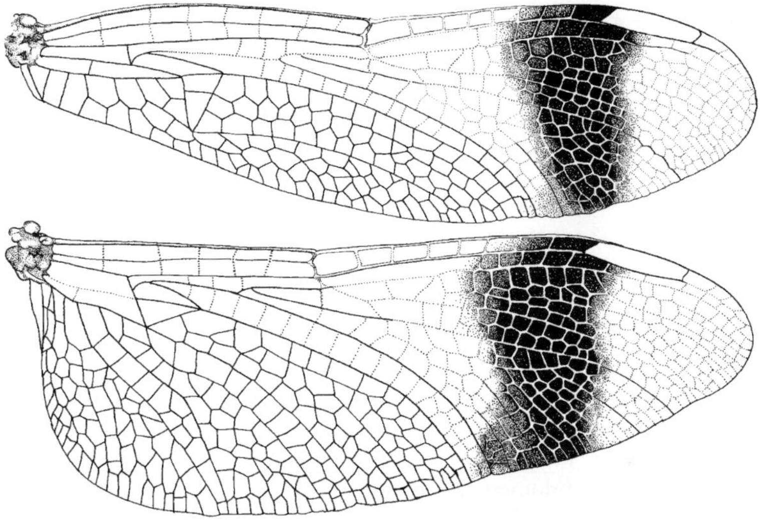

615 *Sympetrum pedemontanum*

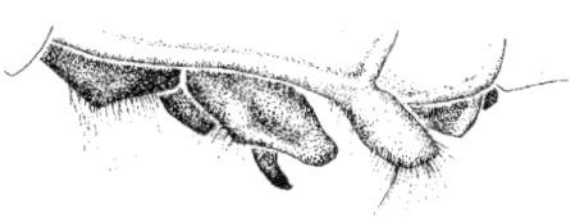

616 *Sympetrum pedemontanum* ♂

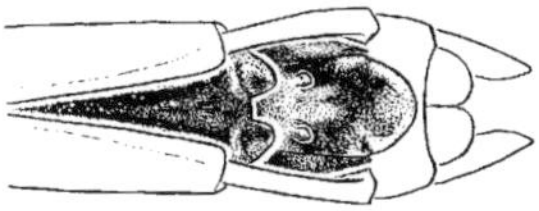

617 *Sympetrum pedemontanum* ♀

618 *Sympetrum flaveolum* ♂

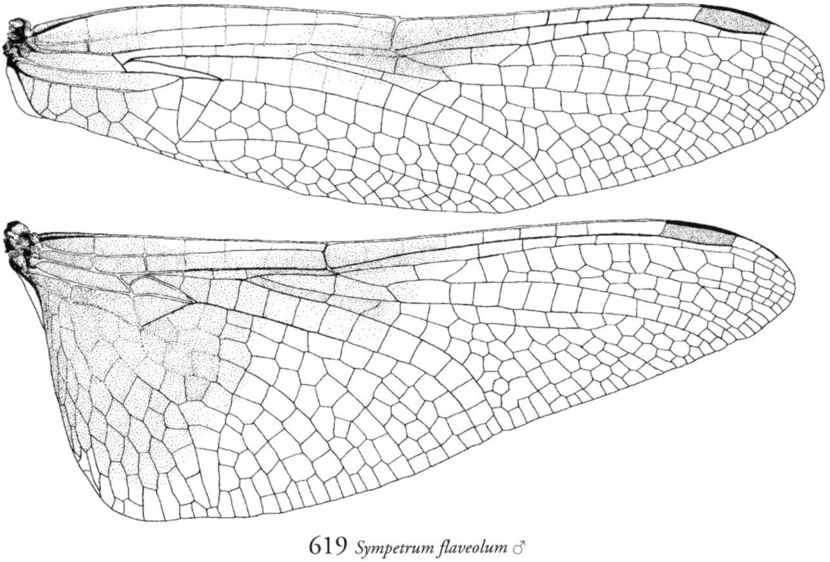

619 *Sympetrum flaveolum* ♂

21 ♂: Sehr blasse Arten, meist in Südeuropa. Beine sehr hell: Femur von oben hell, nur Unterseite dunkel (622). Thorax nur mit sehr schmalen, dunklen Nahtlinien (620–622). Hinterer Rand der Stirn vor den Augen mit schmaler, schwarzer Querlinie (626). Zur Sicherheit Genitalhöcker vergleichen (623–625).

... 22

21' ♂: Kräftiger gezeichnete Arten. Beine dunkler, Femur schwarz mit gelbem Streifen von oben (631/153). Thorax mit deutlicher, schwarzer Seitenzeichnung (629–631/153). Hinterer Rand der Stirn vor den Augen mit breiter Querlinie (627, 628). Zur Sicherheit Genitalhöcker vergleichen (629–631/153).

... 24

22 ♂: Kopulationsapparat von der Seite mit verborgenem Hamulus (623). S2 und S3 von der Seite mit schwarzen Strichen (622). (Jödicke 1994, Jödicke et al. 2000).

Jan	Feb	Mär	Apr	Mai	Jun	Jul	Aug	Sep	Okt	Nov	Dez

Abdomen 21–26 mm.

Nordafrikanisch-arabisch. In Europa bisher nur in ES, selten, eventuell übersehen? Trocken-heiße Gebiete, Wüsten und Steppen. Stehende und langsam fließende Gewässer. Schlupf im Juni, Übersommerung abseits der Steppen und Wüsten, Fortpflanzung September–November.

Sympetrum sinaiticum Wüsten-Heidelibelle

22' ♂: Genitalhöcker mit großem, nach unten stehendem Hamulus (624, 625). S2 und S3 von der Seite ohne Striche (621) oder nur mit kurzen Tropfenflecken (620).

... 23

23 ♂: Genitalhöcker mit sehr langem Hamulus (624). Abdominalsegmente von oben fast gleich breit (ähnlich 632/153). Flügel und Thorax auffällig oft von roten Wassermilben befallen.

Jan	Feb	Mär	Apr	Mai	Jun	Jul	Aug	Sep	Okt	Nov	Dez

Abdomen 22–28 mm.

Flache Stillgewässer im Mittelmeerraum, dort häufig. Seltener Irr- und Vermehrungsgast in Mitteleuropa bis zur Nordsee.

DE: *Ungefährdet.*

Sympetrum meridionale Südliche Heidelibelle

23' ♂: Genitalhöcker mit normal langem Hamulus (625). S6–S8 von oben verbreitert, dadurch schwach keulig wirkend (633/153).

Jan	Feb	Mär	Apr	Mai	Jun	Jul	Aug	Sep	Okt	Nov	Dez

Abdomen 20–24 mm. Nur in N-ES und den Ostpyrenäen. Wenig bekanntes Taxon (Ocharan 1985), ev. nur temperaturabhängige helle Form?

Sympetrum vulgatum ibericum (Spanische) Gemeine Heidelibelle

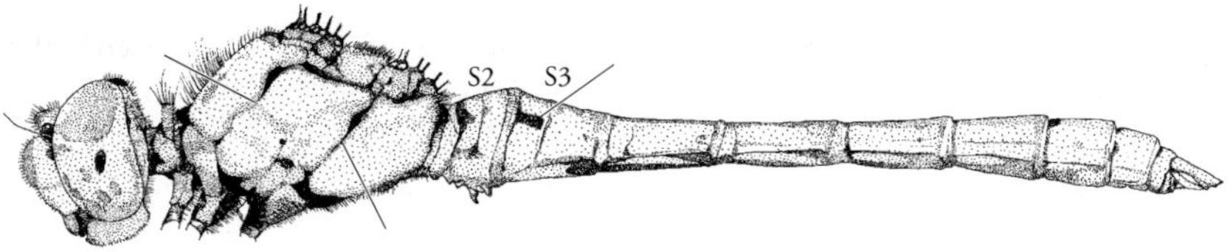

620 *Sympetrum meridionale* ♂

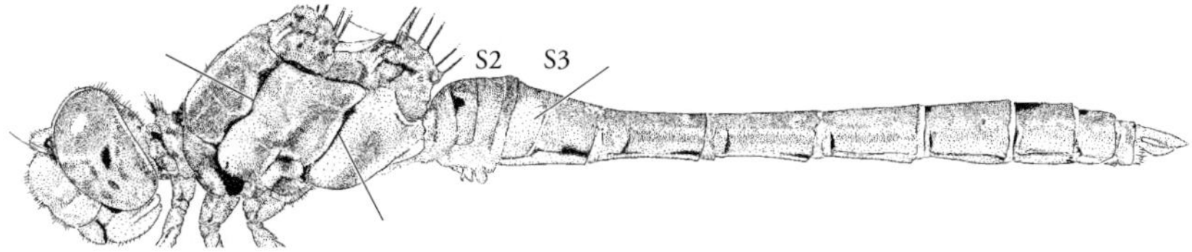

621 *Sympetrum vulgatum ibericum* ♂

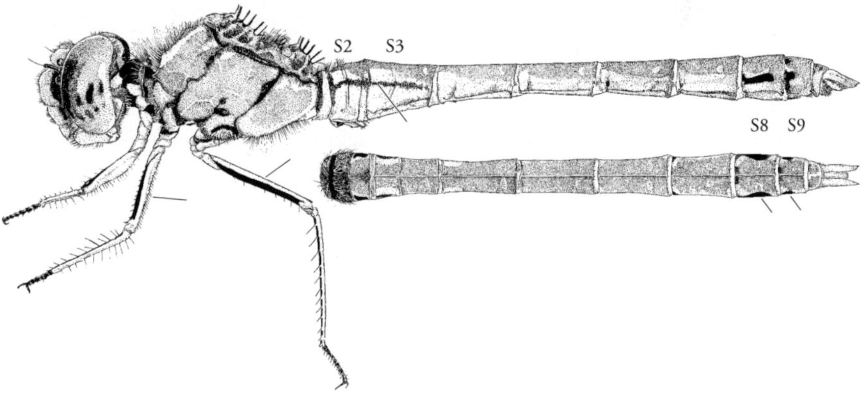

622 *Sympetrum sinaiticum* ♂

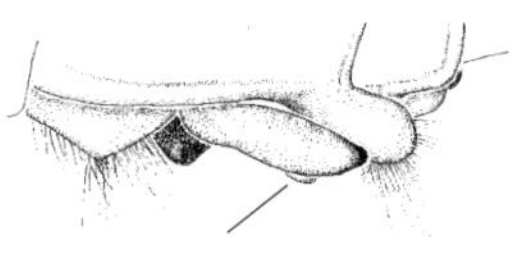

623 *Sympetrum sinaiticum* ♂

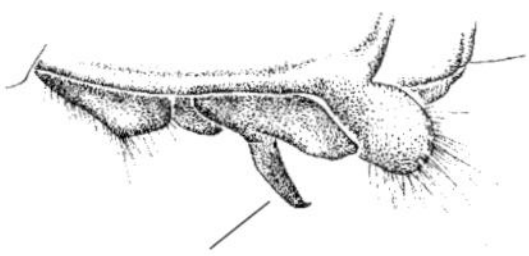

624 *Sympetrum meridionale* ♂

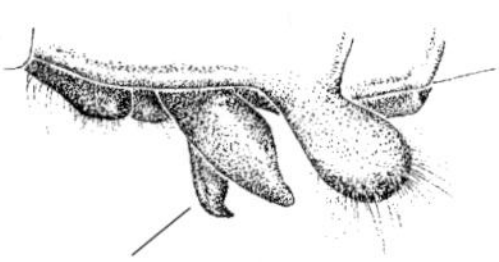

625 *S. vulgatum ibericum* ♂

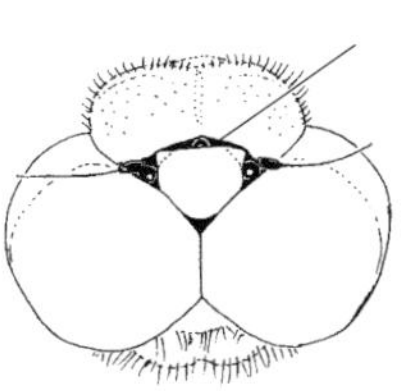

626 *Sympetrum meridionale*

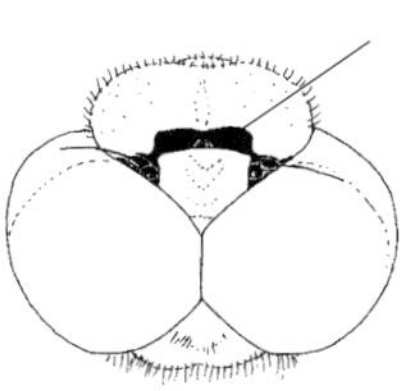

627 *Sympetrum spec.*

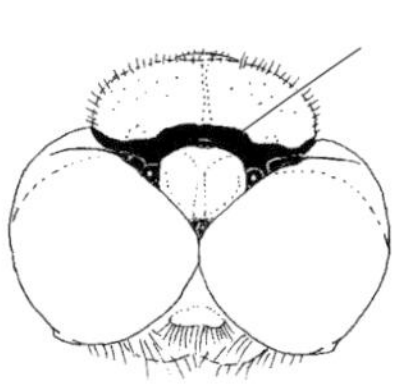

628 *Sympetrum fonscolombii*

24 ♂: Basis der Hinterflügel mit kleinem gelben Fleck, Flügeladern besonders an der Basis rot oder rosa. Pterostigma gelb, bei Jungtieren weißgelb. Augen auffällig zweifarbig, oben rot, unten bläulich (629). Kopulationsapparat mit kleinem Hamulus (629).

Jan	Feb	Mär	Apr	Mai	Jun	Jul	Aug	Sep	Okt	Nov	Dez

Abdomen 24–26 mm.

Stehende Gewässer, in Südeuropa häufig. In Mitteleuropa Vermehrungsgast in meist flachen, warmen Gewässern, z.B. Kiesgruben. Zunehmend bodenständig, zumindest jahrweise.

DE: *Ungefährdet.*

Sympetrum fonscolombii Frühe Heidelibelle

24' ♂: Flügelbasis ohne gelben Fleck, Flügeladern alle dunkel. Pterostigma rot-braun. Augen mit verwaschenem Übergang: oben braun-rot, unten gelblich (631). Kopulationsapparat mit großem Hamulus (630, 631).

... 25

25 ♂: Schwarze Querlinie auf der Stirn vor den Augen läuft nicht oder nur kurz an den Seiten herab (630). S4–S9 von oben fast gleich breit (632). Ausgefärbte ♂ mit markanter Thoraxzeichung von der Seite: zwei breite, gelb-braune Streifen (630), im Alter verdunkelt. Kopulationsapparat mit spitzem Hamulus (630)[1].

Jan	Feb	Mär	Apr	Mai	Jun	Jul	Aug	Sep	Okt	Nov	Dez

Abdomen 25–29 mm.

Stehende und langsam fließende Gewässer aller Art, auch Brackwasser. In Süd- und Mittel-DE häufig, in der norddeutschen Tiefebene selten.

DE: *Ungefährdet.*

Sympetrum striolatum Große Heidelibelle

25' ♂: Schwarze Querlinie auf der Stirn vor den Augen läuft an den Seiten herab (631). S6–S8 deutlich verbreitert (633). Ausgefärbte ♂ von der Seite mit einfarbig braunem Thorax (631). Kopulationsapparat mit stumpfem Hamulus (631).

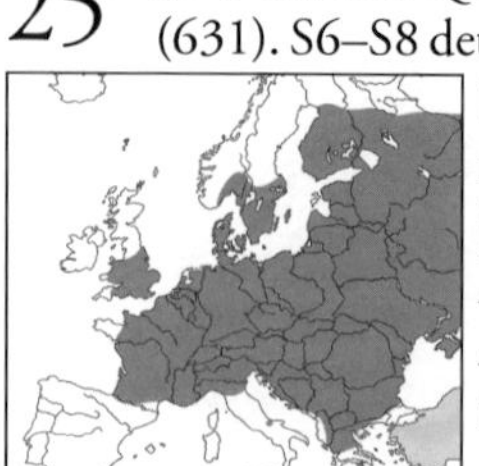

Jan	Feb	Mär	Apr	Mai	Jun	Jul	Aug	Sep	Okt	Nov	Dez

Abdomen 25–29 mm.

An stehenden und langsam fließenden Gewässern aller Art. Häufig. DE: *Ungefährdet.*

Sympetrum vulgatum vulgatum Gemeine Heidelibelle.

1 In den kühl-atlantischen Gebieten Irlands, Schottlands, der südnorwegischen und südfinnischen Küste kommen stark verdunkelte Formen vor, die fast schwarze Beine und sehr breite schwarze Brustzeichung haben. Sie wurden lange, vor allem in der englischen Literatur, als *Sympetrum nigrescens* LUCAS, 1912 beschrieben. Es handelt sich nach genetischen Untersuchungen um nichtwanderende Populationen, die sich lokal an die verkürzte Saison und kühlere Temperaturen angepasst haben. Die Stabilität dieser Populationen trotz hellerer, zufliegender Einwanderer aus dem Süden, wird durch die Salzwasserbarrieren begünstigt (PARKES et al. 2009).

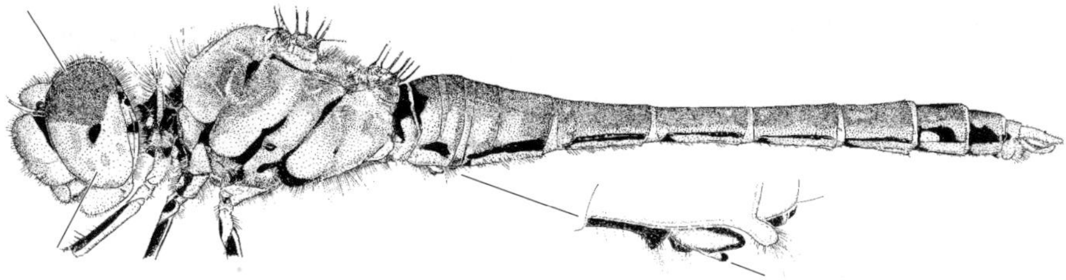

629 *Sympetrum fonscolombii* ♂

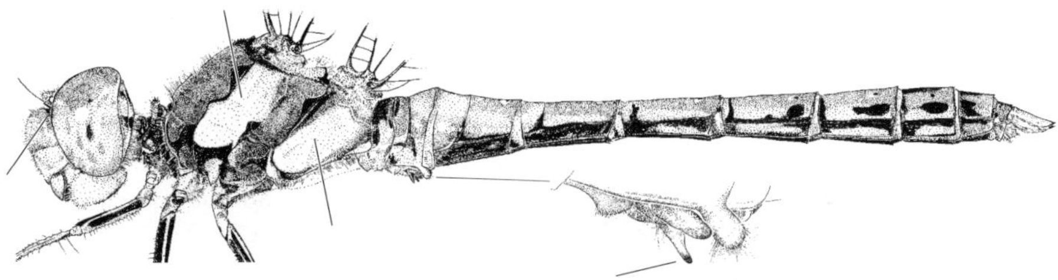

630 *Sympetrum striolatum* ♂

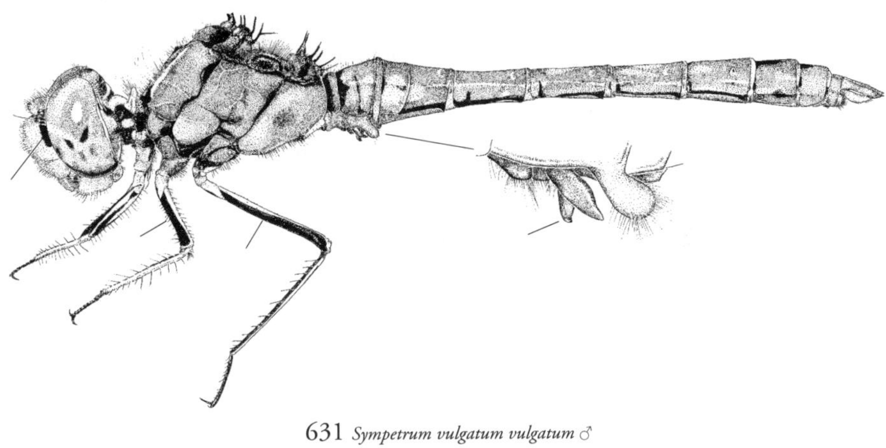

631 *Sympetrum vulgatum vulgatum* ♂

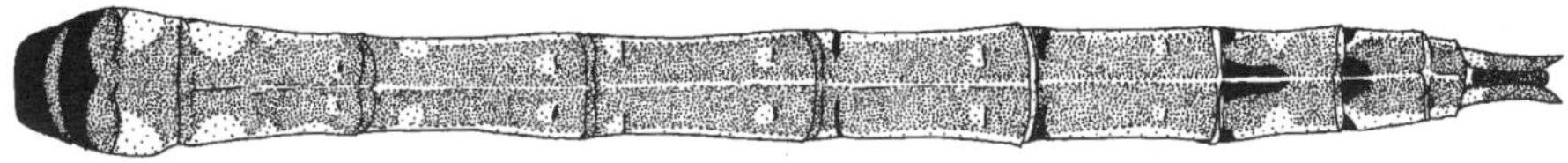

632 *Sympetrum striolatum* ♂

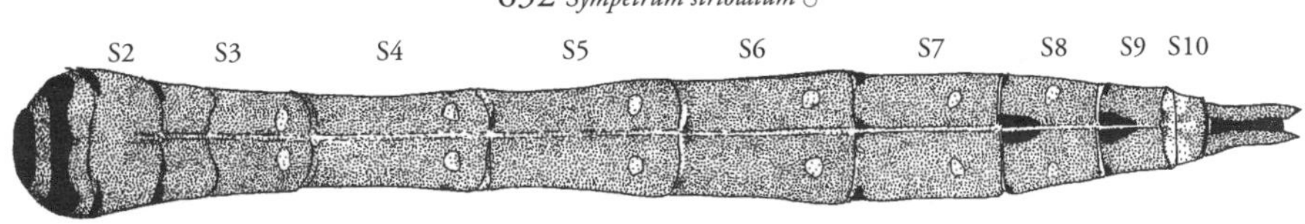

633 *Sympetrum vulgatum vulgatum* ♂

Schlüssel für die Weibchen

Weitere Informationen zur Art unter der jeweiligen Verweisnummer

26 ♀: Große, abstehende Legescheide (637, 640). ... 27

26' ♀: Kleine anliegende Legescheide (643, 646, 649). ... 29

27 ♀: Schwarze Querlinie auf der Stirn vor den Augen läuft nicht oder nur kurz an den Seiten herab (636). Legescheide: Unterkante weist schräg nach hinten, auch unter S8 deutlich sichtbar (637), von unten in der Mitte schwach eingebuchtet (638).
Sympetrum striolatum ... 25

27' ♀: Schwarze Querlinie auf der Stirn vor den Augen läuft an den Seiten herab (639). Legescheide steht unter S9 steil nach unten, unter S8 nur schmal (640), von unten mit ungebuchtetem hinteren Rand (641).
Sympetrum vulgatum ... 28

28 ♀: Kräftiger gezeichnete Tiere. Beine dunkler, Femur schwarz mit gelbem Streifen von oben (631/153). Thorax mit deutlicher, schwarzer Seitenzeichnung (639).
Sympetrum vulgatum vulgatum. ... 25'

28' ♀: Sehr blasse Tiere. Beine sehr hell: Femur von oben hell, nur Unterseite dunkel (ähnlich 622/151). Thorax mit nur sehr schmalen, dunklen Nahtlinien (645). Nur Nord-ES und Ostpyrenäen.
Sympetrum vulgatum ibericum ... 23'

29 ♀: Legescheide am hinteren Rand nicht (644) oder nur sehr schwach (647) eingekerbt. Thorax fast ohne dunkle Nahtlinien (642). Hinterer Rand der Stirn vor den Augen mit schmaler Querlinie (634). Abdomen von der Seite: schwarzer Längsstrich unterbrochen (655/157) bis erloschen (654/157). ... 30

29' ♀: Legescheide am hinteren Rand eingebuchtet (650) oder in zwei Höckern endend (648). Thorax mit breiten Nahtlinien (639). Hinterer Rand der Stirn vor den Augen mit breiter Querlinie (635). Abdomen von der Seite mit durchgehendem, kräftigen, schwarzen Längsstrich (656/157). ... 31

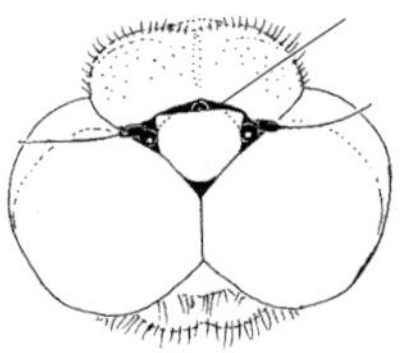

634 *Sympetrum meridionale*

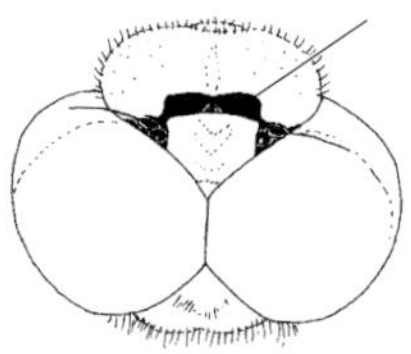

635 *Sympetrum spec.*

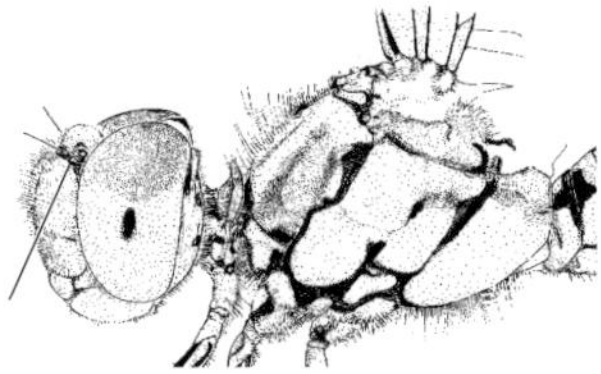

636 *Sympetrum striolatum* ♀

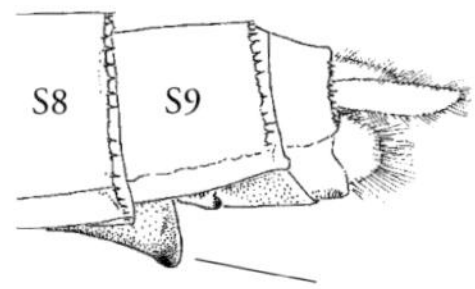

637 *Sympetrum striolatum* ♀

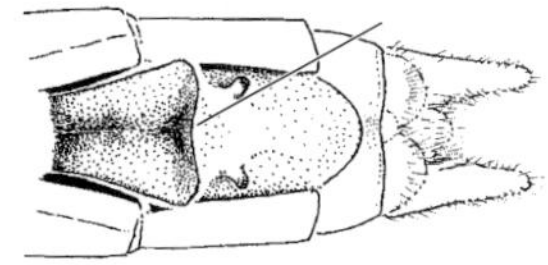

638 *Sympetrum striolatum* ♀

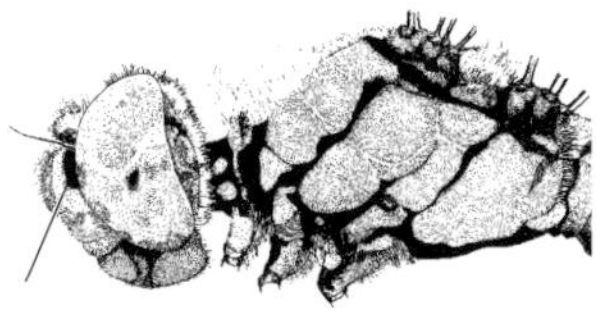

639 *Sympetrum vulgatum*

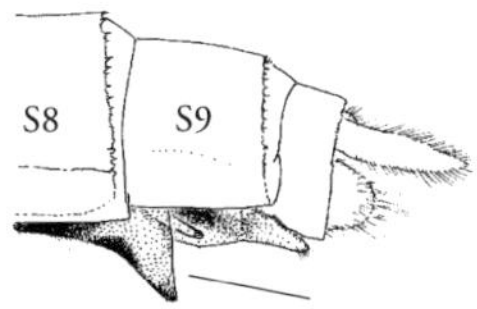

640 *Sympetrum vulgatum* ♀

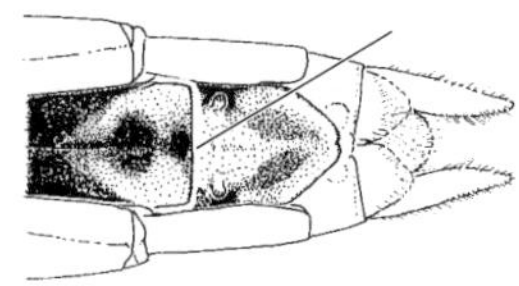

641 *Sympetrum vulgatum* ♀

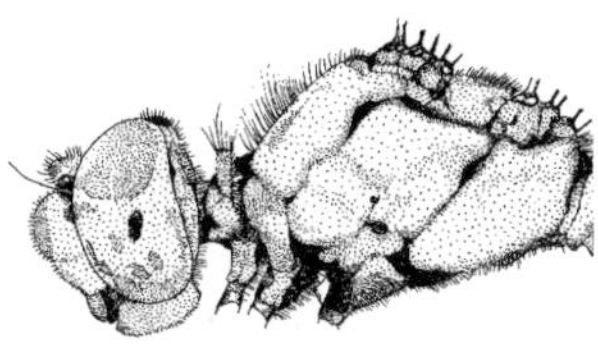

642 *Sympetrum meridionale*

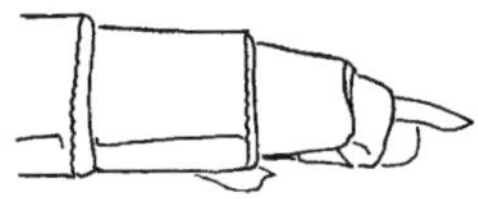

643 *Sympetrum meridionale* ♀

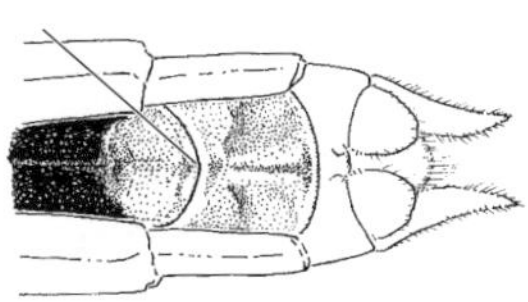

644 *Sympetrum meridionale* ♀

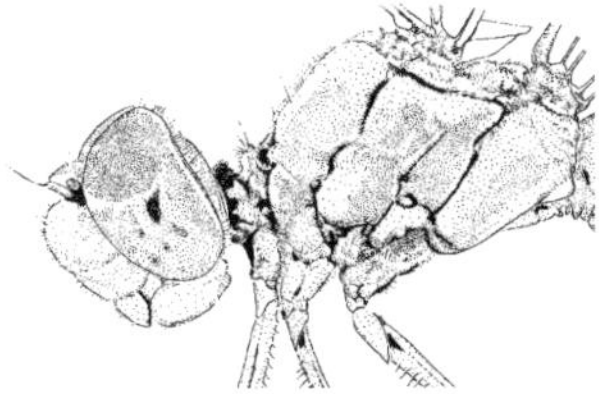

645 *Sympetrum vulgatum ibericum* ♀

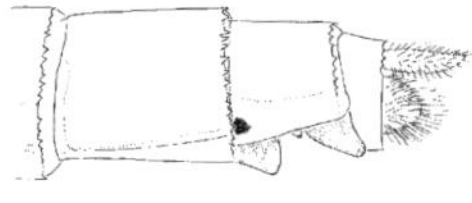

646 *Sympetrum sinaiticum* ♀

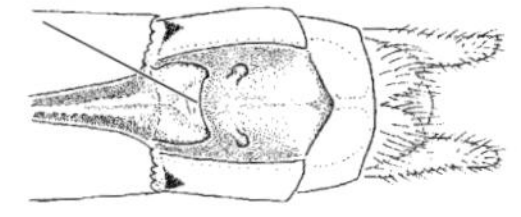

647 *Sympetrum sinaiticum* ♀

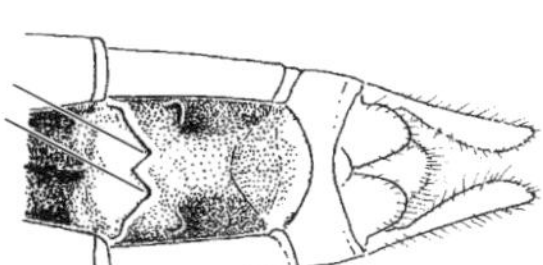

648 *Sympetrum flaveolum* ♀

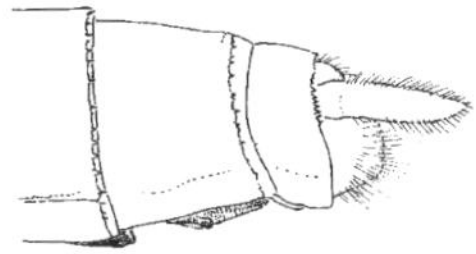

649 *Sympetrum fonscolombii* ♀

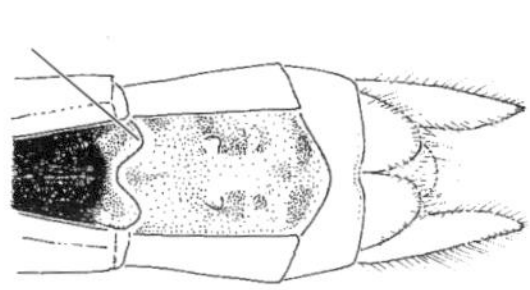

650 *Sympetrum fonscolombii* ♀

30 ♀: Legescheide klein, seitlich schwach abstehend (643/155), von unten mit rundem Ende (644/155). Abdomen seitlich ohne oder nur mit schwacher schwarzer Zeichnung (654).

Sympetrum meridionale ... 23

30' ♀: Legescheide klein und wenig abstehend (646/155), von unten aber deutlich eingekerbt (647/155). Abdomen seitlich mit schwarzem Streifen, mindestens auf S2 und S3 (655).

Sympetrum sinaiticum ... 22

31 ♀: Legescheide mit zwei spitzen Enden (648/155). Flügel mit großen, sehr variablen gelben Flecken (selten fehlend). Flügeladern immer dunkel. Pterostigma im Alter dunkel, braun bis rotbraun, nur bei jungen Tieren hell. Augen oben rötlich nach unten in gelb übergehend.

Sympetrum flaveolum ... 20

31' ♀: Legescheide mit zwei runden Enden (650/155). Hinterflügel nur an der Basis mit kleinen, gelben Flecken. Flügeladern häufig hell, gelb oder rötlich. Pterostigma gelb. Augen oben rötlich mit deutlichem Kontrast zur stahlblauen unteren Hälfte (656).

Sympetrum fonscolombii ... 22

32 Alte Tiere ganz schwarz, auch alte ♂ nie rot. Einzige schwarze Art in Mitteleuropa, im Süden vgl. *Selysiothemis nigra.* Junge Tiere mit breiter schwarzer Zeichnung am Thorax (657), Abdomen von unten ausgedehnt schwarz (657), von oben gelb.
♂: Kopulationsapparat groß (651).
♀: Legescheide deutlich abstehend (652, 657).

Jan	Feb	Mär	Apr	Mai	Jun	Jul	Aug	Sep	Okt	Nov	Dez

Abdomen 19–24 mm.
An stehenden Gewässern, besonders Mooren. Häufig. In warmen Gebieten, wie z. B. Rheintal oder am Bodensee selten. DE: *Ungefährdet.*

Sympetrum danae Schwarze Heidelibelle

32' Thorax mit dünner, schwarzer Zeichnung (658). Abdomen überwiegend hell, wenig schwarze Zeichnung (658).Grundfarbe bei ♂ rot, bei ♀ und jungen ♂ gelb.
♂: Kopulationsapparat kleiner (664, 665/159).
♀: Legescheide klein, nicht abstehend (653, 658).

... 33

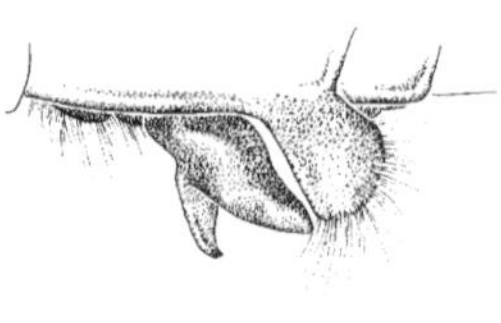

651 *Sympetrum danae* ♂

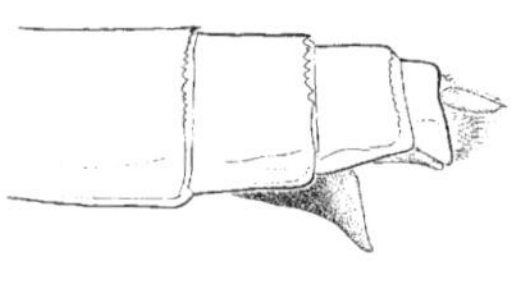

652 *Sympetrum danae* ♀

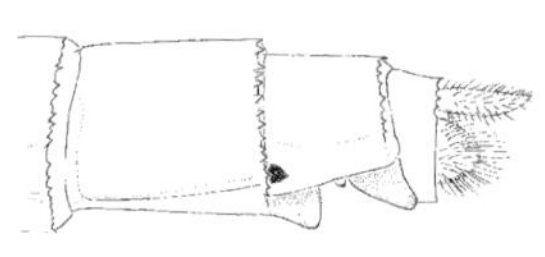

653 *Sympetrum spec.* ♀

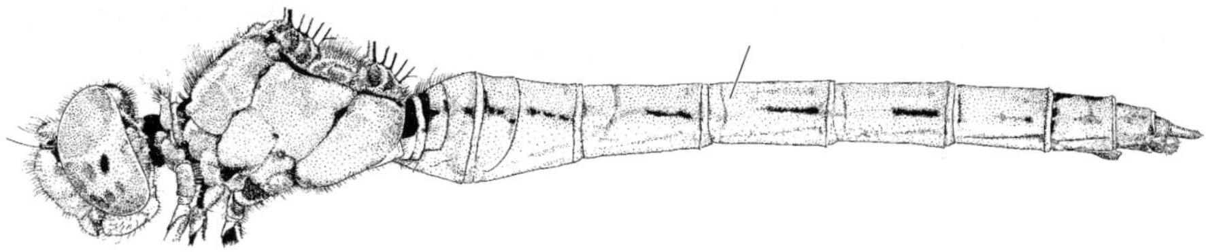

654 *Sympetrum meridionale* ♀

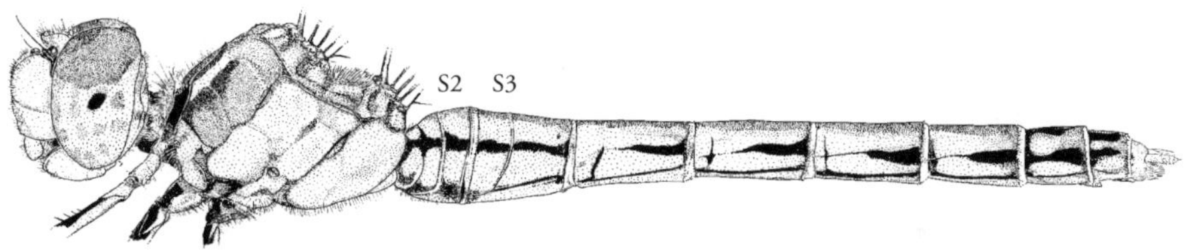

655 *Sympetrum sinaiticum* ♀

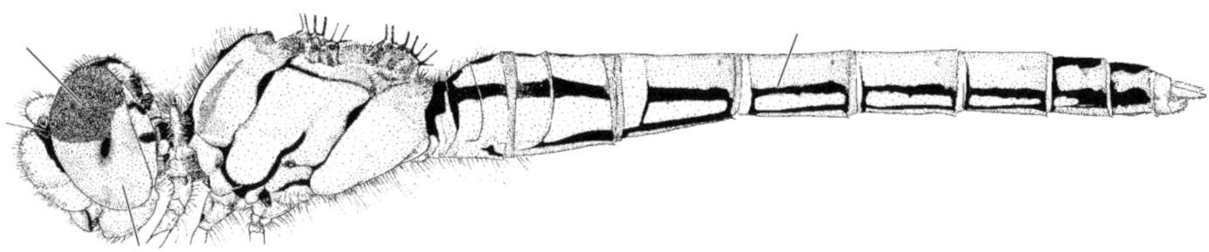

656 *Sympetrum fonscolombii* ♀

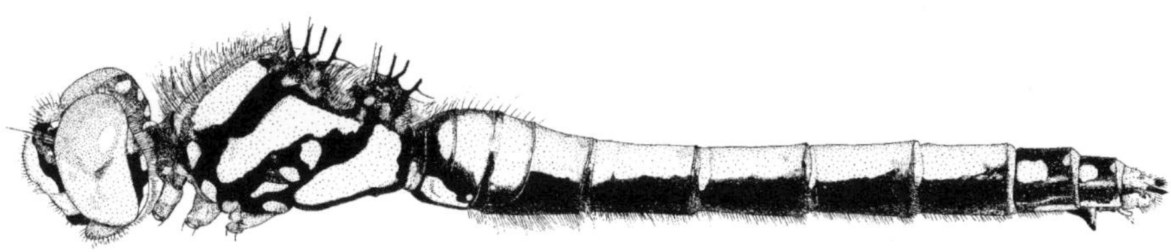

657 *Sympetrum danae* ♀

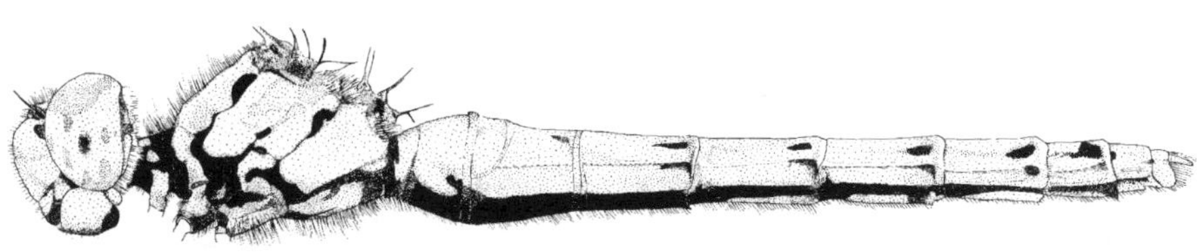

658 *Sympetrum depressiusculum* ♀

33 Flügel auffallend vielzellig, im hinteren Flügel zwischen Radiusschaltader und Flügelhinterrand fünf bis sieben Zellen (660). Flügelspitze runder (660). Abdomen mit tropfenförmigen Flecken (659).

♂: Abdomen von oben abgeflacht und gleichmäßig verbreitert (659). Kopulationsapparat mit kleinerem Hamulus (664).

♀: Legescheide: Abstand zwischen dem hinteren Rand von S8 und dem hinteren Rand der Legeklappen klein, ca. 1 mm. S9 von unten mit zwei kleinen Höckern (662).

Jan	Feb	Mär	Apr	Mai	Jun	Jul	Aug	Sep	Okt	Nov	Dez

Abdomen 20–23 mm. Flache, vegetationsreiche, sonnendurchwärmte Stillgewässer, die im Spätsommer austrocknen: Sümpfe, Verlandungszonen, Altwasser. Im Süden massenhaft in Reisfeldern (z. B. Camarque). In Mitteleuropa besonders in Vorstreckteichen in Karpfenzuchten, die im Winter ohne Wasser sind.

EUR: *Vunerable.* DE: *Stark gefährdet.*

Sympetrum depressiusculum Sumpf-Heidelibelle

33' Flügel mit weniger Zellen, im hinteren Flügel zwischen Radiusschaltader und Flügelhinterrand vier bis fünf Zellen (661), Flügelspitze schlanker (661). Abdomen leicht keulenförmig, ohne tropfenförmige Flecken (666).

♂: Abdomen von oben nicht abgeflacht, S6–S8 schwach verbreitert (666). Kopulationsapparat mit kräftigem Hamulus (665).

♀: Legescheide: Abstand zwischen dem hinteren Rand von S8 und dem hinteren Rand der Legeklappen größer, 2–3 mm, S9 von unten ohne Höcker (663).

Jan	Feb	Mär	Apr	Mai	Jun	Jul	Aug	Sep	Okt	Nov	Dez

Abdomen 21–26 mm.

Stehende Gewässer aller Art. Häufig und verbreitet.

DE: *Ungefährdet.*

Sympetrum sanguineum Blutrote Heidelibelle

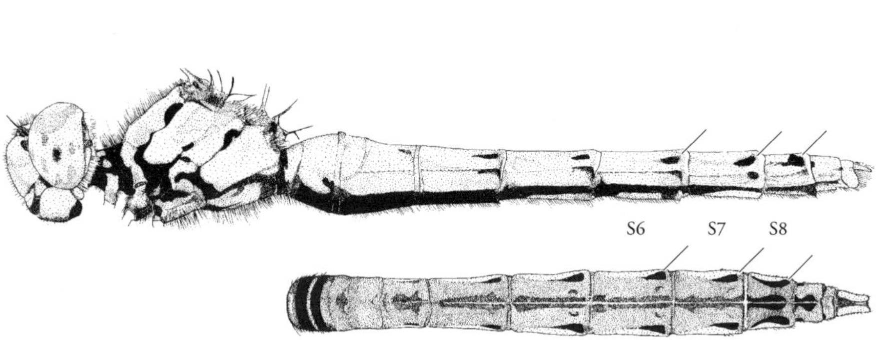

659 *Sympetrum depressiusculum* ♀

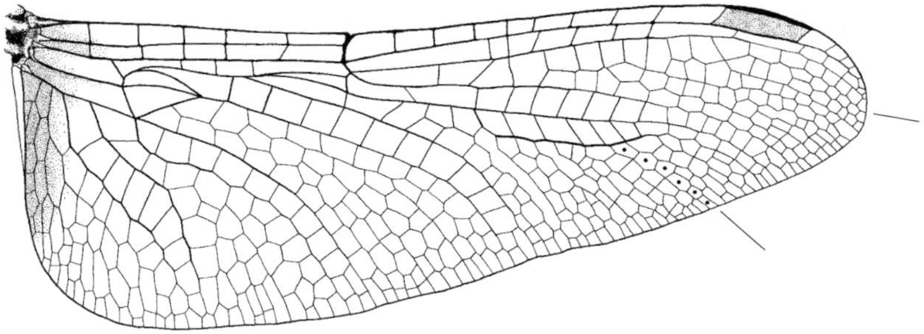

660 *Sympetrum depressiusculum*

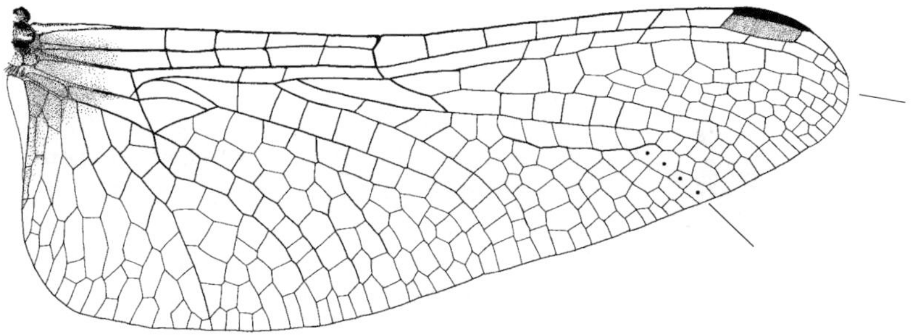

661 *Sympetrum sanguineum*

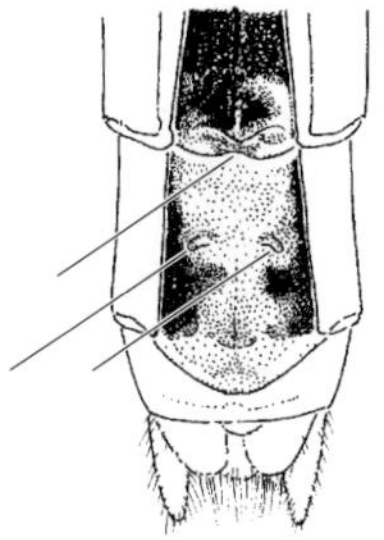

662 *S. depressiusculum* ♀

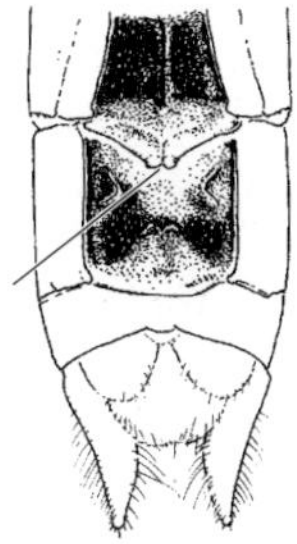

663 *S. sanguineum* ♀

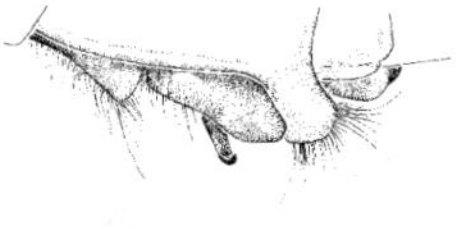

664 *S. depressiusculum* ♂

665 *S. sanguineum* ♂

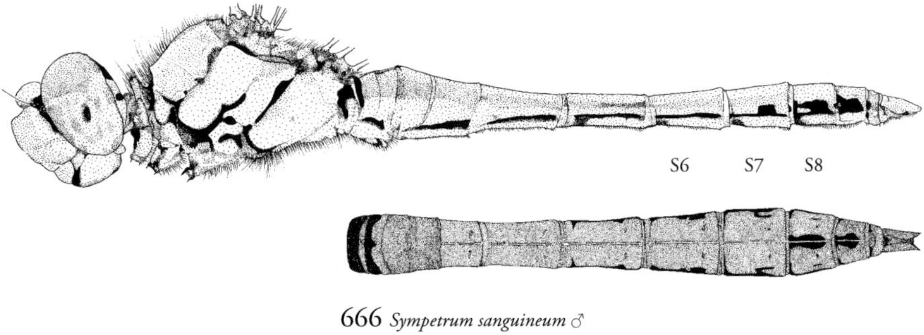

666 *Sympetrum sanguineum* ♂

34 Obere Anhänge weiß (669, 670, 674, 675). Abdomen alter ♂ blauschwarz, auf den vorderen Segmenten blau bereift, ohne gelbe oder rote Flecken (669, 670). ♀ mit relativ kleinen Flecken auf dem Abdomen (674, 675). *In Mitteleuropa sehr selten.*

... 35

34' Obere Anhänge wie die unteren schwarz. Abdomen schwarz; mit mittelgroßen bis großen gelben oder roten Flecken (671–673, 676–678).

... 36

35 Abdomen keulenförmig, so breit wie der Thorax (669, 674). Hinterflügel mit zwei Cubitoanalqueradern, von denen eine im Fleck der Flügelbasis liegen kann (667). ♂: Pterostigma von oben weiß, nur von unten dunkel (667). Kopulationsapparat (681/163). ♀: Klappen der Legescheide lang und schmal (682/163). Manchmal mit dunklem Flügelfleck unter dem Pterostigma *(forma ornata).*

Jan	Feb	Mär	Apr	Mai	Jun	Jul	Aug	Sep	Okt	Nov	Dez

Abdomen 21–25 mm. Eurosibirisch. Klare, nährstoffarme Gewässer mit starker oberflächennaher Unterwasservegetation: Torfgewässer, Altwasser und Waldseen. Stark bedornte Larven angepasst an Präsenz von Barschen. Adulte Tiere oft auf Schwimmblättern von Teich- u. Seerosen. Selten in Ost-DE, sehr selten im östlichen NI, Oberrheintal, BY, Ost-AT und CH. DE: *Gefährdet,* FFH-Status: *IV.*

Leucorrhinia caudalis Zierliche Moosjungfer

35' Abdomen schlank, nie so breit wie der Thorax (670, 675). Hinterflügel mit nur einer Cubitoanalquerader, die im Fleck der Flügelbasis liegen kann (680).
♂: Pterostigma dunkel (680). Kopulationsapparat (683/163).
♀: Klappen der Legescheide kurz (684/163).

Jan	Feb	Mär	Apr	Mai	Jun	Jul	Aug	Sep	Okt	Nov	Dez

Abdomen 24–27 mm. Eurosibirisch. Nährstoffarme, klare Gewässer mit Moosrasen oder Armleucheralgen am Grund: Moorkolke, saure Waldseen, Klarwasserseen, Altwasser, sekundär auch in Sandgruben oder Torfstichen. In Mitteleuropa nach Osten häufiger, besonders in Nord-BB, westlich sehr selten im östlichen NI, BY Donautal und Alpenvorland. DE: *Strak gefährdet,* FFH-Status: *IV.*

Leucorrhinia albifrons Östliche Moosjungfer

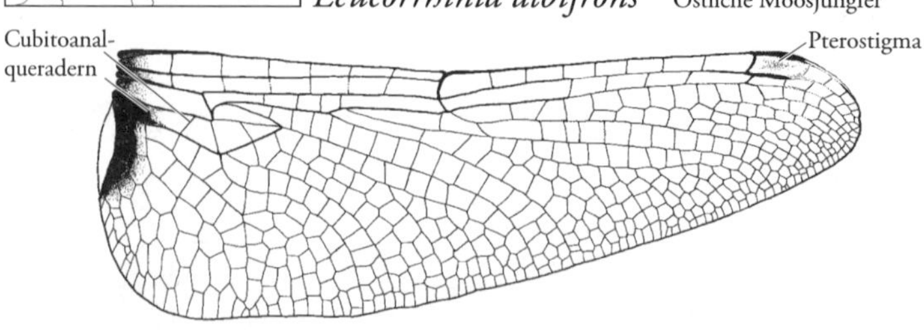

667 *Leucorrhinia caudalis* ♂

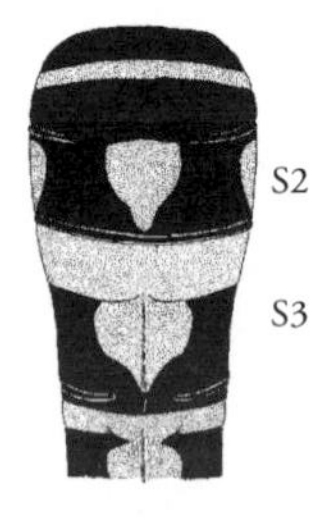

668 *L. rubicunda* ♀

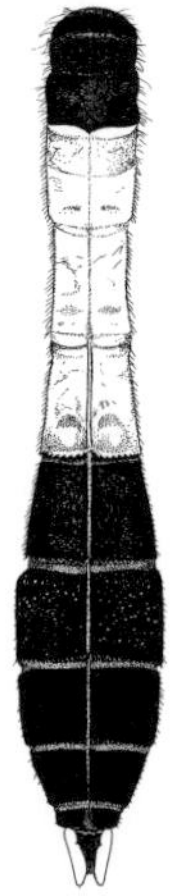
669 *L. caudalis* ♂

670 *L. albifrons* ♂

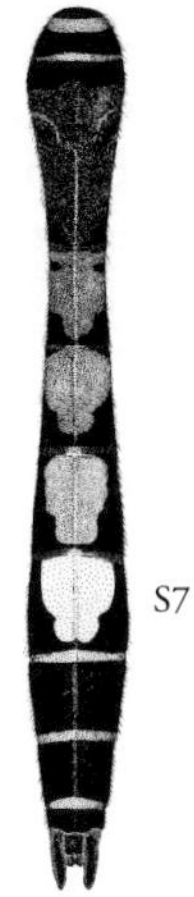

671 *L. pectoralis* ♂

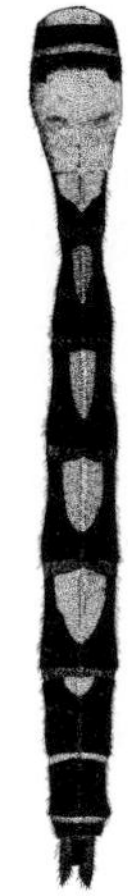
672 *L. rubicunda* ♂

673 *L. dubia* ♂

674 *L. caudalis* ♀

675 *L. albifrons* ♀

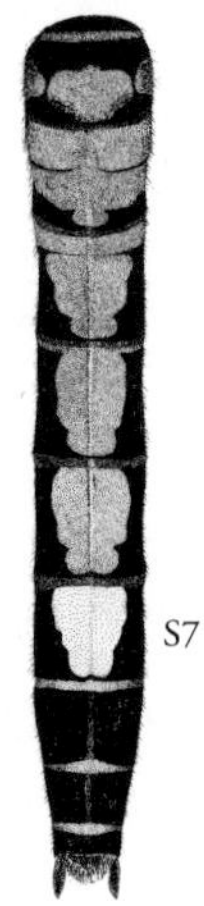

676 *L. pectoralis* ♀

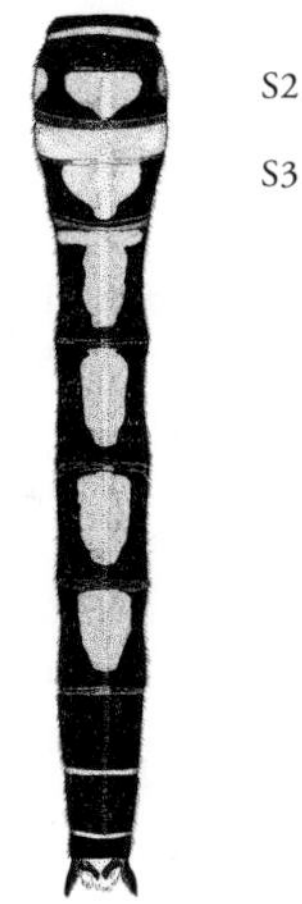

677 *L. rubicunda* ♀

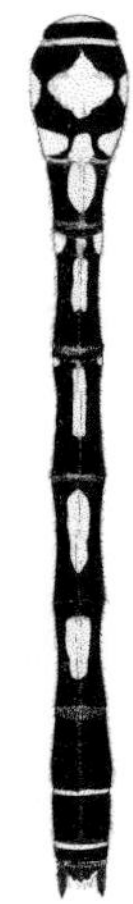
678 *L. dubia* ♀

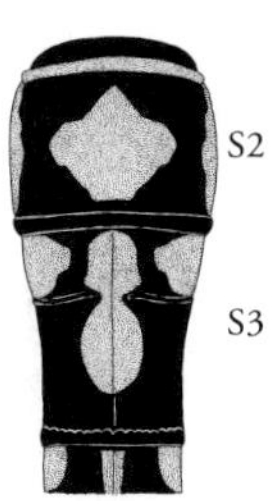

679 *L. dubia* ♀

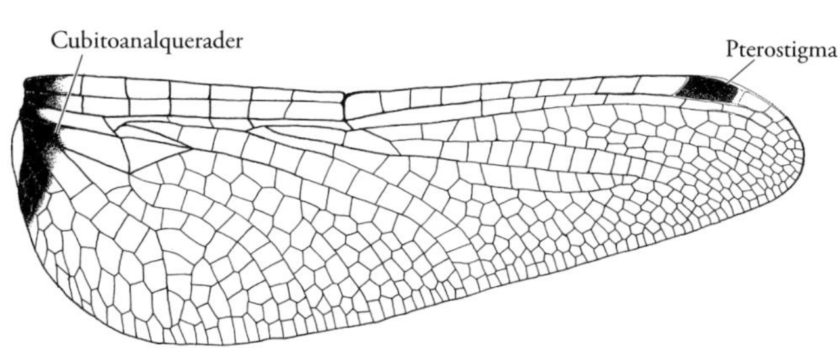

680 *Leucorrhinia albifrons* ♂

36 Abdomen hinten verbreitert, alle Flecken auf den Segmenten groß (671, 676/161). Ausgefärbte Tiere: Fleck auf S7 zitronengelb, deutlich heller als die braunroten Flecken S4–S6 (671, 676/161). Bei jungen Tieren alle Flecken orange-gelb.
♂: Kopulationsapparat (685). ♀: Legescheide mit kräftigen Klappen (686).

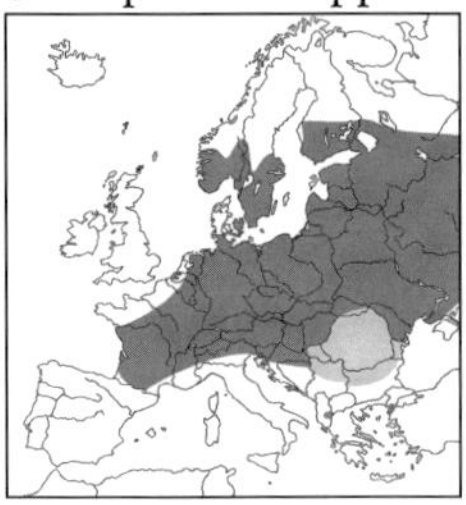

Jan	Feb	Mär	Apr	Mai	Jun	Jul	Aug	Sep	Okt	Nov	Dez

Abdomen 24–27 mm. Mäßig nährstoffreiche (mesotrophe), oft huminhaltige, fischarme oder fischfreie Gewässer: Zwischenmoore, verlandete Seen, Torfstiche und Moorweiher. Angewiesen auf mittlere Sukzessionsstadien mit ausgeprägter Unterwasservegetation, sekundär in überstauten Restmooren und Abbaugewässern. DE: *Gefährdet*, FFH-Status: *II* und *IV.*

Leucorrhinia pectoralis Große Moosjungfer

36' Abdomen nicht verbreitert, Flecken kleiner (672, 673, 677, 678/161). Bei ausgefärbten ♂ alle Flecken rötlich, bei ♀ und jungen ♂ alle Flecken gelb.
♂: Kopulationsapparate (687, 689). ♀: Legescheiden kleiner (688, 690).

... 37

37 ♂: Kopulationsapparat mit kräftiger Basis und kleinem Hamulus (687). Pterostigma rot. Abdomen: Flecken variabel, nehmen meist mehr als drei Viertel der Segmente ein (672/161).
♀: S2: Fleck an der Vorderkante fast gerade, S3: Seiten- und Mittelflecken verbunden (668/160). Klappen der Legescheide sehr kurz (688).

Jan	Feb	Mär	Apr	Mai	Jun	Jul	Aug	Sep	Okt	Nov	Dez

Abdomen 23–28 mm. Eurosibirisch-boreal. In Nordeuropa und Sibirien weit verbreitet. In Mitteleuropa Hoch- und Zwischenmoore, vermoorte Sümpfe und Kleingewässer, immer fischfrei. In Nord-DE zerstreut, selten in den Alpen, Alpenvorland und Mittelgebirge. DE: *Gefährdet.*

Leucorrhinia rubicunda Nordische Moosjungfer

37' ♂: Kopulationsapparat mit steil abstehenden Hamulus (689). Pterostigma braun. Abdomen: Flecken variabel, nehmen meist weniger als die Hälfte der Segmente ein (673/161).
♀: S2: Fleck an der Vorderkante dachförmig spitz, S3: Seiten- und Mittelfleck getrennt (679/161). Klappen der Legescheide deutlich ausgeprägt (690).

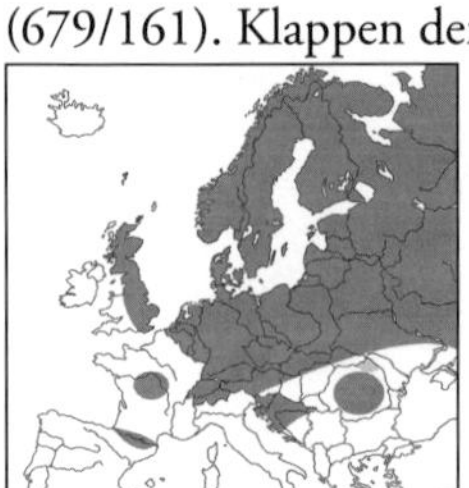

Jan	Feb	Mär	Apr	Mai	Jun	Jul	Aug	Sep	Okt	Nov	Dez

Abdomen 21–27 mm.
Eurosibirisch-alpin. Nordische Tundra und Gebirgsmoore. In Mitteleuropa an Hochmoore und Moorgewässer mit flutenden Torfmoosen *(Sphagnum)* gebunden. In Nord-DE mäßig verbreitet, in Süd-DE selten in den Mittelgebirgen und Alpen.
DE: *Gefährdet.*

Leucorrhinia dubia Kleine Moosjungfer

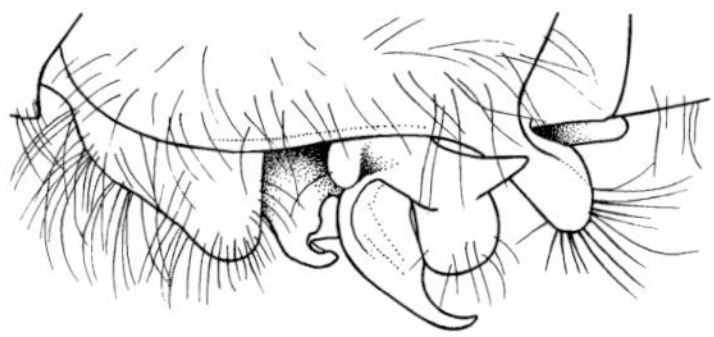

681 *Leucorrhinia caudalis* ♂

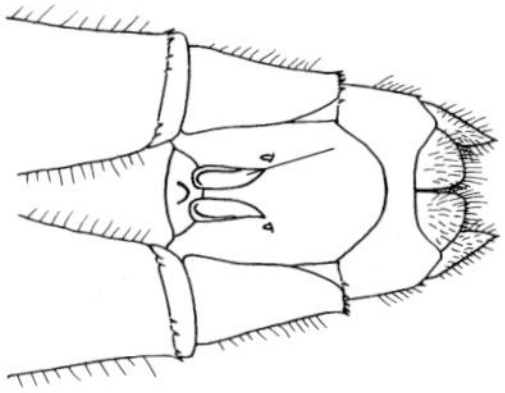

682 *Leucorrhinia caudalis* ♀

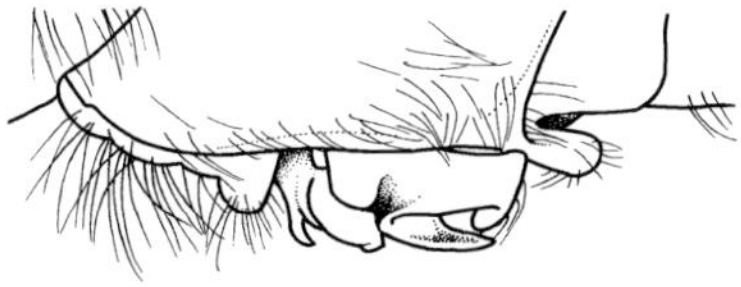

683 *Leucorrhinia albifrons* ♂

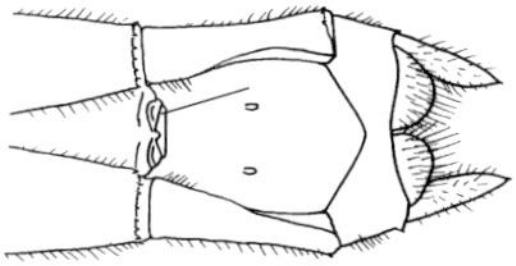

684 *Leucorrhinia albifrons* ♀

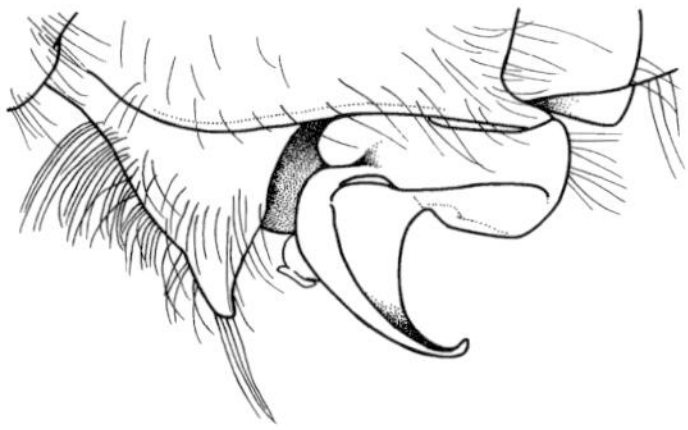

685 *Leucorrhinia pectoralis* ♂

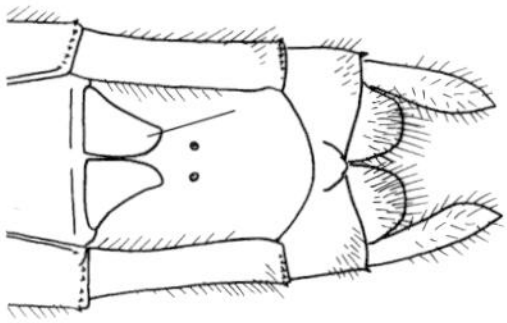

686 *Leucorrhinia pectoralis* ♀

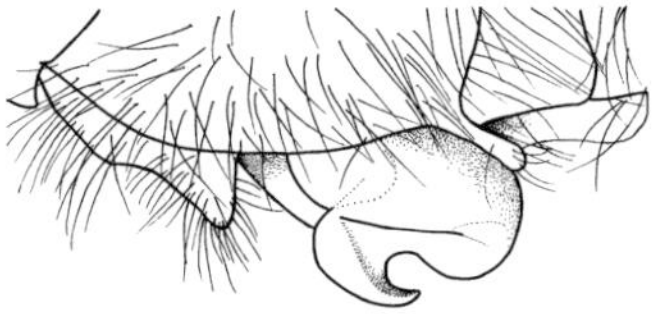

687 *Leucorrhinia rubicunda* ♂

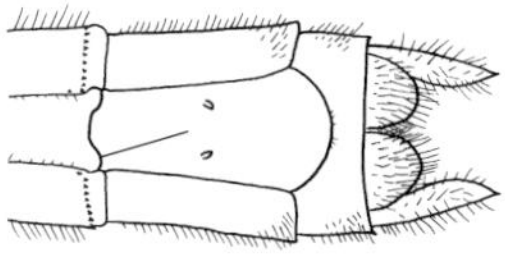

688 *Leucorrhinia rubicunda* ♀

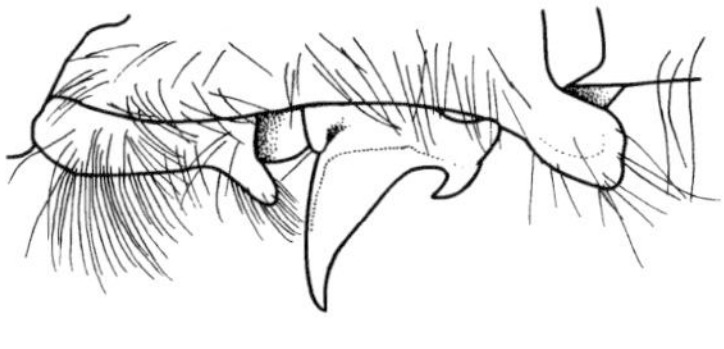

689 *Leucorrhinia dubia* ♂

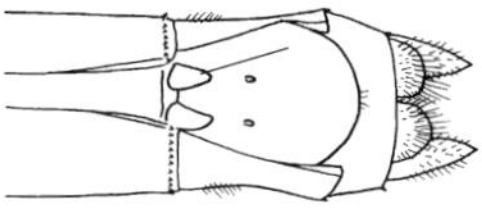

690 *Leucorrhinia dubia* ♀

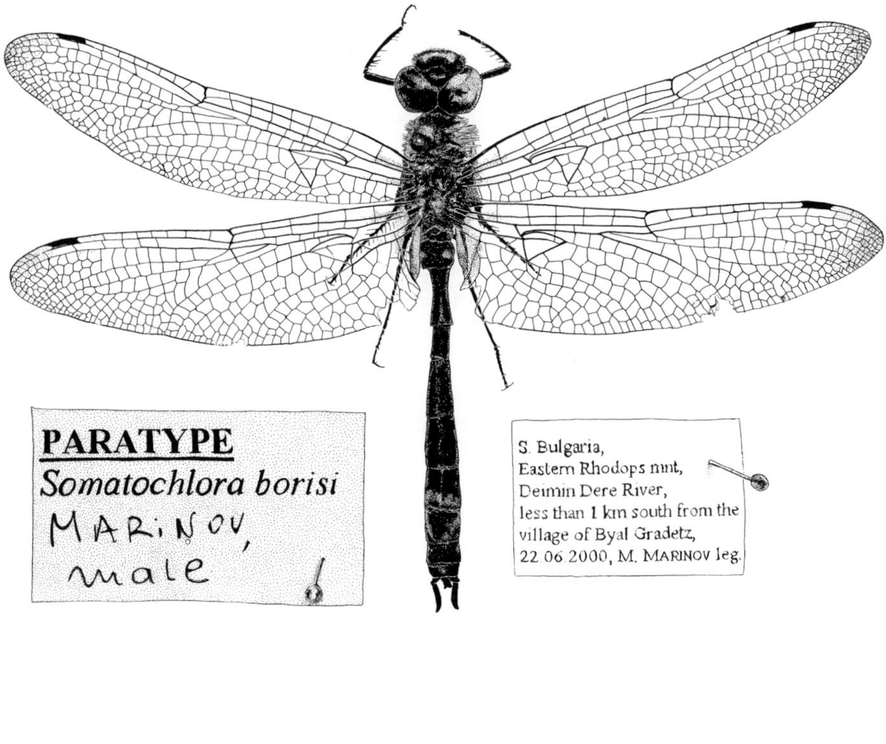

691 *Somatochlora borisi* ♂, M. Marinov leg. 22. 06. 2000

Namensgebung

In der Wissenschaft werden einheitliche Namen für Pflanzen und Tiere verwendet. Dazu existiert mit dem sogenannten *Code* (ICZN 1999, 2012) ein verbindliches Regelwerk. Gute Erklärungen zur Anwendung dieser Regeln finden sich auch in Mayr (1975) und Mayr & Ashlock (1991).

Für die Benutzung der wissenschaftlichen Namen gibt es gute Gründe:

1. Die Namen sind in jedem Fall eindeutig.
2. Die wissenschaftlichen Namen sind international üblich, und erlauben die Verständigung über alle Sprachgrenzen hinweg. Es ist darüber hinaus genau so leicht oder schwer, einen deutschen oder einen wissenschaftlichen Namen zu erlernen.

Binomisches System

Zur wissenschaftlichen Kennzeichnung einer Art wird ein zweiteiliger Name benutzt (binomisches System nach Carl von Linne 1758), wobei der erste, großgeschriebene, Name die Gattung nennt, der zweite Name dagegen die Art. Um eine Unterart zu kennzeichnen, wird ein dritter Name angehängt:

Calopteryx splendens caprai
(Gattung) (Art) (Unterart)

Da vielfach gleiche Namen von unterschiedlichen Autoren für unterschiedliche Arten verwendet wurden (vor allem in der Literatur vor 1900), wird der Autor (Erstbeschreiber) samt dem Erscheinungsjahr der Beschreibung am Ende angehängt. Hat der Autor den Artnamen in einer anderen Gattung beschrieben, so werden Autorenname und Jahreszahl in Klammern geführt:

Calopteryx splendens (Harris, 1780)
Beschrieben als *Libellula splendens* Harris, 1780

Hat der Autor die Art bereits mit dem heutzutage verwendeten Gattungsnamen versehen, so bleiben Autor und Jahreszahl frei:

*Platycnemis latipe*s Rambur, 1842

Wenn sich nachträglich herausstellt, das bereits ein weiterer Name existiert, gilt der älteste Name; der neuere Name wird zum unbenutzten Synonym.

Hybriden werden mit dem Namen beider Elternarten, verbunden durch ein Kreuz, gekennzeichnet:

Orthetrum coerulescens x anceps oder *Lestes parvidens x viridis.*

Vielfach wurden bestimmte Farbformen und Variationen mit eigenen Bezeichnungen versehen. Hiermit lassen sich genetisch fixierte Farbmorphen mancher Arten (z. B. *Ischnura elegans*) gut beschreiben. Solche Bezeichnungen sind aber keine wissenschaftlich gültigen Namen. Sie sollen deutlich als Namenszusätze gekennzeichnet sein. Dazu schlägt der *Code* die Kategorie *forma* vor, die dann dem eigentlichen Artnamen angehängt werden kann (z. B. *Libellula quadrimaculata f. praenubila; Ischnura elegans f. typica*).

Namenswirrwarr

Normalerweise legt der *Code* die Kriterien fest, nach denen die gültigen Namen gebildet werden. Trotzdem kommt es aus vielfältigen Gründen immer wieder zu unterschiedlichen Standpunkten Eine wichtige Übersicht besonders auch für die Gattungsebene bieten Dijkstra & Kalkman (2012). Hier sei nur kurz die Begründung für einige Namensgebungen ausgeführt:

- *Erythromma lindenii*, früher *Cercion lindenii* bzw. *Coenagrion lindenii*: Die Art *lindenii* gehört nach neuen Untersuchungen in die Gattung *Erythromma* (Weekers & Dumont 2004).
- *Ophiogomphus cecilia*, früher *O. serpentinus*: Die Artbeschreibung von *cecilia* wird als korrekt akzeptiert.
- Die Schreibweise folgender Namen wurde entsprechend der in der Originalbeschreibung geändert: *C. lindenii, C. boltonii, G. graslinii, O. curtisii, S. fonscolombii, Aeshna* statt *Aeschna*, und *A. caerulea* statt *A. coerulea*, *A. isoceles* statt *A isosceles.*
- Die Schreibweise folgender Namen wurde zur Korrektur grammatikalischer Fehler geändert: Cordulegas**tr**idae statt Cordulegas**ter**idae, *Platycemi**di**dae* statt *Platycnemidae* und *Cordulegaster bidentat**a*** statt *C. bidentat**us**.*

Um den Zugang auch zu anderer Literatur zu erleichtern, sind die wichtigsten Synonyme der letzten 50 Jahre in der systematischen Artenliste und im Register aufgeführt. Weitere Quellen für Synonyme sind Bridges (1994) und Steinmann (1997a, 1997b).

Kritische Jahreszahlen wurden anhand von Originalbeschreibungen überprüft (vgl. auch Fliedner 1998 und Jödicke 2012). Korrigiert wurden so die Jahreszahlen für *Anax junius* Drury, 1770 (statt 1773) und *Coenagrion pulchellum* Vander Linden, 1825 (statt 1820 oder 1823).

Verwandtschaftsverhältnisse

Um die verwandtschaftliche Nähe von Arten darzustellen, wurde ein abgestuftes System geschaffen, das jeweils näher verwandte Arten oder Artengruppen zu höheren Einheiten zusammenfasst und zwar in folgender Form:

Deutsch	wissenschaftlich (lat.)	Beispiel
Unterart	subspecies	
Art	species	*Aeshna cyanea* (O. F. Müller, 1764)
Untergattung	subgenus, pl. subgenera	
Gattung	genus, pl. genera	Aeshna
Tribus	Tribus, pl. Tribus	Aeshnini
Unterfamilie	subfamilia, pl. subfamiliae	Aeshninae
Familie	familia, pl. familiae	Aeshnidae
Überfamilie	superfamilia	Aeshnoidea
Unterordnung	sub-ordo	Anisoptera
Ordnung	ordo	Odonata

Dieses hierarchische System gruppiert die Arten in immer größere Einheiten und stellt somit eine gewisse Ordnung des Lebendigen dar. Sie beschreibt aber nicht zwingend die Nähe der Verwandtschaft (Phylogenie). Moderne Methoden, besonders genetische, erlauben eine Rekonstruktion der Stammbäume (vgl. Dumont et al. 2010, Ballare & Ware 2011, Dijkstra & Kalkman 2012, Dijkstra et al. 2013). Dadurch verlieren die klassischen Hierarchien an Bedeutung. Als Zwischenschritt werden für wichtige Verzweigungspunkte der Verwandtschaftsbäume vielfach zusätzliche Namen eingefügt. Das betrifft bei Libellen besonders den Bereich zwischen Familie und Ordnung des klassischen Systems. So werden die Großlibellen des klassischer Systems (Anisoptera) zusammen mit den Anisozygoptera (rezent nur die Gattung *Epiophlebia* im Himalaya, China und Japan (vgl. Büsse et al. (2012)) zu den Epiproctophora zusammengefasst. Die derzeitig präferierte Klassifikation ist zusammengefasst in Dijkstra et al. (2013), abweichend zu unserer Verwendung wird bei ihnen die Gattung *Oxygastra* als Genera incertae sedis ohne Familienzuordnung geführt.

Im Schlüssel sind die deutschen Namen in Kleindruck vermerkt, sie richtet sich nach unserer Liste Wendler et al. (1995). Für die damals nicht benannten Arten (*Somatochlora borisi, S. graeseri,* inklusive der Irrgäste *Pachydiplax longipennis, Anax junius*) sind Ergänzungen vorgenommen worden. Die meisten Namen stimmen mit den Vorschlägen in Wildermuth & Martens (2014) und Martens et al. (2015) überein; bei Abweichungen (z. B. der Bevorzugung von Pokaljungfer statt Saphirauge für *Erythromma lindenii*) finden sich beide deutschen Namen im Register.

692 *Chalcolestes viridis* Eiablage

Systematische Artenliste

Ordnung **Odonata** Libellen

Unterordnung **Zygoptera** Kleinlibellen

Familie **Calopterygidae** Prachtlibellen

Gattung ***Calopteryx*** LEACH, 1815 (Agrion FABRICIUS, 1775)

1. *splendens* (HARRIS, 1780) . . . . Gebänderte Prachtlibelle
1a. *splendens splendens* (HARRIS, 1780)
1b. *splendens caprai* CONCI, 1956
2. *xanthostoma* (CHARPENTIER, 1825) . . . . Südwestliche Prachtlibelle
(*C. splendens xanthostoma*)
3. *virgo* (LINNAEUS, 1758) . . . . Blauflügel-Prachtlibelle
3a. *virgo virgo* (LINNAEUS, 1758)
(*C. virgo padana* CONCI et NIELSEN, 1956 –? Hybrid *C. v. virgo* x *C. v. festiva* BRULLÉ, 1832)
3b. *virgo meridionalis* SÉLYS, 1873
4. *haemorrhoidalis* (VANDER LINDEN, 1825) . . . . Bronzene Prachtlibelle
(*C. h. occasi* CAPRA, 1945; *C. h. asturica* OCHARAN, 1983)

Familie **Lestidae** Teichjungfern

Gattung ***Sympecma*** BURMEISTER, 1839 Winterlibellen

5. *fusca* (VANDER LINDEN, 1820) . . . . Gemeine Winterlibelle
6. *paedisca* (BRAUER, 1877) . . . . Sibirische Winterlibelle
(*S. annulata* (SÉLYS, 1887); *S. braueri* (JAKOBSON und BIANCHI, 1904); *S. striata* ST. QUENTIN, 1963)

Gattung ***Chalcolestes*** KENNEDY, 1920 Weidenjungfern

7. *viridis* (VANDER LINDEN, 1820) . . . . Westliche Weidenjungfer
(*Lestes viridis*)
8. *parvidens* ARTOBOLEVSKII, 1929 . . . . Östliche Weidenjungfer
(*Lestes parvidens*)

Gattung ***Lestes*** LEACH, 1815 Binsenjungfern

9. *barbarus* (FABRICIUS, 1798) . . . . Südliche Binsenjungfer
10. *virens* (CHARPENTIER, 1825)
10a. *virens virens* (CHARPENTIER, 1825) . . . . Kleine Binsenjungfer
10b. *virens vestalis* RAMBUR, 1842
11. *macrostigma* (EVERSMANN, 1836) . . . . Dunkle Binsenjungfer
12. *sponsa* (HANSEMANN, 1823) . . . . Gemeine Binsenjungfer
13. *dryas* KIRBY, 1890 . . . . Glänzende Binsenjungfer
(*Lestes nympha* SÉLYS, 1840 nec STEPHENS, 1835)

Familie **Platycnemididae** Federlibellen

Gattung ***Platycnemis*** BURMEISTER, 1839 Federlibellen

14. *pennipes* (PALLAS, 1771) . . . . Blaue Federlibelle
(*Puella nitidula* BRULLÉ, 1832 nec *P. hyalinata* BRULLÉ, 1832)
15. *latipes* RAMBUR, 1842 . . . . Weiße Federlibelle
16. *acutipennis* SÉLYS, 1841 . . . . Rote Federlibelle

Familie **Coenagrionidae** Schlanklibellen

Gattung ***Ceriagrion*** SÉLYS, 1876 Scharlachlibellen

17. *tenellum* (DE VILLERS, 1789) . . . . Scharlachlibelle
(*Ceriagrion tenellum nielseni* SCHMIDT, 1953)

Gattung *Nehalennia* Sélys, 1850 Zwerglibellen

18. *speciosa* (Charpentier, 1840) . . . . Zwerglibelle

Gattung *Pyrrhosoma* Charpentier, 1840 Adonislibellen

19. *nymphula* (Sulzer, 1776) . . . . Frühe Adonislibelle
(*P. nymphula interpositum* Varga, 1968)

Gattung *Coenagrion* Kirby, 1890 Azurjungfern

20. *hylas* (Trybom, 1889) . . . . Sibirische Azurjungfer
(*C. freyi* Bilek, 1954, *C. hylas freyi*)
21. *johanssoni* (Wallengren, 1894) . . . . Nordische Azurjungfer
(*Agrion concinnum* Johansson, 1859 (homonym))
22. *armatum* (Charpentier, 1840) . . . . Hauben-Azurjungfer
23. *hastulatum* (Charpentier, 1825) . . . . Speer-Azurjungfer
24. *lunulatum* (Charpentier, 1840) . . . . Mond-Azurjungfer
(*Agrion vernale* (Hagen, 1839) (nomen nundum))
25. *puella* (Linnaeus, 1758) . . . . Hufeisen-Azurjungfer
26. *pulchellum* (Vander Linden, 1825) . . . . Fledermaus-Azurjungfer
(*C. p. interruptum* (Charpentier, 1825); *C. p. mediterraneum* Schmidt, 1964)
27. *ornatum* (Sélys, 1850) . . . . Vogel-Azurjungfer
28. *mercuriale* (Charpentier, 1840) . . . . Helm-Azurjungfer
29. *scitulum* (Rambur, 1842) . . . . Gabel-Azurjungfer
30. *caerulescens* (Fonscolombe, 1838) . . . . Südliche Azurjungfer
(*C. c. caesarum* Schmidt, 1959; *C. c. theryi* Schmidt, 1959)

Gattung *Erythromma* Charpentier, 1840 Granataugen

31. *najas* (Hansemann, 1823) . . . . Großes Granatauge
32. *viridulum* (Charpentier, 1840) . . . . Kleines Granatauge
33. *lindenii* (Sélys, 1840) . . . . Pokaljungfer
(*Cercion lindenii*, *Coenagrion lindenii*, ? *Cercion lindenii lacustre* Beutler, 1985)

Gattung *Enallagma* Charpentier, 1840 Becherjungfern

34. *cyathigerum* (Charpentier, 1840) . . . . Gemeine Becherjungfer

Gattung *Ischnura* Charpentier, 1840 Pechlibellen

35. *elegans* (Vander Linden, 1820) . . . . Große Pechlibelle
35a. *elegans elegans* (Vander Linden, 1820)
35b. *elegans pontica* Schmidt, 1938;
35c. *elegans tuberculata* (Charpentier, 1825)
36. *I. graellsii* (Rambur, 1842) . . . . Spanische Pechlibelle
37. *I. pumilio* (Charpentier, 1825) . . . . Kleine Pechlibelle

Unterordnung **Anisoptera** Großlibellen

Familie **Aeshnidae** Edellibellen

Gattung *Boyeria* McLachlan, 1895 Geisterlibellen

38. *irene* (Fonscolombe, 1838) . . . . Westliche Geisterlibelle

Gattung *Caliaeschna* Sélys, 1883 Schattenlibellen

39. *microstigma* (Schneider, 1845) . . . . Schattenlibelle

Gattung *Brachytron* Evans, 1845 Schilfjäger

40. *pratense* (Müller, 1764) . . . . Früher Schilfjäger
(*Libellula hafniense* (Müller, 1764))

Gattung *Aeshna* FABRICIUS, 1775 Mosaikjungfern

41. *cyanea* (MÜLLER, 1764) . . . . Blaugrüne Mosaikjungfer
42. *grandis* (LINNAEUS, 1758) . . . . Braune Mosaikjungfer
43. *viridis* EVERSMANN, 1836 . . . . Grüne Mosaikjungfer
44. *juncea* (LINNAEUS, 1758) . . . . Torf-Mosaikjungfer
45. *subarctica* WALKER, 1908 . . . . Hochmoor-Mosaikjungfer
45a. *subarctica elisabethae* DJAKONOV, 1922
46. *crenata* HAGEN, 1856 . . . . Sibirische Mosaikjungfer
47. *serrata* HAGEN, 1856 . . . . Nordische Mosaikjungfer
(*A. osiliensis* MIERZEJEWSKI, 1913; *A. fennica* VALLE, 1927)
48. *caerulea* (STRÖM, 1783) . . . . Alpen-Mosaikjungfer
49. *affinis* VANDER LINDEN, 1820 . . . . Südliche Mosaikjungfer
50. *mixta* LATREILLE, 1805 . . . . Herbst-Mosaikjungfer
51. *isoceles* (MÜLLER, 1767) . . . . Keilfleck-Mosaikjungfer
(*Anaciaeschna isosceles*; *Aeshna isosceles*)

Gattung *Anax* LEACH, 1815 Königslibellen

52. *imperator* LEACH, 1815 . . . . Große Königslibelle
53. *junius* (DRURY, 1770) . . . . Amerikanische Königslibelle
54. *parthenope* Sélys, 1839 . . . . Kleine Königslibelle
(*A. geyri* BUCHHOLZ, 1955; *A. jordansi* BUCHHOLZ, 1955)
55. *A. ephippiger* (BURMEISTER, 1839) . . . . Schabracken-Königslibelle
(*Hemianax ephippiger*)

Familie **Gomphidae** Flussjungfern

Gattung *Lindenia* DEHAAN, 1826 Seedrachen

56. *tetraphylla* (VANDER LINDEN, 1825) . . . . Seedrache
(*Lindenia inkitii* BARTENEV, 1929)

Gattung *Gomphus* LEACH, 1815 Keiljungfern

57. *flavipes* (CHARPENTIER, 1825) . . . . Asiatische Keiljungfer
(*Stylurus flavipes*)
58. *vulgatissimus* (LINNAEUS, 1758) . . . . Gemeine Keiljungfer
59. *pulchellus* SÉLYS, 1840 . . . . Westliche Keiljungfer
60. *simillimus* SÉLYS, 1840 . . . . Gelbe Keiljungfer
61. *graslinii* RAMBUR, 1842 . . . . Französische Keiljungfer

Gattung *Ophiogomphus* Sélys, 1854 Flussjungfern

62. *cecilia* (FOURCROY, 1785) . . . . Grüne Flussjungfer
(*Libellula serpentina* CHARPENTIER, 1825; *O. serpentinus* (CHARPENTIER, 1825)

Gattung *Onychogomphus* SÉLYS, 1854 Zangenlibellen

63. *forcipatus* (LINNAEUS, 1758) . . . . Kleine Zangenlibelle
63a. *forcipatus forcipatus* (LINNAEUS, 1758)
(*O. f. meridionalis auct.*, nec (STEIN, 1863); *O. f. siculus* (VANDER LINDEN, 1825))
63b. *forcipatus unguiculatus* (VANDER LINDEN, 1820)
64. *uncatus* (CHARPENTIER, 1840) . . . . Große Zangenlibelle
65. *costae* SÉLYS, 1885 . . . . Braune Zangenlibelle

Familie **Cordulegastridae** Quelljungfern

Gattung ***Cordulegaster*** LEACH, 1815 Quelljungfern

66. *bidentata* SÉLYS, 1843 . . . . Gestreifte Quelljungfer
(Thecagaster bidentata)
67. *boltonii* (DONOVAN, 1807). . . . . Zweigestreifte Quelljungfer
(*C. annulatus* (LATREILLE, 1805) (homonym))
67a. *boltonii boltonii* (DONOVAN, 1807)
67b. *boltonii immaculifrons* SÉLYS, 1850
68. *heros* THEISCHINGER, 1979 . . . . Große Quelljungfer
(*C. boltonii charpentieri* part., *C. charpentieri* part.)

Familie **Oxygastridae** Flussfalken

Gattung ***Oxygastra*** SÉLYS, 1870 Flussfalken

69. *curtisii* (DALE, 1834). . . . . Gekielter Flussfalke

Familie **Macromiidae** Flussherrscher

Gattung ***Macromia*** RAMBUR, 1842 Flussherrscher

70. *splendens* (PICTET, 1843) . . . . Europäischer Flussherrscher
amphigena (SELYS, 1871). . . . . Sibirischer Flussherrscher
(*M. sibirica* DJAKONOV, 1926; *M. bartenevi* BELYSHEV, 1973)

Familie **Corduliidae**

Gattung ***Epitheca*** CHARPENTIER, 1840 Zweiflecke

71. *bimaculata* (CHARPENTIER, 1825) . . . . Zweifleck

Gattung ***Cordulia*** LEACH, 1815 Falkenlibellen

72. *C. aenea* (LINNAEUS, 1758) . . . . Falkenlibelle
(*C. aeneaturfosa* FÖRSTER, 1902)

Gattung ***Somatochlora*** SÉLYS, 1871 Smaragdlibellen

73. *borisi* MARINOV, 2001 . . . . Thrakische Smaragdlibelle
(*Corduliochlora borisi* MARINOV et SEIDENBUSCH, 2007)
74. *metallica* (VANDER LINDEN, 1825). . . . . Glänzende Smaragdlibelle
75. *meridionalis* NIELSEN, 1935. . . . . Balkan-Smaragdlibelle
(S. metallica meridionalis)
76. *flavomaculata* (VANDER LINDEN, 1825) . . . . Gefleckte Smaragdlibelle
(*S. aenea* (LINNAEUS, 1758) part.)
77. *alpestris* (SÉLYS, 1840) . . . . Alpen-Smaragdlibelle
78. *arctica* (ZETTERSTEDT, 1840). Arktische Smaragdlibelle
79. *sahlbergi* TRYBOM, 1889 . . . . Polar-Smaragdlibelle
80. *graeseri* SELYS, 1887 . . . . Sibirische Smaragdlibelle

Familie **Libellulidae** Segellibellen

Gattung ***Libellula*** LINNAEUS, 1758 Segellibellen

81. *quadrimaculata* LINNAEUS, 1758 . . . . Vierfleck
(*L. quadrimaculata asahinai* SCHMIDT, 1957; *L. relicta* BELYSHEV, 1973)
82. *depressa* LINNAEUS, 1758 . . . . Plattbauch
(Platetrum depressum; ?Ladona depressa)
83. *fulva* MÜLLER, 1764 . . . . Spitzenfleck
(Ladona fulva; Eurothemis fulva)

Gattung *Orthetrum* Newman, 1833 Blaupfeile

84. *cancellatum* (Linnaeus, 1758) . . . . Großer Blaupfeil
85. *albistylum* (Sélys, 1848) . . . . Östlicher Blaupfeil
86. *brunneum* (Fonscolombe, 1837) . . . . Südlicher Blaupfeil
87. *nitidinerve* (Sélys, 1841) . . . . Gelbader-Blaupfeil
88. *coerulescens* (Fabricius, 1798) . . . . Kleiner Blaupfeil
88a. *coerulescens coerulescens* (Fabricius, 1798)
88b. *coerulescens anceps* (Schneider, 1845)
(*O. ramburii* (Sélys, 1848); *O. helena* Buchholz, 1954 = Hybrid?)
89. *chrysostigma* (Burmeister, 1839). . . . . Rahmstreif-Blaupfeil

Gattung *Crocothemis* Brauer, 1868 Feuerlibellen

90. *erythraea* (Brulle, 1832) . . . . Feuerlibelle
(*C. servilia* (Drury, 1770) part.)

Gattung *Pachydiplax* Brauer, 1868

91. *longipennis* (Burmeister, 1839) . . . . Amerikanischer Teichpfeil

Gattung *Sympetrum* Newman, 1833 Heidelibellen

92. *fonscolombii* (Sélys, 1840) . . . . Frühe Heidelibelle
(*S. fonscolombei*; *Tarnetrum fonscolombii*; *Sympetrum azorensis* Gardner, 1959)
93. *pedemontanum* (Müller, 1766 in Allioni). . . . . Gebänderte Heidelibelle
94. *depressiusculum* (Sélys, 1841) . . . . Sumpf-Heidelibelle
95. *danae* (Sulzer, 1776). . . . . Schwarze Heidelibelle
(*S. scoticum* Donovan, 1811)
96. *flaveolum* (Linnaeus, 1758). . . . . Gefleckte Heidelibelle
97. *meridionale* (Sélys, 1841) . . . . Südliche Heidelibelle
98. *sinaiticum* Dumont, 1977 . . . . Wüsten-Heidelibelle
(*S. decoloratum* auct., nec Sélys, 1884; *S. sinaiticum tarraconense* Jödicke, 1994; *S. s. deserti* Jödicke, 1994)
99. *sanguineum* (Müller, 1764). . . . . Blutrote Heidelibelle
100. *striolatum* (Charpentier, 1840). . . . . Große Heidelibelle
(*S. nigrescens* Lucas, 1912)
101. *vulgatum vulgatum* (Linnaeus, 1758) . . . . Gemeine Heidelibelle
101a. *vulgatum ibericum* Ocharan, 1985. . . . . Spanische Heidelibelle

Gattung *Leucorrhinia* Brittinger, 1850 Moosjungfern

102. *albifrons* (Burmeister, 1839) . . . . Östliche Moosjungfer
103. *caudalis* (Charpentier, 1840) . . . . Zierliche Moosjungfer
104. *dubia* (Vander Linden, 1825) . . . . Kleine Moosjungfer
105. *pectoralis* (Charpentier, 1825) . . . . Große Moosjungfer
106. *rubicunda* (Linnaeus, 1758) . . . . Nordische Moosjungfer

Gattung *Trithemis* Brauer, 1868 Sonnenzeiger

107. *annulata* (Palisot de Beauvais, 1807) . . . . Violetter Sonnenzeiger

Gattung *Pantala* Hagen, 1861 Wanderlibellen

108. *flavescens* (Fabricius, 1798). . . . . Wanderlibelle

Gattung *Selysiothemis* Ris, 1897 Teufelchen

109. *nigra* (Vander Linden, 1825) . . . . Teufelchen

693 *Orthetrum brunneum* ♀ frisst *Trithemis annulata* ♂

Literatur

Dieses Verzeichnis enthält alle im Text zitierte Literatur, und die von uns als wichtig angesehene zusätzliche Quellen. Für die bessere Übersicht haben wir die Literatur nach Themenblöcken sortiert, dabei auch bewusst Einträge mehrfach aufgeführt. Für den schnellen Zugang steht eine Seitenzahl (→ S. xx) als Verweis auf konkrete Zitate. Besonders wichtige Literatur empfehlen wir durch Unterstreichung der Autorennamen. Für weitere Literaturangaben verweisen wir auf Internetsuchmaschinen, die Bücher von Wildermuth & Martens (2014), Schorr & Wolf (2012) und Bridges (1994) und spezialisierte Zeitschriften wie *Odonatologica, Journal of International Odonatology* oder *Libellula.*

Allgemeine Literatur

Corbet, P. S. (2004): *Dragonflies – Behaviour and ecology of Odonata,* 2. Auflage. Colchester: Harley-Books. 829 S. → S. 14

Córdoba-Aguilar, A. (2008): *Dragonflies & Damselflies: Model Organisms for Ecological and Evolutionary Research.* Oxford University Press, Oxford. 290 S.

Gotelli, N. J (2004): A taxonomic wish-list for community ecology. Philosophical Transactions of the Royal Society of London - Biological Sciences *359,* 585-597

Hilfert-Rüppell, D. & Rüppell, G. (2007): *Juwelenschwingen – Geheimnisvolle Libellen.* Splendens-Verlag, Cremlingen. 168 S.

Ott, J. (2010): *Monitoring climatic change with dragonflies.* Pensoft, Sofia. 286 S.

Schorr, M. & Wolf, J. (2012): Bibliografie der für Deutschland publizierten Libellenliteratur (Odonata). *Libellula Supplement* 11: 5–420.

Silsby, J. (2001): *Dragonflies of the world.* CSIRO, Collingwood. 216 S.

Sternberg, K. & Buchwald, R. (Hrsg.) (1999): *Die Libellen Baden-Württembergs,* Band 1. Ulmer, Stuttgart. 468 S. → S. 14

Sternberg, K. & Buchwald, R. (Hrsg.) (2000): *Die Libellen Baden-Württembergs,* Band 2. Ulmer, Stuttgart. 712 S. → S. 14

Wildermuth. H. & Martens, A. (2014): *Taschenlexikon der Libellen Europas: Alle Arten von den Azoren bis zum Ural im Porträt.* Quelle & Meyer Verlag, Wiebelsheim. 824 S. → S. 168

Viele Informationen und weiterfürende links enthalten die qualitativ hochwertigen Seiten:

Hein, A. T.: www.libellenwissen.de

Lemke, M.: www.libelleninfo.de

Bestimmung und Verbreitung Europa

Aguilar, J. & Dommanget, J.-L. (1998): *Guide des Libellules d'Europe et d'Afrique du Nord,* 2. Auflage. *Delachaux et Niestle,* Neuchatel-Paris, 463 S.

Askew, R. R. (2004): *The Dragonflies of Europe,* 2. Auflage. *Harley Books,* Essex, 308 S.

Bellmann, H. (2013): *Der Kosmos Libellenführer,* 3. Auflage. Kosmos-Verlag, Stuttgart. 320 S.

Bos, F., Wasscher, M. & Reinboud, W. (2014): *Velgids Libellen,* 7. Auflage. KNNV Uitgiverij. 260 S.

Boudot, J.-P., Kalkman, V. J., Azpilicueta Amorín, M., Bogdanovíc, T., Cordero-Rivera, A., Degabriele, G., Dommanget, J.-L., Ferreira, S., Garrigós, B., Jovíc, M., Kotarac, M., Lopau, W., Marinov, M., Mihocovic, N. N., Riservato, E., Samraoui, B. & Schneider, W. (2009): Atlas of the Odonata of the Mediterranean and North Africa. *Libellula Supplement 9:* 1–256. → S. 114

Dijkstra, K.-D. B. (2014): *Libellen Europas – Der Bestimmungsführer.* Haupt, Bern. 320 S. (english original: Dijkstra, K.-D. B. (2006): *Field Guide to the Dragonflies of Britain and Europe.* British Wildlife Publishing, Gillingham. 320 S.)

Fischer, C. (1984):, Libellen Schleswig-Holsteins – Ein Bestimmungsschlüssel für Jedermann zur problemlosen Bestimmung der Arten. *Mitteilungen des Zoologischen Museums der Universität Kiel Supplement* 2: 1–44.

Geijskes, D.C. & van Tol, J. (1983): *De Libellen van Nederland.* Koninklijke Nederlandse Natuurhistorische Vereniging (KNNV), Hoogwoud, 368 S. → S. 186

Glitz, D. (2012): *Libellen in Norddeutschland – Geländeschlüssel.* NABU Niedersachsen, Hannover. 373 S.

BOYE, P., IHSSEN, G. & STOBBE, H. (1982): *Bestimmungsschlüssel für die Libellen der Bundesrepublik Deutschland*, 6. Auflage. DJN, Hamburg. 50 S. → S. 186

GRAND, D., BOUDOT, J.-P. & DOUCET, G. (2014): *Cahier d'identification des Libellules de France, Belgique, Luxembourg & Suisse*. Editions biotope. 136 S.

MAIBACH, A. (1989): Clé de détermination illustrée des libellules (*Odonates*) de Suisse et des régions limitrophes. *Bulletin Romand d'Entomologie* 7: 31–68.

MARAVALHAS, E. & SOARES, A. (2013): *The Dragonflies of Portugal.* Booky Publisher. 336 S.

PAPE-LANGE, D. (2014): *Libellen Handbuch – Libellen sicher bestimmen.* Libellen TV. 260 S.

REINBOUD, W., DE GROOT, T. & WASSCHER, M. (2002): *ODON-tabel, voor het op naam brengen van libellen zonder te vangen,* 4. Auflage. Stichting Jeugdbondsuitgeverij. 80 S.

ROBERT, P. A. (1959): *Die Libellen.* Kümmerly & Frey, Bern, 404 S.

SAHLÉN, G. (1996): *Sveriges Trollsländor (Odonata),* 2. Auflage, Fältbiologerna, 164 S. → S. 186

SANDHALL, A. (2000): *Trollsländor i Europa,* 2. Auflage. Stenström Interpublishing, Stockholm, 251 S.

SCHIEMENZ, H. (1953): *Die Libellen unserer Heimat.* Urania-Verlag, Jena, 154 S.

SMALLSHIRE, D. & SWASH, A. (2014): *Britain's Dragonflies: A field guide to the damselflies and dragonflies of Britain and Ireland,* 3. Auflage. Princeton University Press, Princeton. 224 S. (Schwedische Bearbeitung: BILLQVIST, M. (2012): *Svenska trollsländeguiden: en fälthandbok.* Hirschfeld Media. 208 S.). Elektronische Version 2011 für iOS, NatureGuides.

SKOVTSOV, S. (2010): *The dragonflies of Eastern Europe and Caucasus: An illustrated guide.* KMK Scientific Press, Moscow. 623 S.

SPURIS, Z. D. (1967): *6. Order Odonatoptera (Odonata)-Dragonflies* S. 157–189 in: Bey-Bienko, G.J. (Ed.): *Keys to the Insects of the European USSR* 1. Jerusalem.

www.makro-forum.de/artengalerie/libellen-odonata.html

Bestimmung für mobile Endgeräte

Pocket Guide UK Dragonflies. Senet Mobile UK.

Libellen van Nederland. Naturalis Biodiversity Center. ETI Bioinformatics.

Bestimmung und Verbreitung außereuropäischer Arten

ABBOTT, J. C. (2005): *Dragonflies and damselflies of Texas and the south-central United States.* Princeton University Press, Princton, 344 S. → S. 136

NEEDHAM, J. G., WESTFALL, M. J. JR. & MAY, M. L. (2000): *Dragonflies of North America*, 3. Auflage. Scientific Publishers, Gainsville, Florida. 657 S. → S. 136

Bestimmung von Exuvien oder Larven

BROCHARD. C. & VAN DER PLOEG, E. (2014): *Fotogids Larven van Libellen.* KNNV Uitgeverij, Utrecht. 272 .

BROCHARD. C., GROENENDIJK, D., VAN DER PLOEG, E. & TERMAAT, T. (2012): *Fotogids Larvenhuidjes van Libellen.* KNNV Uitgeverij, Utrecht. 224 S.

DOUCET, G. (2011): *Clé de détermination des exuvies des odonates de France,* 2. Auflage. Société Française d'Odonatologie, Bois-d'Arcy. 68 S.

FRANKE, U. (1979): Bildbestimmungsschlüssel mitteleuropäischer Libellen-Larven, *Stuttgarter Beiträge zur Naturkunde* (A) (333): 1–17.

GERKEN, B. & STERNBERG, K. (1999): *Die Exuvien europäischer Libellen – The exuviae of european dragonflies.* Arnika & Eisvogel, Höxter, Jena. 354 S.

HEIDEMANN, H. & SEIDENBUSCH, R. (2002): *Die Libellenlarven Deutschlands - Handbuch für Exuviensammler.* Goecke & Evers, Keltern. 328 S.

MÜLLER, O. (1990): Mitteleuropäische Anisopterenlarven (Exuvien) – einige Probleme ihrer Determination. *Deutsche Entomologische Zeitung (N.F.)* 37: 145–187.

NORLING, U. & SAHLÉN, G. (1997): Odonata, Dragonflies and Damselflies. S. 13–65. In: Nilsson AN (ed.) *Aquatic insects of North Europe, a taxonomic handbook*, Volume 2. Apollo, Stenstrup.

Regionale Verbreitung – Gefährdung

Arbeitskreis Libellen in der faunistisch-ökologischen Arbeitsgemeinschaft e.V. – Bearbeiter: Bruens, A., Drews, A., Haacks, M. & Winkler, C. (2015): *Die Libellen Schleswig-Holsteins.* Natur+Text, Rangsdorf. 450 S.

Bernard. R., Buczyński, P., Tończyk, G. & Wendzonka, J. (2009): *Atlas rozmieszczenia ważek (Odonata) w Polsce – A distributional atlas of dragonflies (Odonata) in Poland.* Bogucki Wydawnictwo Naukowe, Poznań. 256 S.

Bönsel, A. & Frank, M. (2013): *Verbreitungsatlas der Libellen Mecklenburg-Vorpommerns.* Natur+Text, Rangsdorf. 256 S.

Brockhaus, T. & Fischer, U. (2005): *Die Libellenfauna Sachsens.* Natur+Text, Rangsdorf. 427 S.

Brockhaus, T., Roland, H.-J., Benken, T., Conze, K.-J., Günther, A., Leipelt, K. G., Lohr, M., Martens, A., Mauersberger, R., Ott, J., Suhling, F., Weihrauch, F. & Willigalla, C. (2015): Atlas der Libellen Deutschlands. *Libellula Supplement* 14: im Druck.

Bundesministerium für Justiz (2005): Bundesartenschutzverordnung vom 16. Februar 2005 (BGBl. I S. 258, 896), die zuletzt durch Artikel 10 des Gesetzes vom 21. Januar 2013 (BGBl. I S. 95) geändert worden ist. {www.gesetze-im-internet.de/bartschv_2005/gesamt.pdf} → S. 12

De Knijf, G., Anselin, A., Goffart, P. & Tailly, M. (2006): *De Libellen van België: verspreiding – evolutie – habitats.* Libellenwerkgroep Gomphus samen met Instituut voor Natuur- en Bosonderzoek (INBO). 368 S.

Deliry, C. (coord.) (2008): *Atlas illustré des libellules de la région Rhône-Alpes.* Groupe Sympetrum et Muséum d'Histoire Naturelle de Grenoble. Biotope-Collection Parthenope, Mèze. 408 S.

Dijkstra, K.-D. B., Kalkman, V. J., Ketelaar, R. & van der Weide, M. J. T. (2002): *De Nederlandse Libellen.* Nederlandse Fauna 4. KNNV Uitgeverij. 440 S.

Dolny, A. & Bárta, D. (2009): *Vážky Èeské Republiky. The Dragonflies of the Czech Republic: Ecology, Conservation and Distribution.* Taita Publisher. 672 S.

Ewers, M. (1999): *Die Libellen zwischen Weser und Ems.* Oldenburger Forschungen, N.F., Band 8. *Isen Verlag,* Oldenburg. 112 S.

Fliedner-Karlies, T. & Fliedner, H. (2011): *Libellen im Kanton Schwyz.* Berichte der Schwyzerischen Naturforschenden Gesellschaft 16: 208 S.

Nielsen, O. F. (1998): *De Danske Guldsmede.* Danmarks dyreliv 8. Apollo Books. 280 S.

Geske, C., Hill, B. T., Möller, L., Roland, H.-J. & Stübing, S. (2011): *Atlas der Libellen Hessens.* FENA Wissen, Bd.1. Hessen-Forst, Gießen. 184 S.

Gorb, S. N., Pavljuk, R. S. & Spuris, Z. D. (2000): Babky (Odonata) Ukrainy: faunistychniy oglyag (Odonata of Ukraine: a faunistic overview). *Vestnik zoologii* (Supplement) 15: 3–155.

Grand, D. & Boudot, J. P. (2006): *Les Libellules de France, Belgique et Luxembourg.* Biotope, Méze. 480 S.

Holzinger, W. E. & Kompusch, B. (2012): *Die Libellen Kärntens.* Sonderreihe Natur Kärnten, Band 6. Naturwissenschaftlicher Verein Kärnten, Klagenfurt. 336 S.

Karjalainen, S. (2010): *Suomen sudenkorennot (The Dragonflies of Finland),* 2. Auflage. Tammi Publishers, Finland. 239 S.

Kotarac, M. (1997): *Atlas kaèjih pastirjev (Odonata) Slovenije z Rdeèim seznamom, Atlas of the dragonflies (Odonata) of Slovenia with the Red Data List.* Atlas faunae et florae Sloveniae 1. Center za kartografijo favne in flore, Miklavž na Dravskem polju. 205 S.

Kuhn, K. & Burbach, K. (1998): *Libellen in Bayern.* Bayerisches Landesamt für Umweltschutz & Bund Naturschutz in Bayern e.V. Ulmer, Stuttgart. 333 S.

Landmann, A., Lehmann, G., Mungenast & F., Sonntag, H. (2005): *Die Libellen Tirols.* Berenkamp, Innsbruck. 324 S.

Mauersberger, R., Petzold, F., Brauner, O. & Kruse, M., mit Beiträgen von Donath, H., Günther, A., Beutler, H., Lehmann, A., Lehmann, G., Kruse, A. & Lemke, M. (2013): *Die Libellenfauna des Landes Brandenburg.* Naturschutz und Landschaftspflege in Brandenburg 22: 1–168.

Ott, J., Conze, K.-J., Günther, A., Lohr, M., Mauersberger, R., Roland, H.-J. & Suhling, F. (2015): Rote Liste und Gesamtartenliste der Libellen Deutschlands, 3. Fassung, Stand 2012 (Odonata). *Libellula Supplement* 14: im Druck.

Proess, R. (2006): *Verbreitungsatlas der Libellen des Großherzogtums Luxemburg*. Ferrantia 47, Musée national d'histoire naturelle, Luxembourg, 172 S.

Raab, R., Chovanec, A. & Pennerstorfer, J. (2007): *Libellen Österreichs*. Umweltbundesamt Wien. Springer, New York. 343 S.

Wildermuth, H. (1981): Libellen, Kleinodien unserer Gewässer. *Schweizer Naturschutz So-Nr. 1/81*, 26 S. → S. 186

Wildermuth, H., Gonseth, Y. & Maibach, A. (2005): *Odonata – Die Libellen der Schweiz*. Fauna Helvetica 12. CSCF, Neuchâtel. 398 S.

Zimmermann, W., Petzold, F. & Fritzlar, F. (2005): *Verbreitungsatlas der Libellen (Odonata) im Freistaat Thüringen*. Naturschutzreport 22. 224 S.

Regionale Verbreitung – Internetadressen

Es existiert eine Vielzahl von Internetadressen mit Funddatenbanken, die wichtigsten sind aus unserer Sicht (alphabetisch sortiert):

www.eol.org – Die Enzyklopädie des Lebens

www.gbif.org – Biodiversitätsforschung international

www.libellenfunde.de,
auch unter
www.science4you.org/platform/lex/eurodon/home/index.do

www.naturgucker.de

www.observado.org,
auf niederländisch unter
www.waarneming.nl (auch als iObs für Apple oder ObsMapp für Android)

Systematik und Taxonomie

Ballare, E. F. & Ware, J. L. (2011): Dragons fly, biologists classify: an overview of molecular odonate studies, and our evolutionary understanding of dragonfly and damselfly (Insecta: Odonata) behavior. *International Journal of Odonatology* 14: 137–147.

Bridges, C. (1994): *Catalogue of the family-group, genus-group and species group names of the Odonata of the world*, 3. Auflage. Bridges, Urbana. 951 S. → S. 167

Büsse, S., von Grumbkow, P., Hummel, S., Shah, D. N., Tachamo, R. D., Li, J., Zhang, X., Yoshizawa, K., Wedmann, S. & Hörnschemeyer, T. (2012): Phylogeographic analysis elucidates the influence of the ice ages on the disjunct distribution of relict dragonflies in Asia. *PLOS One* 7: e38132.

Conci, C. & Nielsen, C. (1956): *Odonata. Fauna d'Italia* Bd. 1. Ed. Calderini, Bologna, 298 S. → S.

Dijkstra, K.-D. B. & Kalkman, V. J. (2012): Phylogeny, classification and taxonomy of European dragonflies and damselflies (Odonata): a review. Organisms *Diversity & Evolution* 12: 209–227.

Dijkstra, K.-D. B., Bechly, G., Bybee, S. M., Dow, R. A., Dumont, H. J., Fleck, G., Garrison, R. W., Hämäläinen, M., Kalkman, V. J., Karube, H., May, M. L., Orr, A. G., Paulson, D. R., Rehn, A. C., Theischinger, G., Trueman, J. W. H., Van Tol, J., Von Ellenrieder, N. & Ware, J. (2013): The classification and diversity of dragonflies and damselflies (Odonata). In: Zhang, Z.-Q. (Ed.) Animal Biodiversity: An Outline of Higher-level Classification and Survey of Taxonomic Richness (Addenda 2013). *Zootaxa* 3703: 36–45.

Drury, D. (1770): *Illustrations of Natural History*. Drury printed, London. XXVII + 130 S. + II + 100 plates.

Dumont, H. J., Vierstraete, A. & Vanfleteren, J. R. (2010): A molecular phylogeny of the Odonata (Insecta). *Systematic Entomology* 35: 6–18.

Fliedner, H. (1997): Die Bedeutung der wissenschaftlichen Namen europäischer Libellen. *Libellula Supplement* 1: 1–111.

ICZN (1999): *International Code of Zoological Nomenclature*, 4. Auflage. The International Trust for Zoological Nomenclature, c/o The Natural History Museum, London.

ICZN (2015): The Code online. Zugriff kontinuierlich bis 12. 06. 2015 {http://iczn.org/iczn/index.jsp} → S.166

Jödicke, R. (2012): Die Libellenfauna Deutschlands (Stand 01. 04. 2012). GdO, *Online Publikation.* {http://libellula.org/pdf/gdo_artenliste.pdf}

Linne, C. von, (1758): *Systema Naturae.* 10. Auflage, Lars Salvius, Stockholm. → S. 166

Mayr, E. (1975): Grundlagen der zoologischen Systematik. Parey-Verlag, Berlin. 370 S.

Mayr, E. & Ashlock, P. D. (1991): *Principles of Systematic Biology.* 2. Auflage. McGraw-Hill, New York. XX + 475 S.

Martens, A., Schröter, A. & Wildermuth, H. (2015): Deutschsprachige Namen für Libellen des Mittelmeerraumes (Odonata). *Libellula* 33: 233–244.

Steinmann, H. (1997a): *World Catalogue of Odonata. Vol. 1 Zygoptera.* Das Tierreich Band 110. Walter de Gruyter, Berlin. XXI, 500 S.

Steinmann, H. (1997b): *World Catalogue of Odonata. Vol. 2, Anisoptera.* Das Tierreich Band 111. Walter de Gruyter, Berlin. XIV, 636 S.

Vander Linden, P. L. (1820): *Agriones Bononienses descriptae.* Bononiae. 8 pp. + 1 Tafel. {identischer Nachdruck 1823 in den *Opuscoli Scientifici*, Napoli}

Vander Linden, P. L. (1825): *Monographiae Libellulinarum Europaearum Specimen.* Bruxelles. 42 S.

Weekers, P. & Dumont, H. (2004): A molecular study of the relationship between the coenagrionid genera *Erythromma* and *Cercion*, with the creation of *Paracercion* gen. nov for the East Asiatic „*Cercion*“ (Zygoptera: Coenagrionidae). *Odonatologica* 33: 181–188.

Wendler, A., Martens, A., Müller, L. & Suhling, F. (1995): Die deutschen Namen der europäischen Libellenarten (Insecta: Odonata). *Entomologische Zeitschrift* 105: 97–116. → S. 166

Wildermuth, H. & Martens, A. (2014): *Taschenlexikon der Libellen Europas: Alle Arten von den Azoren bis zum Ural im Porträt.* Quelle & Meyer Verlag, Wiebelsheim. 824 S.

Körperbau, Anatomie

Bechly, G. (1996): Morphologische Untersuchungen am Flügelgeäder der rezenten Libellen und deren Stammgruppenvertreter (Insecta; Pterygota; Odonata) unter besonderer Berücksichtigung der Phylogenetischen Systematik und des Grundplanes der Odonata. *Petalura* 2: 402 S. → S. 22

Béthoux, O. (2008): Groundplan, nomenclature, homology, phylogeny, and the question of the insect wing venation pattern. *Alavesia* 2: 219–232. → S. 22

Béthoux, O. (2009): Gaps and nodes between fossil and extant insects. *Systematic Entomology* 34: 599–609.→ S. 22

Beutel, R. G., Friedrich, F., Yang, X.-K. & Ge, S.-Q. (2013): *Insect morphology and phylogeny, De Gruyter Textbook,* 516 S. → S. 16

Blanke, A., Wipfler, B., Letsch, H., Koch, M., Beckmann, F., Beutel, R. & Misof, B. (2012): Revival of Palaeoptera-head characters support a monophyletic origin of Odonata and Ephemeroptera (Insecta). *Cladistics* 28: 560–581.→ S. 16

Büsse, S., Genet, C. & Hörnschemeyer, T. (2013): Homologization of the flight musculature of Zygoptera (Insecta: Odonata) and Neoptera (Insecta). *PLOS ONE* 8: e55787.

Comstock, J. H. & Needham, J. G. (1898–1899): The wings of insects. *The American Naturalist* 32: 43–48, 81–89, 231–257, 335–340, 413–424, 561–565, 769–777, 903–911 (The variation of wings of Odonata), 33: 117–126, 573–582, 845–860. → S. 22

Eberhard, W. G. (1985): Sexual selection and the evolution of animal genitalia. *Harvard University Press,* Cambridge, USA. 256 S. → S. 20

Eberhard, W. G. (2010). Rapid divergent evolution of genitalia. In Leonard, J. & Cordoba, A. (eds.), *The Evolution of Primary Sexual Characters in Animals.* Oxford University Press, Oxford, UK. S. 40–78. → S. 20

Emeljanov, A. F. (2014): The evolutionary role and fate of the primary ovipositor in insects. *Entomological Review* 94: 367–396.

Klass, K.-D. (2008): The female abdomen of ovipositor-bearing Odonata (Insceta: Pterygota). *Arthropod Systematics & Phylogeny* 66: 45–142. → S. 20

KLASS, K. D. & MATUSHKINA, N. A. (2012): The exoskeleton of the female genitalic region in *Petrobiellus takunagae* (Insecta: Archaeognatha): Insect-wide terminology, homologies, and functional interpretations. *Arthropod Structure & Development* 41: 575–591. → S. 20

MATUSHKINA, N. & GORB, S. (2002): Stylus of the odonate endophytic ovipositor: a mechanosensory organ controlling egg positioning. *Journal of Insect Physiology* 48: 213–219. → S. 20

MCPEEK, M. A., SHEN, L., TORREY, J. Z. & FARID, H. (2008): The tempo and mode of three-dimensional morphological evolution in male reproductive structures. *American Naturalist* 171: E158–E178. → S. 18

MCPEEK, M. A., SHEN, L. & FARID, H. (2009): The correlated evolution of threedimensional reproductive structures between male and female damselflies. *Evolution* 63: 73–83.→ S. 18

PFAU, H. K. (1991): Contributions of functional morphology to the phylogenetic systematics of Odonata. *Advances in Odonatology* 5: 109–141. → S. 20

PFAU, H. K. (2002): Tandem grip mechanics and tandem linkage shifting in Odonata-reconstruction of evolution and phylogenetic significance. *International Journal of Odonatology* 5: 129–179. → S. 18

PFAU, H. K. (2005): Structure, function and evolution of the 'glans' of the anisopteran vesica spermalis (Odonata). *International Journal of Odonatology* 8: 259–310. → S. 20

PFAU, H. K. (2011): Functional morphology and evolution of the male secondary copulatory apparatus of the Anisoptera (Insecta: odonata). *Zoologica* 156: 1–103. → S. 20

REBORA, M., PIERSANTI, S., DELL'OTTO, A. & GAINO, E. (2013A): The gustatory sensilla on the endophytic ovipositor of Odonata. *Arthropod Structure & Development* 42: 127–134. → S. 20

REBORA, M., S. PIERSANTI, S. & GAINO, E. (2013B): The mechanoreceptors on the endophytic ovipositor of the dragonfly *Aeshna cyanea* (Odonata, Aeshnidae). *Arthropod Structure & Development* 42: 369–378. → S. 20

RIEK , E. F. & KUKALOVÁ-PECK, J. (1984): A new interpretation of dragonfly wing venation based upon Early Upper Carboniferous fossils from Argentina (Insecta: Odonatoidea) and basic character states in pterygote wings. *Canadian Journal of Zoology* 62: 1150–1166. → S. 22

SHIMMI, O., MATSUDA, S. & HATAKEYAMA, M. (2014): Insights into the molecular mechanisms underlying diversified wing venation among insects. *Proceedings of the Royal Society of London* B 281: 20140264.

SIMMONS, L. W. (2001): *Sperm Competition and Its Evolutionary Consequences in the Insects*. Princeton University Press, Princeton, USA. 434 S. → S. 20

SIMMONS, L. W. (2014): Sexual selection and genital evolution. *Australian Journal of Entomology* 53: 1–17.→ S. 20

SIVA-JOTHY, M. T. (1987): The structure of the female sperm-storage organs in the libellulid dragonflies. *Journal of Insect Physiology* 33: 559–567.

SNODGRASS, R. E. (1935): *The principles of insect morphology*. McGraw-Hill, New York. XIV + 667 S. (Reprint 1993, Cornell University, Ithaka) → S. 16

SHIMMI, O., MATSUDA, S. & HATAKEYAMA, M. (2014): Insights into the molecular mechanisms underlying diversified wing venation among insects. *Proceedings of the Royal Society of London* B 281: 20140264. → S. 22

SIVA-JOTHY, M. T. (1987): The structure of the female sperm-storage organs in the libellulid dragonflies. *Journal of Insect Physiolgy* 33: 559–567. → S. 20

WAAGE, J. K. (1984): Sperm competition and the evolution of odonate mating systems. In SMITH, R. L. (ed.), *Sperm competition and the evolution of animal mating systems*. Academic Press, Orlando, USA. S. 251–290. → S. 20

WEIDNER, H. (1974): *Grundriss der Insektenkunde*, 5. Auflage. Gustav Fischer Verlag, Stuttgart. XVI + 460 S. → S. 16

YOSHIMOTO, E. & KONDO, S. (2012): Wing vein patterns of the Hemiptera insect *Orosanga japonicus* differ among individuals. *Interface Focus* 2: 451–456. → S. 22

Calopterygidae

CÓRDOBA-AGUILAR, A. & CORDERO RIVERA, A. (2005): Evolution and ecology of Calopterygidae (Zygoptera: Odonata): status of knowledge and research perspectives. *Neotropical Entomology* 34: 861–879. → S. 30

HEYMER, A. (1973): Verhaltensstudien an Prachtlibellen. Beiträge zur Ethologie und Evolution der Calopterygidae SÉLYS, 1850. *Fortschritte der Verhaltensforschung* (Beihefte zur *Zeitschrift für Verhaltensforschung*) 11: 1–100. → S. 30

KERÄNEN, I., KAHILAINEN, A., KNOTT, K. E., KOTIAHO, J. S. & KUITUNEN, K. (2013): High maternal species density mediates heterospecific matings in *Calopteryx* damselflies. *Biological Journal of the Linnean Society* 108: 534–545. → S. 30

LEHMANN, G. U. C. (2014): Hybridization of sympatric *Calopteryx* damselflies in Finland. *Proceedings of Peerage of Science*, 1: e4. → S. 30

LINDEBOOM, M. (1996): *Fortpflanzungsbiologie der Gebänderten Prachtlibelle Calopteryx splendens (Calopterygidae, Odonata)*. Dissertation an der Albert-Ludwigs-Universität, Freiburg im Breisgau, 172 S. → S. 30, 31

LORENZO-CARBALLA M. O., WATTS P. C. & CORDERO-RIVERA A. (2014): Hybridization between *Calopteryx splendens* and *C. haemorrhoidalis* confirmed by morphological and genetic analyses. *International Journal of Odonatology* 17: 149–160.

MAIBACH, A. (1986): Revision systematique du genre *Calopteryx* LEACH, (Odonata, Zygoptera) pour l'Europe occidental. *Mitteilungen der Schweizerischen Entomologischen Gesellschaft* 59: 389–406. → S. 30

MAIBACH, A. (1987): Revision systematique du genre *Calopteryx* LEACH, 1815 pour l`Europe occidentale (Zygoptera: Calopterygidae). III: Revision systematique, etude bibliographique, designation des types et de cle de determination. *Odonatologica* 16: 145–174. → S. 31

OUTOMURO, D., TORRALBA-BURRIALB, A. & OCHARANC, F. J. (2010): Distribution of the Iberian *Calopteryx* damselflies and its relation with bioclimatic belts: Evolutionary and biogeographic implications. *Journal of Insect Science* 10: 61. → S. 30

OUTOMURO, D., ADAMS, D. C. & JOHANSSON, F. (2013): The evolution of wing shape in ornamented-winged damselflies (Calopterygidae, Odonata). *Evolutionary Biology* 40: 300–309. → S. 30

RÜPPELL, G., HILFERT-RÜPELL, D., REHFELDT, G. & SCHÜTTE, C. (2005): *Die Prachtlibellen Europas – Gattung Calopteryx*. Die Neue Brehm-Bücherei Bd 654, Westarp Wissenschaften, Hohenwarsleben 255 S. → S. 30

SADEGHI, S., ADRIAENS, D. & H. DUMONT, J. (2009): Geometric morphometric analysis of wing shape variation in ten european populations of *Calopteryx splendens* (HARRIS, 1782) (Zygoptera: Odonata). *Odonatologica* 38: 343–360. → S. 30

SVENSSON, E. I., KARLSSON, K., FRIEDBERG, M. & EROUKIMANOFF, F. (2007): Gender differences in species recognition and the evolution of asymmetric sexual isolation. *Current Biology* 17: 1943–1947. → S. 30

SVENSSON, E. I. & WALLER, J. T. (2013): Ecology and Sexual Selection: Evolution of Wing Pigmentation in Calopterygid Damselflies in Relation to Latitude, Sexual Dimorphism, and Speciation. *American Naturalist* 182: E174–E195. → S. 30

TYNKKYNEN, K., RANTALA, M. J. & SUHONEN, J. (2004): Interspecific aggression and character displacement in the damselfly *Calopterix splendens*. *Journal of Evolutionary Biology* 17: 759–767.

TYNKKYNEN, K., GRAPPUTO, A., KOTIAHO, J. S., RANTALA, M. J., VÄÄNÄNEN, S. & SUHONEN, J. (2008): Hybridization in *Calopteryx* damselflies: the role of males. *Animal Behavior* 75, 1431–1439. → S. 30, 31

ZAHNER, R. (1959): Über die Bindung der mitteleuropäischen *Calopteryx*-Arten (Odonata, Zygoptera) an den Lebensraum des strömenden Wassers. I. Der Anteil der Larven an der Biotopbindung. *Internationale Revue der gesamten Hydrobiologie* 44: 51–130. → S. 30

Lestidae

Gyulavári, H. A., Felöldi, T., Benken, T., Szabó, L. J., Miskolczi, M., Cserháti, C., Horvai, V., Márialigeti, K. & Dévai, G. (2011): Morphometric and molecular studies on the populations of the damselflies *Chalcolestes viridis* and *C. parvidens* (Odonata, Lestidae). *International Journal of Odonatology* 14: 329–339. → S. 42

Jödicke, R. (1997): *Die Binsenjungfern und Winterlibellen Europas – Lestidae.* Die Neue Brehm-Bücherei 631, Westarp Wissenschaften, Magdeburg. 277 S. → S. 38

Olias, M. (2005): *Lestes parvidens* am Südostrand Mitteleuropas: Erste Nachweise aus Österreich, der Slowakei, Ungarn und Rumänien (Odonata: Lestidae). *Libellula* 24: 155–161. → S.42

Olias, M., Weihrauch, F., Bedjanic, M., Hacet, N., Marinov, M. & Šalamun, A (2007): *Lestes parvidens* and *L. viridis* in southeastern Europe: a chorological analysis (Odonata: Lestidae). *Libellula* 26: 243–272. → S. 42

Platycnemididae

Martens, A. (1996): *Die Federlibellen Europas – Platycnemididae.* Die Neue Brehm-Bücherei 626, Westarp-Wissenschaften, Magdeburg. 149 S. → S. 48

Coenagrionidae

Andrés, J. A. & A. Cordero Rivera, A. (1999): The inheritance of female colour morphs in the damselfly *Ceriagrion tenellum* (Odonata, Coenagrionidae). *Heredity* 82: 328–335. → S. 56

Andrés, J. A., Sánchez-Guillén, R. A. & Cordero Rivera, A. (2002): Evolution of female colour polymorphism in damselflies: testing the hypothesis. *Animal Behaviour* 63: 677–685. → S. 56

Bernard, R. & Dara, B. (2010): Relict occurrence of East Palaearctic dragonflies in northern European Russia, with first records of *Coenagrion glaciale* in Europe (Odonata: Coenagrionidae). *International Journal of Odonatology* 13: 39–62.

Bilek, A. (1954): Eine neue Agrionide aus Bayern. *Nachrichten Blätter bayerischer Entomologen* 3: 97–99. → S. 66

Bilek, A. (1955): Das bisher unbekannte Männchen von *Agrion (Coenagrion) freyi* Bilek. *Nachrichten Blätter bayerischer Entomologen* 4: 89–91. → S. 66

Cordero, A. (1990): The inhertance of female polymorphism in the damselfly *Ischnura graellsii* (Rambur) (Odonata: Coenagrionidae). *Heredity* 64: 341–346. → S. 62

Fincke O. M., Jödicke, R., Paulson, D. R. & Schultz, J. (2005): The evolution and frequency of female color morphs in Holarctic Odonata: why are male-like females typically the minority. *International Journal Odonatology* 8: 183–212. → S. 54

Hammers, M., Sánchez-Guillén, R. A. & van Gossum, H. (2009): Differences in mating propensity between immature female color morphs in the damselfly *Ischnura elegans* (Insecta: Odonata). *Journal of Insect Behavior* 22: 324–337. → S. 62

Hinnekint, B. O. N. (1987): Population dynamics of *Ischnura e. elegans* (Vander Linden) (Insecta: Odonata) with special reference to morphological colour changes, female polymorphism, multiannual cycles and their influence on behaviour. *Hydrobiologia* 146: 3–31. → S. 62

Langenbach, A. (1993): Time of colour change in female *Ischnura pumilio* (Charpentier) (Zygoptera: Coenagrionidae). *Odonatologica* 22: 469–477. → S. 60

Lohmann, H. (1992): Ein Beitrag zum Status von *Coenagrion freyi* (Bilek, 1954) und zur subspezifischen Differenzierung von *C. hylas* (Trybom, 1889), und *C. glaciale* (Sélys, 1872), mit Bemerkungen zur postglazialen Ausbreitung Ostpalaärktischer Libellen (Zygoptera: Coenagrionidae). *Odonatologica* 21: 421–442.

Monetti, L., Sánchez-Guillén, R. A. & Cordero-Rivera, A. (2002): Hybridization between *Ischnura graellsii* (Vander Linden) and *I. elegans* (Rambur) (Odonata: Coenagrionidae): are they different species? *Biological Journal of the Linnean Society* 76: 225–235. → S. 62

Raab, R., Chovanec, A. & Pennerstorfer, J. (2007): *Libellen Österreichs.* Umweltbundesamt (Hrsg.), Verlag Springer Wien, NewYork. 343 S. → S. 66

SÁNCHEZ-GUILLÉN, R. A., VAN GOSSUM, H. & CORDERO RIVERA, A. (2005): Hybridization and the inheritance of female colour polymorphism in two ischnurid damselflies (Odonata: Coenagrionidae). *Biological Journal of the Linnean Society* 85: 47–481. → S. 62

SÁNCHEZ-GUILLÉN, R., WELLENREUTHER, M., CORDERO-RIVERA, A. & HANSSON, B. (2011): Introgression and rapid species turnover in sympatric damselflies. *BMC Evolutionary Biology* 11: 210–227. → S. 62

SCHMIDT, E. (1967): Versuch einer Analyse der *Ischnura elegans*-Gruppe (Odonata, Zygoptera). *Entomoligsk Tidskrift* 88: 188–225. → S. 62

YU, X. & BU, W. (2011): Chinese damselflies of the genus *Coenagrion* (Zygoptera: Coenagrionidae). *Zootaxa* 2808: 31–40.

Aeshnidae

BERNARD, R. (2002): First records of *Aeshna crenata* HAGEN, 1856 in Lithuania with selected aspects of its biology (Odonata: Aeshnidae). *Opuscula zoologica fluminensia* 202. 1–21. → S. 94

BERNARD, R. (2003): *Aeshna crenata* HAG., a new species for the fauna of Latvia (Odonata: Aeshnidae). *Notulae Odonatologica* 6: 8–10.

CLAUSNITZER, H.-J., HENGST, R., KRIEGER, C. & THOMES, A. (2010): *Boyeria irene* in Niedersachsen (Odonata: Aeshnidae). *Libellula* 29: 155–168. → S. 82

DINGEMANSE, N. J. & KALKMAN, V. J. (1997): Het onsdersched tussen *Aeshna subarctic*a Walker en *A. juncea* (L.) in Nederland. Overzicht en evaluation van veldkenmerken. *Brachytron* 2: 35–39.

KALKMAN, V. J. & DINGEMANSE, N. J. (2001): Het voorkomen van de kleinvlekkige en grootvlekkige vorm van de Noordse glazenmaker *(Aeshna subarctica)* in Nederland. *Brachytron* 5: 15–18.

PETERS, G. (2006): *Die Edellibellen Europas: Aeshnidae*, 2. Auflage. Die Neue Brehm-Bücherei 585, Westarp-Wissenschaften, Magdeburg. 140 S. → S. 82

Gomphidae

BOUDOT, J. P., JACQUEMIN, G. & DUMONT, H. J. (1990): Revision of the subspecies of *Onychogomphus forcipatus* (LINNAEUS, 1758) in Europe and Asia Minor, and the true distribution of *Onychogomphus forcipatus unguiculatus* (VANDER LINDEN, 1823) (Odonata, Gomphidae). *Bulletin en Annalen van de Koninklijke Belgische Vereniging voor Entomologie* 126: 95–111.

SUHLING, F. & MÜLLER, O. (1996): *Die Flußjungfern Europas – Gomphidae*. Die Neue Brehm-Bücherei 628, Westarp-Wissenschaften, Magdeburg. 237 S. → S. 100

Cordulegastridae

BOUDOT, J.-P. (2001): Les Cordulegaster du Paléarctique occidental: identification et répartition (Odonata, Anisoptera, Cordulegastridae). *Martinia* 17: 3–34. → S. 112, 114

BOUDOT, J.-P. (2009): *Cordulegaster boltonii.* In: BOUDOUT J.-P. et al. (2009) Atlas of the Odonata of the Mediterranean and North Africa. *Libellula Supplement* 9: 142–145

Froufe, E., Ferreira, S., Boudot, J.-P., Alves, P. C. & HARRIS, D. J. (2014): Molecular phylogeny of the Western Palaearctic *Cordulegaster* taxa (Odonata: Anisoptera: Cordulegastridae). *Biological Journal of the Linnean Society* 111: 49–57. → S. 112

LOHMANN, H. (1992): Revision der Cordulegastridae, 1, Entwurf einer neuen Klassifizierung der Familie (Odonata: Anisoptera). *Opuscula zoologica fluminsia* 96: 1–18. → S. 112

LOHMANN, H. (1993), Revision der Cordulegastridae, 2, Beschreibung neuer Arten in den Gattungen *Cordulegaster, Anotogaster, Neallogaster* und *Sonjagaster* (Anisoptera). *Odonatologica* 22: 273–294. → S. 112

THEISCHINGER, G. (1979): *Cordulegaster heros* sp. nov. und *Cordulegaster heros pelionensis* ssp. nov., zwei neue Taxa des *Cordulegaster boltoni* (DONOVAN)-Komplexes aus Europa (Anisoptera: Cordulegasteridae). *Odonatologica* 8: 23–38. → S. 172

VAN PELT, G. J. (2006): *Cordulegaster* LEACH, 1815 – GOLDENRINGS. IN: DIJKSTRA K.-D.B. (Ed), *Field guide to the dragonflies of Britain and Europe.* British Wildlife Publishing, Gillingham. S. 210–221. → S. 112

Waterston, R. A. (1976): On the Genus *Cordulegaster* Leach, 1815 with special reference to the Sicilian species, *Transactions of the Royal Society of Edinburgh* 69: 457–466. → S. 112

Corduliidae, Macromiidae, Oxygastridae

Bechly, G. (1996): Morphologische Untersuchungen am Flügelgeäder der rezenten Libellen und deren Stammgruppenvertreter (Insecta; Pterygota; Odonata) unter besonderer Berücksichtigung der phylogentischen Systematik und des Grundplanes der Odonata. *Petalura* 2: 1–402. → S. 22,

Bernard, R. (2012): East-Palaearctic *Somatochlora graeseri* Selys occurs as a postglacial relict in Europe west of the Urals (Anisoptera: Corduliidae). *Odonatologica* 41: 309–325.→ S. 132

Dumont, H. J., Vierstraete, A. & Vanfleteren, J. R. (2010): A molecular phylogeny of the Odonata (Insecta). *Systematic Entomology* 35: 6–18. → S. 124,

Haritonov, A. Y. & Eremina, E. E. (2010): The Dragonflies (Odonata) of South Ural: the value of regional faunistic research. *Euroasian Entomological Journal* 9: 263–273. → S. 132

Lieftinck M. A. (1965): *Macromia splendens* (Pictet, 1843) in Europe, with notes on its habits, larva and distribution (Odonata). *Tijdschrift Voor Entomologie*, 108: 41–59. → S.

Lohmann, H. (1994): *Somatochlora metallica abocanica* Belyshev, 1955, a new member of the European dragonfly fauna (Anisoptera: Corduliidae). *Notulae Odonatologicae* 4: 39–40.

Ott, J., M. Schorr, Trockur, B. & Lingenfelder, U. (2007): *Artenschutzprogramm für die Gekielte Smaragdlibelle (Oxygastra curtisii, Insecta: Odonata) in Deutschland – das Beispiel der Population an der Our.* Invertebrate Ecology and Conservation Monographs 3, Sofia (Pensoft): 131 S. → S. 122, 124

Schröter, A. (2011): Review of the distribution of *Somatochlora sahlbergi* (Odonata: Corduliidae). *International Dragonfly Fund-Report* 41: 1–27.

Walker, E. M. (1925): The North American dragonflies of the genus *Somatochlora. Univ. Toronto Studies, Biological Series* 26: 202 S. + 35 Taf. → S. 122

Wildermuth, H. (2008): Die Falkenlibellen Europas, Die Libellen Europas. Bd. 5. *Die Neue Brehm-Bücherei* 653. Westarp Wissenschaften, Hohenwarsleben. 496 S. → S. 118, 122

Yanybaeva, V. A., Dumont, H. J., Haritonov, A. Y. & Popova, O. N. (2006): The Odonata of south Ural, Russia, with special reference to *Ischnura aralensis* Haritonov, 1979, *Odonatologica* 35: 167–185. → S. 132

Libellulidae

Abbott, J. C. (2005): Dragonflies and damselflies of Texas and the south-central United States. Princeton University Press, Princeton 344 S. → S. 136

Beutler, H. (1986): Was ist *Libellula quadrimaculata ab. praenubila* Newman, 1833? *Entomologische Nachrichten und Berichte* 30: 97–100. → S. 140

Jacquemin, G., Boudot J.-P. – avec la collaboration de Balança, G., Dumont, H. J., Kählert, J., Knijf, G. de, Laister, G. & Wendler, A. (1999): *Les Libellules (Odonates) du Maroc.* Société Française d'Odonatologie (Hrgb.), Bois-d'Arcy, VI + 150 S. → S. 146

Jödicke, R. (1994): Subspecific division of *Sympetrum sinaiticum* Dumont, 1977, and the identity of *Sympetrum decoloratum* (Selys, 1884) (Anisoptera: Libellulidae). *Odonatologica* 23: 239–253. → S. 150

Jödicke, R., Borisov, S., Haritonov, A. & Popova, O. (2000): Additions to the knowledge of *Sympetrum sinaiticum* Dumont (Odonata: Libellulidae). *International Journal of Odonatology* 3: 131–140. → S. 150

Khelifa, R., Zebsa, R., Moussaoui, A., Kahalerras, A., Bensouilah, S. & Mahdjoub, H. (2013): Niche partitioning in three sympatric congeneric species of dragonfly, *Orthetrum chrysostigma, O. coerulescens anceps*, and *O. nitidinerve*: The Importance of Microhabitat. *Journal of Insect Science* 13: 71. → S. 144

Mauersberger, R. (1994): Zur wirklichen Verbreitung von *Orthetrum coerulescens* (Fabricius) und *O. ramburi* (Selys) = *O. anceps* (Schneider) in Europa und die Konsequenzen für deren taxonomischen Rang (Odonata, Libellulidae). *Deutsche Entomologische Zeitschrift* (NF) 41: 235–256. → S. 146

OCHARAN, F. J. (1985): *Sympetrum vulgatum ibericum* n. ssp. (Odonata: Libellulidae) nueva subespecie de libelula del norte de España. *Boletin Ciencias Naturaleza IDEA* 36: 75–85.

PARKES, K. A., AMOS, W., MOORE, N. W., HOFFMAN, J. I. & MOORE, J. (2009): Population structure and speciation in the dragonfly *Sympetrum striolatum/nigrescens* (Odonata: Libellulidae): An analysis using AFLP markers. *European Journal of Entomology* 106: 179–184. → S. 152

Abbildungsverzeichnis

Abbildungen, die nicht als Original gekennzeichnet sind, wurden den entsprechenden Quellen mit Genehmigung entnommen. Die bei Nüss, R. I. unterstrichenen Abbildungen wurden nach fotografischen Vorlagen mit freundlicher Genehmigung von F. Peels (dragonflypix.com), die doppelt unterstrichenen nach Vorlagen von A. Ribera und die kursiv gesetzten Abbildungen nach Vorlagen von R. Mauersberger angefertigt.

Boye, P. (1981): 268, 269, 270, 271, 272

Geijskes, D. C. & van Tol, J. (1983): 10, 11, 13, 21, 41, 45, 46, 52, 53, 87, 88, 92, 95, 101, 102, 103, 104, 112, 119, 120, 121, 122, 124, 158, 160, 161, 164, 169, 170, 171, 172, 195, 196, 223, 239, 316, 322, 328, 330, 331, 355, 360, 361, 369, 371, 375, 376, 388, 423, 424, 509, 510, 517, 523, 528, 545, 554, 570, 572, 601, 609, 681, 682, 683, 684, 685, 686, 687, 688, 689, 690

Lehmann, A. W. & Nüß, J. H. (orig.): Karten[1], Flugzeitendiagramme, 7, 25, 50, 62, 63, 64, 65, 66, 67, 68, 69, 132, 133, 134, 135, 136, 137, 138, 139, 140, 141, 142, 143, 144, 145, 146, 147, 148, 149, 240, 338, 341, 342, 377, 380, 561, 562, 664, 665

Nüss, R. I. (orig.): Titelbild, 1, <u>2</u>, 3, 4, 5, 6, 8, 9, 12, 14, 15, 16, 17, 18, 19, 20, 22, 23, 24, 26, 27, 28, 29, 30, 31, 32, 33, 34, 35, 36, 37, 38, 39, 40, 42, 43, 44, 47, 48, 49, 51, 54, 55, 56, 57, 58, <u>59</u>, 60, 61, 70, 71, 72, 73, <u>74</u>, 75, 76, 77, <u>78</u>, 79, 80, 81, 82, 83, <u>84</u>, 85, 86, 89, 90, 91, 93, 94, <u>96</u>, <u>97</u>, 98, <u>99</u>, 100, 105, 106, 107, 108, 109, 110, 111, 113, 114, 115, 116, 117, <u>118</u>, <u>123</u>, 125, 126, 127, 128, 129, 130, 131, <u>150</u>, 151, 152, 153, 154, 155, 156, 157, 159, 162, 163, 165, 166, 167, 168, 173, 174, 175, 176, 177, 178, 179, 180, 181, 182, 183, 184, 185, 186, 187, 188, <u>189</u>, <u>190</u>, 191, 192, 193, 194, 197, 198, 199, 200, 201, 202, 203, 204, 205, 206, 207, 208, 209, 210, 211, 212, 213, <u>214</u>, <u>215</u>, 216, 217, 218, 219, 220, 221, 222, 224, <u>225</u>, <u>226</u>, 227, 228, 229, 230, 231, 232, 233, 234, 235, 236, 237, 238, 241, 242, 243, 244, 245, 246, 247, 248, 249, 250, 251, 252, 253, 254, 255, 256, 257, 258, 259, 260, 261, 262, 263, 264, 265, 266, 267, <u>273</u>, 274, 275, 276, 277, 278, 279, 280, 281, 282, 283, <u>284</u>, 285, 286, 287, 288, 289, 290, 291, 292, 293, 294, 295, 296, 297, 298, 299, 300, 301, 302, 303, 304, 305, 306, 307, 308, 309, 310, 311, 312, 313, 314, 315, 317, 318, 319, <u>320</u>, 321, 323, 324, 325, 326, <u>327</u>, 329, 332, 333, 334, 335, 336, 337, 339, 340, <u>343</u>, 344, 345, 346, 347, 348, 349, 350, 351, 352, 353, 354, 356, 357, 358, 359, 362, 363, 364, 365, 366, 367, 368, 370, 372, 373, 374, <u>378</u>, <u>379</u>, 381, 382, 383, 384, 385, 386, 387, 389, 390, 391, 392, 393, 394, 395, 396, <u>397</u>, 398, <u>399</u>, 400, 401, 402, 403, 404, 405, 406, 407, 408, 409, 410, 411, <u>412</u>, 413, 414, 415, 416, 417, 418, 419, <u>420</u>, 421, <u>422</u>, <u>425</u>, 426, 427, <u>428</u>, <u>429</u>, <u>430</u>, 431, <u>432</u>, <u>433</u>, 434, 435,436, 437, 438, 439, <u>440</u>, <u>441</u>, 442, 443, 444, 445, 446, 447, 448, <u>449</u>, 450, 451, 452, 453, 454, 455, 456, 457, 458, 459, 460, 461, 462, 463, 464, 465, 466, <u>467</u>, <u>468</u>, 469, 470, <u>471</u>, 472, 473, 474, 475, <u>476</u>, <u>477</u>, <u>478</u>, 479, 480, 481, 482, <u>483</u>, <u>484</u>, 485, 486, 487, 488, 489, 490, 491, 492, 493, 494, 495, <u>496</u>, 497, 498, 499, 500, 501, 502, <u>503</u>, <u>504</u>, 505, 506, <u>507</u>, <u>508</u>, 511, 512, 513, 514, 515, 516, 518, <u>519</u>, <u>520</u>, <u>521</u>, 522, 524, <u>525</u>, 526, 527, 529, 530, 531, <u>532</u>, <u>533</u>, <u>534</u>, <u>535</u>, 536, <u>537</u>, 538, <u>539</u>, 540, 541, 542, <u>543</u>, <u>544</u>, <u>546</u>, <u>547</u>, 548, 549, 550, 551, 552, <u>553</u>, 555, 556, 557, 558, <u>559</u>, <u>560</u>, 563, 564, 565, 566, 567, 568, 569, 571, <u>573</u>, 574, 575, 576, <u>577</u>, 578, <u>579</u>, 580, 581, 582, 583, 584, 585, 586, 587, <u>588</u>, <u>589</u>, <u>590</u>, <u>591</u>, <u>592</u>, <u>593</u>, <u>594</u>, <u>595</u>, <u>596</u>, <u>597</u>, <u>598</u>, <u>599</u>, <u>600</u>, *602, 603, 604, 605,* 606, <u>607</u>, 608, 610, 611, 612, 613, 614, 615, 616, 617, 618, 619, <u>620</u>, <u>621</u>, <u>622</u>, 623, 624, 625, 626, 627, 628, 629, 630, <u>631</u>, <u>632</u>, <u>633</u>, 634, 635, 636, 637, 638, 639, 640, 641, 642, <u>643</u>, 644, 645, <u>646</u>, 647, 648, 649, 650, 651, 652, 653, <u>654</u>, <u>655</u>, <u>656</u>, 657, 658, 659, 660, 661, 662, 663, 666, 667, <u>668</u>, <u>669</u>, <u>670</u>, <u>671</u>, <u>672</u>, <u>673</u>, 674, <u>675</u>, 676, 677, <u>678</u>, <u>679</u>, 680, 692, <u>693</u>, 694, 695, 696, 697, 698, 699, 700, 701, 702, 703, 704, 705, 706, 707, 708

1 Die Karten wurden 2015 alle neu erstellt. Leider standen die neuen Verbreitungsatlanten für Deutschland (Brockhaus et al., in press) und Europa (Boudot & Kalkman, in prep.) noch nicht vollständig zur Verfügung. Deswegen haben wir eigene Karten erstellt, basierend vor allem auf Internetdatenbanken. Eine Liste sämtlicher Datenquellen ist auf Anfrage erhältlich.

Bisherige Auflagen

Auflage	Autoren	Jahr	Exemplare	Art der Ausgabe
Deutsche Ausgabe				
1.	Arne W. Wendler & Johann Hendrik Nüss	1991	0001–1000	Originalausgabe
2.	Arne W. Wendler & Johann Hendrik Nüss	1992	1001–2000	Nachdruck
3.	Arne W. Wendler & Johann Hendrik Nüss	1992	2001–4000	Korrigierte Auflage
4.	Arne W. Wendler & Johann Hendrik Nüss	1994	4001–6000	Nachdruck
5.	Arne W. Lehmann & Johann Hendrik Nüss	1998	6001–9000	Korrigierte Auflage
6.	Arne W. Lehmann & Johann Hendrik Nüss	2015	9001–12000	Überarbeitete Auflage

Französische Ausgabe Libellules

Übersetzung und Bearbeitung durch Harald Heidemann und Jean-Louis Dommanget, erschienen bei der Societé Française d'Odonatologie, 7 rue Lamartine, F-78390 Bois-d'Arcy, ISBN - 2 - 9507291 - 1 - 8

1.	Arne W. Wendler & Johann Hendrik Nüss	1994	001–500	Bearb. Übersetzung
2.	Arne W. Wendler & Johann Hendrik Nüss	1998	501–1000	Nachdruck

Niederländische Ausgabe Libellen van Noordwest-Europa, Jeugdbondsuitgeverij, Utrecht, 136 S.

1.	Arne W. Wendler & Johann Hendrik Nüss	2002		Bearb. Übersetzung
2	Arne W. Wendler & Johann Hendrik Nüss	2006		Nachdruck

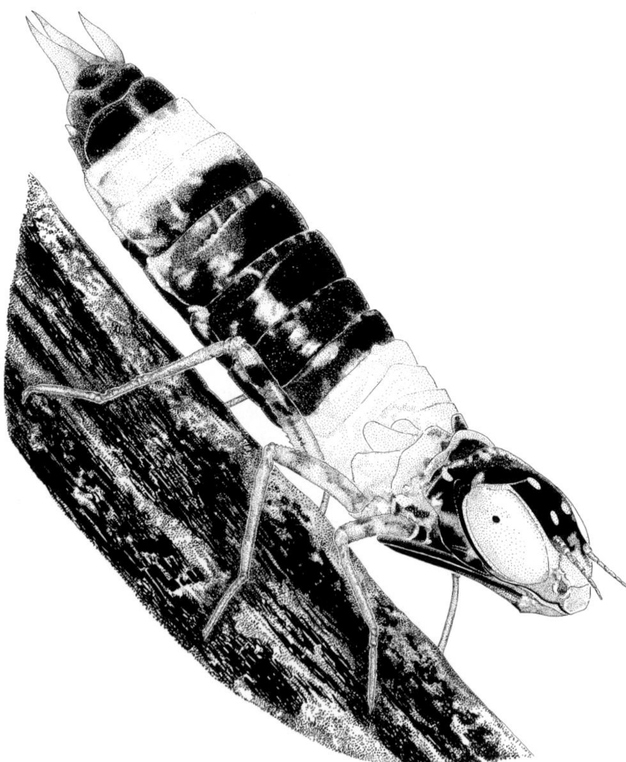

694 *Anax imperator* (Larva)

Glossar

Abdomen – Hinterleib 16, 17
Abdominalsegment – Hinterleibsegment 16
abiotisch – die unbelebte Umwelt betreffend 9
adult – erwachsen 60, 160
albus, albi – weiß 146, 160
Allele – Varianten eines Gens, die zu einer unterschiedlichen Ausprägung einer Eigenschaft führen 62
Anatomie – Zergliederung, Lehre vom Aufbau der Organismen 16, 185
androchrom – ähnlich wie die Männchen gefärbt 56, 62
Anisoptera – Großlibellen 17, 19, 20, 23, 24, 167, 170
Analdreieck → Triangulum analis
Analschleife – im Hinterflügel der Anisoptera: Flügelzellen, die von der 1. und 2. Analader eingeschlossen werden 22, 23
ante – vor, davor
Anteclypeus – unterer Kopfschild (liegt vor dem Postclypeus) 16
Antennen – Fühler 17
Antenodalqueradern – zwei oder mehr Adern zwischen Costa und Radius im Bereich zwischen Flügelbasis und Nodus 22, 23
apikal – an der Spitze, den vordersten Punkt betreffend
Appendix, Appendices (pl.) – Anhänge, hier die des Abdomen 20
Arculus – Flügelader, die den Radius mit dem Medianast verbindet 22, 23
Art → Spezies
Autosomen – Chromosomen, die keine Gonosomen (Geschlechtschromosomen) sind
autosomal – Erbgänge, deren Gene auf Autosomen liegen 62
Basalbereich – Bereich des Flügelansatzes 16
biotisch – belebt 9
Biotop – Lebensraum einer Artengemeinschaft 9, 12, 25, 181
Bullseye – schwarze Zielmarke im Zentrum eines Kreises 88
Cercus, Cerci (pl.) – paarige Hinterleibsanhänge am letzten Abdominal-Segment 20, 21
Clypeus – Kopfschild 16, 17
Copula – Verbindung, Begattung 4, 53, 71, 121
Costa – vordere Hauptader(n) des Flügels 22, 23, 137, 145
Coxa – Hüfte, erstes Glied des Beins zwischen Thorax und Trochanter 18, 19
Cubitoanalquerader – Verbindung von Cubitus und 3. Analader 22, 23
Cubitus – vierte Flügelhauptader 22, 23
dichotom – gegabelt, in zwei gespalten 24
Discoidalfeld – Flügelfeld zwischen vorderem Cubitusast, 4. Medianast und Triangulum 22, 23
dorsal – an der Rückseite, die Rückseite betreffend 17, 21
dorsum – Rücken
Endemit – Arten, die nur in einem bestimmten, räumlich klar abgegrenzten Gebiet vorkommen 128
Entomologie – Insektenkunde
eurytop – weit verbreitet (Gegensatz zu stenotop) 10
eutroph – reich an Nährstoffen
Exuvie – nach dem Schlupf des Imago zurückbleibende Larvenhaut 10, 13, 14, 15, 82, 176
Flügeldreieck – (Analdreieck) durch dicke Adern eingefasstes Dreieck an der Basis des Hinterflügels fast aller Anisoptera 22, 23
Flügelmal → Pterostigma
Flügelviereck → Quadrilateral
Femur – Schenkel, drittes Glied des Beins, zwischen Trochanter und Tibia 18, 19
Frons – Stirn 16, 17
frontal – von vorne, auf die Stirn zu
Forma – feste Varianten einer Art, die sich in Form oder Farbe unterscheiden, jedoch keinen taxonomischen Rang haben 166
Gattung – Gruppe verwandter Arten, die wesentliche gemeinsame morphologische Merkmale aufweisen 166, 167, 169
Genitalien – Geschlechtsorgane 6, 20, 21, 30, 144, 145, 179
Genus, Genera pl. → Gattung
Habitat – Lebensraum einer Art 12
Haemolymphe – Blutflüssigkeit der Insekten
Hangrieder – flache, moorige Fläche in Hanglagen besonders des Alpenvorlandes 112
Hamulus – an der Unterseite des 2. Abdomialsegments (S2) gelegenes Häkchen, das als äußeres sekundäres männliches Geschlechtsorgan zur Übertragung der Spermien dient 20, 21
Heterochromie – geschlechtspezifische unterschiedliche Färbung (♂ anders gefärbt als ♀)
Hinterhauptsdreieck → Occipitaldreieck
Hinterleib → Abdomen

Homöochromie – Gleichfarbigkeit beider Geschlechter 30
Humeralstreifen – Schulterstreifen 18, 19
Hybride – Kreuzung zwischen verschiedenen Arten 6, 30, 31, 32, 42, 62, 126, 144
Hybrid, F1 – erste Filialgeneration nach der Kreuzung: Eigener Phänotyp mit gemischten Eigenschaften beider Eltern 144, 145
hypertroph – *(limnologisch)* zumeist durch Verschmutzung mit zu vielen Nährstoffen angereichertes Gewässer: Übermäßiges Algenwachstum führt zu Lichtmangel, durch den (zu) viele Wasserpflanzen absterben und bei ihrer Zersetzung dem Gewässer den Sauerstoff entziehen
Imago, Imagines (pl.) – Vollinsekt, hier: die Libelle 15
juvenil – jung, jugendlich
Kannibalismus – Fressen von Artgenossen 14
Kopulation – Paarung 9, 13, 15, 20, 54, 62, 144
Kopulationsmarken – oberflächliche Spuren der Paarung (Kratzer), bei ♀ durch die Apendices der ♂ verursacht an Thorax und Kopf, bei ♂ durch die Beine der ♀ am Abdomen
Kutikula – Außenskelett der Gliederfüßer 18
Labium – Unterlippe 16, 17
Labrum – Oberlippe 16, 17
Larve – Entwicklungsstadium zwischen Prolarve und Imago; in dieser Form verbringen Libellen in unseren Breiten den Hauptteil ihrer Lebenszeit 10, 14, 15, 16, 30, 31, 38, 81, 90, 100, 102, 106, 112, 118, 132, 160, 187
lateral – von der Seite, seitlich 17, 18, 21
Limnologie – Gewässerkunde
locus – Ort, hier Gen-Ort auf der DNA 62
Mandibel – Oberkiefer 16, 17
Maxilla – Unterkiefer
median – Mitte, mittlere, mittleres 22
Meliorationsgraben – künstlich angelegter Graben zur Wertsteigerung des Bodens, hier Be- und Entwässerungsgräben. 148
Membranula – weißlich bis gräuliches Häutchen an der Basis des Hinterflügels von Anisoptera 22, 23
meso – mittel
Mesothorax – Mittelbrust 18, 19
mesotroph – *(limnologisch)* Gewässer mit mäßigem Nährstoffgehalt, Sichttiefe > 2 m
meta – mit Adjektiven oder Substantiven: zwischen, inmitten, nach, nachher, später, ver…
Metamorphose – Umwandlung von der Larve zum Imago 2, 15, 99
Morphologie – Lehre der Gestalt (Struktur und Form) 6, 20, 42, 82, 166
Nodus – Knoten(punkt) von Hauptadern in der Mitte der Vorderseite des Flügels 22, 23
Nomenklatur – System verbindlicher Namen in einem Wissensgebiet
Odonata – Libellen, von *gr.* odon, Zahn, wegen der kräftigen Mundwerkzeuge
Odonatologie – Libellenkunde
Obeliskstellung – besondere Körperhaltung, bei der das Abdomen zur Sonne ausgerichtet wird und der passiven Temperaturregelung dient
Occipitaldreieck – Hinterhauptsdreieck; bei Anisoptera dreieckige Fläche am Hinterkopf 17
Ocellus, Ocellen (pl.) – drei Einzelaugen auf dem Vertex zwischen den Komplexaugen 17
Öhrchen – auricuale, knotenförmige oder flache, gezahnte Auswüchse an der Seite von S2 bei Anisoptera mit Ausnahme der Familie Libellulae. → 17
Ovipositor – Eilegeapparat der ♀ 17, 20, 21
Ovum – Ei 14
Palpus labialis – Lippentaster 17
Pleuralfurche – Vertiefung des Thorax unterhalb des Humeralstreifens, fälschlich auch als Humeralnaht bezeichnet 18, 19
post – hinter, nach
Postclypeus – oberer Kopfschild (hinter dem Anteclypeus gelegen) 16
pro – vor, für
Prolarve – Vorlarve, Entwicklungsstadium zwischen Ei und Larve 14
Prothorax – erstes, kleineres Thoraxsegment 18, 19
Pseudopterostigma – u. a. bei Caloperygidae an der Stelle des Pterostigma auftretender weißer, nicht eingefasster Flügelfleck, der von Queradern durchzogen ist 23
Pterostigma – (Flügelmal) An der Spitze des Flügels zwischen Costa und Subcosta gelegene, meist farblich abgesetzte Zelle 23
Quadrilateral – (Flügelviereck) viereckige, am Arculus gelegene Zelle im Flügel der Zygoptera 16
Physiologie – Lehre der Lebensvorgänge, auch der physikalischen und biochemischen Prozesse in Organismen
Radius – dritte Hauptader des Flügels 16
Segment – Körperabschnitt 16
Selektion – Auswahl
Sensillen – kleine Sinnesorgane in oder auf der Kutikula der Gliederfüßer 16

spec. – eigtl. species: konkrete, nicht genannte Art, da sie unbekannt ist oder für die ganze Gattung steht

Species – Einheit von zusammengehörenden Individuen. Stammen von gemeinsamen Vorkommen ab (genealogische Gemeinschaft), bilden eine potentielle Fortpflanzungsgemeinschaft (reproduktive Einheit) und besiedeln einen definierten Raum.
Beschrieben werden Arten aufgrund ihrer Merkmale in Abgrenzung zu anderen Arten anhand eines formalen Prozesses (vgl. Taxonomie). Die Art stellt eine fundamentale Einheit des Lebens dar. 167

Subspezies – Unterart; geografisch abgrenzbare Population innerhalb einer Art 167

Sphagnum – Torfmoos

stenök – Arten, die nur eine geringe Variation bestimmter Umweltfaktoren tolerieren und deshalb einerseits leicht gefährdet sind, andererseits gut als Zeigearten dienen können

Stigma, Stigmata (pl.) – Öffnung des Tracheensystems 19

Sternum – Brustbein

stenotop – wenig verbreitet – auf spezielle Faktoren angewiesen 10

Sukzessionsstadium – Begriff der Ökologie: zeitliche Abfolge von Pflanzengesellschaften, bedingt durch die selbst verursachte Veränderung der Umweltfaktoren. Dem *Pionierstadium* (hohe Fortpflanzungsrate - wenig Arten, geringe Vegetationsdeckung), folgt das *mittlere Sukzessionstadium* (hohe Strukturdiversität, gute Vegetationsdeckung), dem das *fortgeschrittene Sukzessionsstadium* anschließt (geringe Fortpflanzungsrate, vollständige Vegetationsdeckung, hohe Diversität der Arten und der Struktur) 162

Synonym – anderes Wort gleicher Bedeutung 25, 166

Tandem – Zustand, in dem das Männchen mit seinen Hinterleibsanhängen das Weibchen am Hals (Zygoptera) oder am Kopf (Anisoptera) festhält und in dem sie miteinander verbunden gemeinsam vor und nach der Paarung, z. T. auch bei der Eiablage, umherfliegen 13, 38, 42, 48, 50, 86, 88, 90, 134, 144

Tarsus, Tarsi (pl.) – Fuß, der aus den letzten Gliedern des Beins besteht und an die Tibia grenzt 18, 19

Taxon, Taxa (pl.) – Gruppe von Lebewesen (z. B. Art, Gattung, …) als Einheit innerhalb der biologischen Systematik

Taxonomie – Verfahren zur Benennung von Arten, Gattungen etc.

Thorax – Brustkorb 18, 19

Tibia – Schiene, viertes Glied des Beines zwischen Femur und Tarsus 18, 19

Trachee, Tracheen, (pl.) – verzweigtes Röhrensystem für die Atmung, das an der Körperoberfläche in einer Öffnung endet, welches als Stigma bezeichnet wird. Der Gasaustausch erfolgt passiv durch Diffusion. Deshalb ist die Größe von Tracheentieren durch die Temperatur und den Sauerstoffgehalt limitiert. Da an den Tracheen auch andere Gewebe fixiert sind, haben sie teilweise auch die Funktion einen Innenskeletts.

Trochanter – Schenkelring, drittes Glied des Beines zwischen Coxa und Femur 18, 19

Unguis – Kralle, letztes Glied des Tarsus 18, 19

Unterart → Subspezies

ventral – an der Bauchseite

Vertex – Scheitel 17

Zyklus – geschlossene Abfolge, Kreis 14

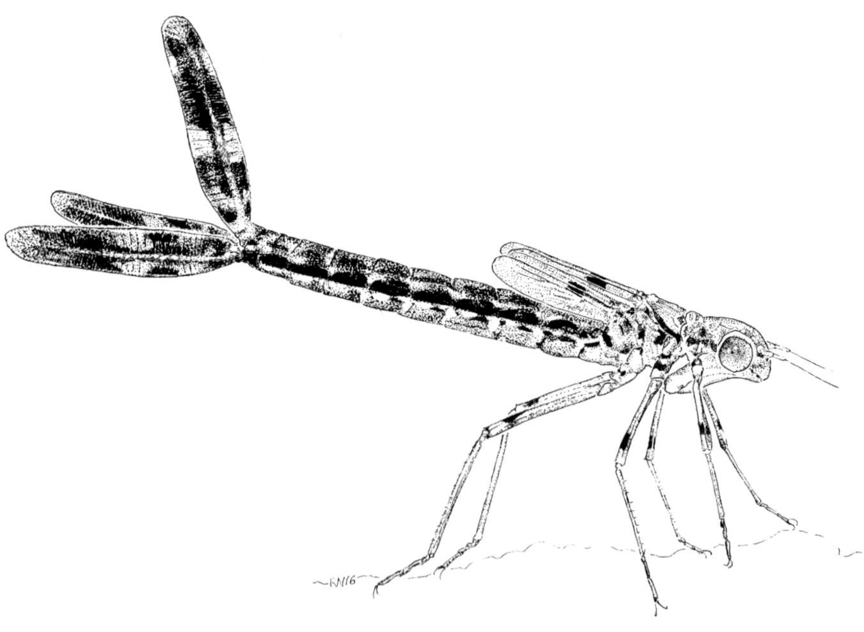

695 *Lestes spec.* (Larva)

Register

Die Einträge für eine Art finden sich unter ihrem wissenschaftlichen Namen (Gattung, Art, Unterart). Die fett gesetzte Seitenzahl verweist auf die Artbeschreibung, die kursiv gesetzten Seitenzahlen verweisen auf Abbildungen der Art. Allen Synonymen wird der wissenschaftliche Name zugewiesen; die Seitenzahl verweist auf die Artbeschreibung.

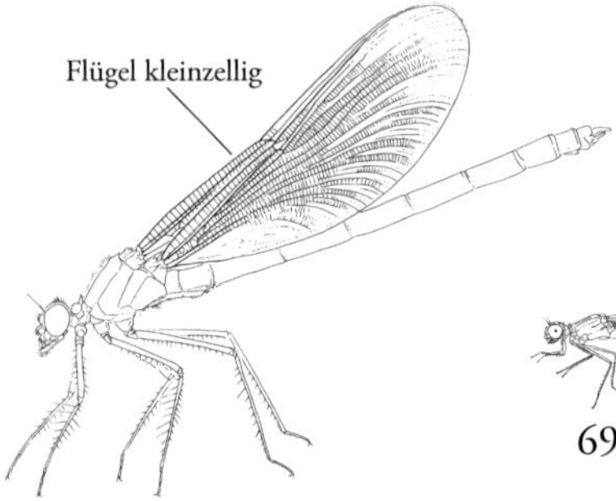

697 Calopterygidae
Seite 29

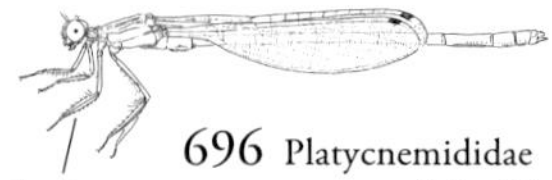

696 Platycnemididae
Seite 47

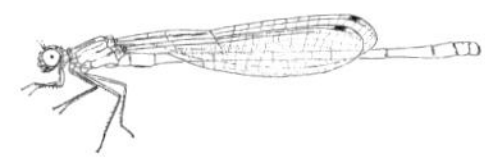

698 Coenagrionidae
Seite 53

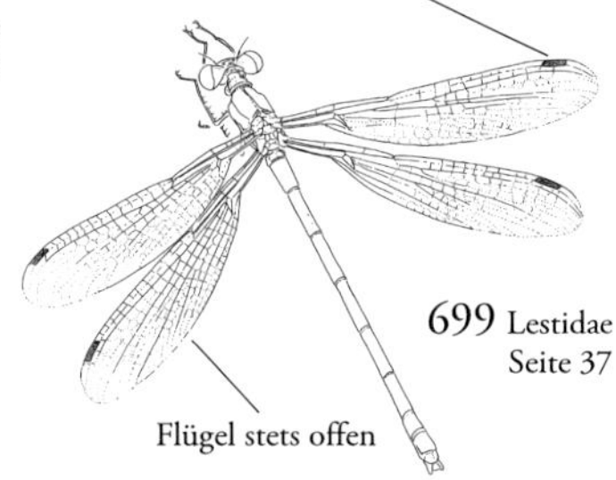

699 Lestidae
Seite 37

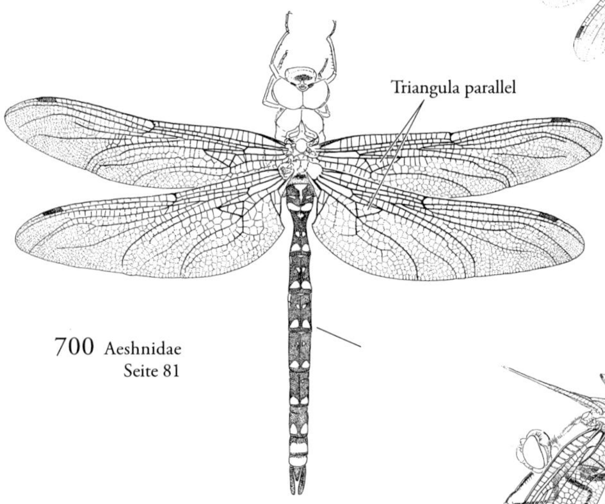

700 Aeshnidae
Seite 81

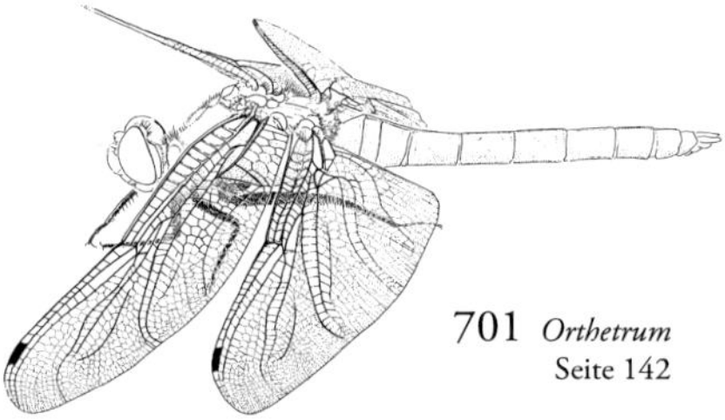

701 *Orthetrum*
Seite 142

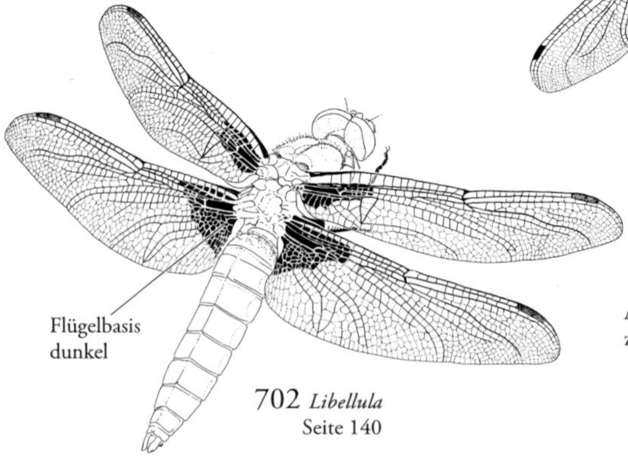

702 *Libellula*
Seite 140

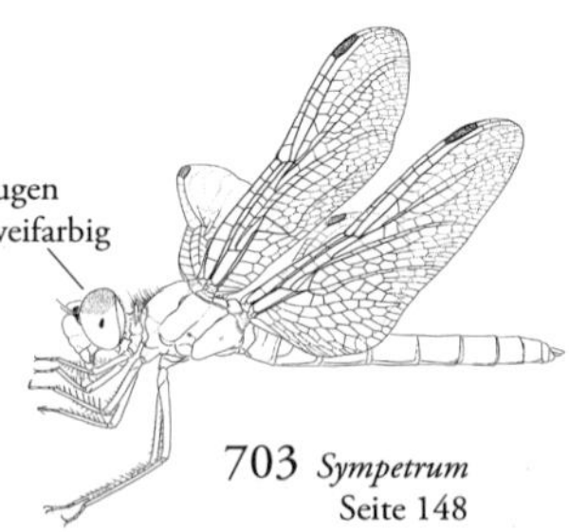

703 *Sympetrum*
Seite 148